| 新时代生态文明丛书 |

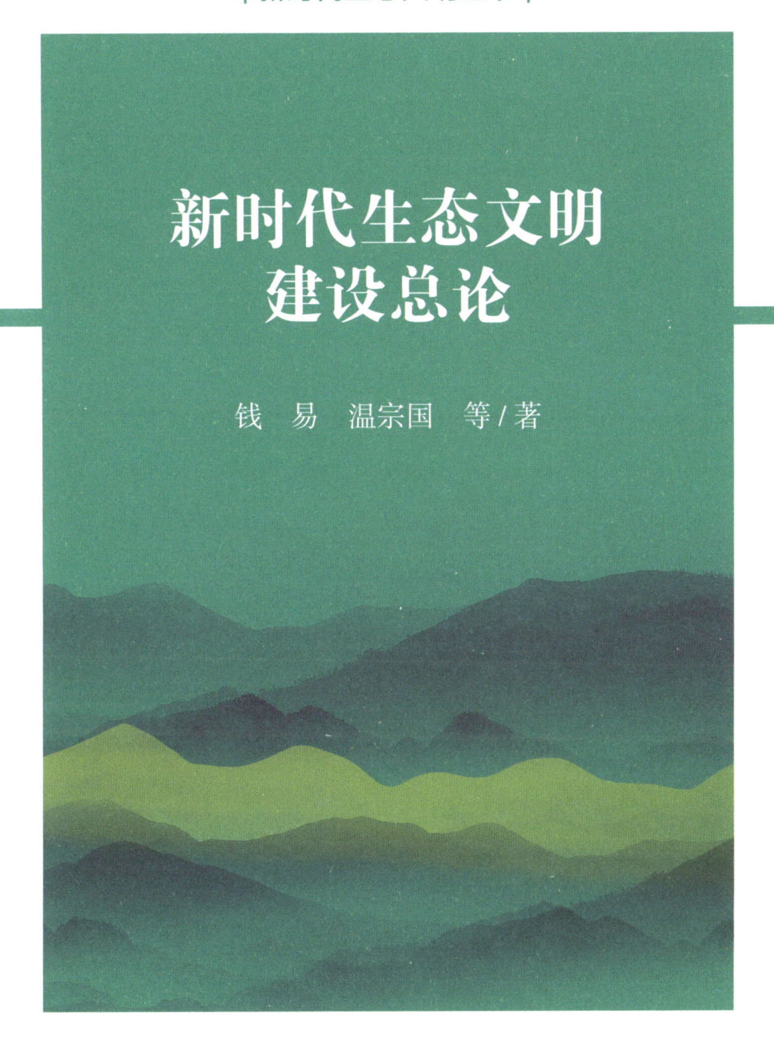

新时代生态文明建设总论

钱　易　温宗国　等 / 著

中国环境出版集团 · 北京

图书在版编目（CIP）数据

新时代生态文明建设总论 / 钱易等著. -- 北京 :
中国环境出版集团，2021.5
（新时代生态文明丛书 / 钱易主编）
ISBN 978-7-5111-4704-2

Ⅰ. ①新… Ⅱ. ①钱… Ⅲ. ①生态环境建设－研究－
中国 Ⅳ. ①X321.2

中国版本图书馆CIP数据核字(2021)第064115号

审图号：GS（2021）680号

出 版 人 武德凯
责任编辑 丁莞歆
责任校对 任 丽
装帧设计 金 山

出版发行 中国环境出版集团
（100062 北京市东城区广渠门内大街 16 号）
网 址：http：//www.cesp.com.cn
电子邮箱：bjgl@cesp.com.cn
联系电话：010-67112765（编辑管理部）
010-67147349（第四分社）
发行热线：010-67125803，010-67113405（传真）
印装质量热线：010-67113404

印 刷 北京中科印刷有限公司
经 销 各地新华书店
版 次 2021 年 5 月第 1 版
印 次 2021 年 5 月第 1 次印刷
开 本 787×960 1/16
印 张 22.5
字 数 350 千字
定 价 139.00 元

【版权所有。未经许可，请勿翻印、转载，违者必究。】
如有缺页、破损、倒装等印装质量问题，请寄回本集团更换

中国环境出版集团郑重承诺：

中国环境出版集团合作的印刷单位、材料单位均具有中国环境标志产品认证；
中国环境出版集团所有图书“禁塑”。

“新时代生态文明丛书”
编著委员会

主　编

钱　易　院士

副主编

温宗国　教授

成　员

（以姓氏笔画为序）

王　毅　石　磊　刘雪华　金　涌　钱　易

徐　鹤　黄圣彪　梅雪芹　温宗国　潘家华

《新时代生态文明建设总论》
参著人员名单

（以姓氏笔画为序）

万　军　马淑杰　王　倩　王海芹　石　磊
朱开伟　庄贵阳　关　杨　苏利阳　苏洁琼
李会芳　李　杨　李　新　杨丽阎　张南南
张　勇　罗恩华　周劲松　郑凯方　孟小燕
饶　胜　秦昌波　钱　易　徐琳瑜　徐　鹤
高　松　郭建新　黄　晨　常纪文　温宗国
谭显春　潘家华　薛艳艳

总　序

随着全球城镇化和工业化的持续推进，世界环境形势日益严峻，对国际政治、经济、贸易以及科技发展产生了极其深远的影响，成为构建“人类命运共同体”的主要挑战。目前，低污染、低排放、资源循环利用以及对人类和生态系统健康的维系已成为各国政府和人民关注的焦点，全球环境问题的协同治理和绿色可持续发展的逐步推进成为各国的共同愿景。中国正积极参与全球生态建设，成为全球环境治理重要的参与者、贡献者、引领者。当前，迫切需要更多地提出中国方案、贡献中国智慧，以提升中国在全球环境治理中的国际话语权，为国际社会提供更多的公共产品，切实推动构建“人类命运共同体”的全球进程。

党中央和国务院把生态文明建设摆在治国理政的突出位置，明确指出生态环境是关系党的使命、宗旨的重大政治问题，也是关系民生的重大社会问题。党的十八大以来，生态文明建设一直被摆在国家发展的突出位置，已经融入经济建设、政治建设、文化建设和社会建设的各个方面及各项进程之中。党的十九大将建设生态文明提升为中华民族永续发展的千年大计，明确必须树立和践行“绿水青山就是金山银山”的理念，到2035年总体形成节约资源和保护生态环境的空间格局、产业结构、生产方式、生活方式，生态环境质量实现根本好转，美丽中国的目标基本实现。习近平总书记在2018年全国生态环境保护大会上发表重要讲话，强调要自觉把经济社会发展同生态文明建设统筹起来，着力解决生态环境突出问题，坚决打好污染防治攻坚战，全面推动绿色发展，使我国生态文明建设迈上新台阶。2020年10月，党的十九届五中全会把“生态文明建设实现新进步”作为“十四五”时期经济社会发展的6个主要目标之一，并明确提出了2035年基本实现社会主义现代化的远景目标——广泛形成绿色生产生活方式，碳排放达峰后稳中有降，生态环境根本好转，美丽中国建设目标基本实现。

为了系统性地回顾和总结中国生态文明建设的发展历程和取得的重大成绩，深入剖析新时代生态文明建设面临的挑战，更好地发挥高等院校的“智库”作用，国家发展改革委、清华大学生态文明研究中心和中国高等教育学会生态文明教育研究分会共同组织了“新时代生态文明丛书”的编著工作。本丛书以国家发展改革委为指导单位，由钱易院士担任主编、温宗国教授担任副主编，共有100余位专家、学者参与其中，在组织编写的过程中还召开了数次研讨会和书稿审议会，广泛征求了各方意见。

“新时代生态文明丛书”定位为具有较高学术深度的科普读物，内容尽力体现科学性、系统性、权威性和可读性，力图反映新时代生态文明建设的总体思路与发展方向，梳理了中国生态文明的发展历程、新时代生态文明的重要思想，凝聚了近年来中国生态文明建设领域部分相关理论问题、政策分析和实践探索等前沿性研究成果。丛书编著委员会结合新时代生态文明建设的重要内涵和当下的热点问题，将新时代生态文明建设总论、生态文明体制改革与制度创新、生态文明建设探索示范、城市发展转型、美丽乡村建设、生态农业工程、工业生态化、自然生态系统保护、生态文化与传播、绿色大学建设10个重大主题作为丛书各分册的核心内容。

习近平总书记在2018年全国生态环境保护大会上指出，我国“生态文明建设正处于压力叠加、负重前行的关键期，已进入提供更多优质生态产品以满足人民日益增长的优美生态环境需要的攻坚期，也到了有条件有能力解决生态环境突出问题的窗口期”。面向2035年基本实现社会主义现代化的远景目标，党的十九届五中全会重点部署了“推动绿色发展，促进人与自然和谐共生”的任务，着重强调要加快推进绿色低碳发展，持续改善环境质量，提升生态系统质量和稳定性，全面提高资源利用效率。希望本丛书的出版能够系统地展示我国新时代生态文明建设的探索之路，凝练一批生态文明先行示范区和试验区的优秀经验与典型案例，为社会各界全面深入地了解新时代生态文明建设的国家战略提供参考，对生态文明建设过程中需要破题的重要改革实践给予启发。

钱　易　温宗国

2020年12月30日

前 言

“新思想引领新时代，新使命开启新征程。”党的十八大以来，以习近平同志为核心的党中央把生态文明建设纳入“五位一体”总体布局，不断丰富和完善理论基础，形成了系统完善的制度设计，确立了习近平生态文明思想，并将生态文明写入宪法，为实现“两个一百年”奋斗目标和中华民族伟大复兴指明了道路。

本书是“新时代生态文明丛书”的总论。生态文明从党的十八大确立到现在取得了理论和实践的重大突破，但人们在有些方面对其理解仍不够深入。例如，生态文明为什么能够在中国得到发展？它与新时代中国特色社会主义建设有怎样的关系？新时代的历史方位是什么？生态文明建设与可持续发展又是什么关系？是否可以等同？理论是实践的指引，解决了这些问题就可以更好地指导我们进行生态文明建设实践，从而少走一些弯路。作为丛书的总论，本书不追求面面俱到，主要在撰写过程中突出了以下内容：从历史发展的角度剖析了生态文明的历史地位及重要意义，系统阐述了生态文明建设在中国特色社会主义建设中的重要性；在理论体系上总结并梳理了党的十八大以来的理论成就，辨析新时代生态文明建设的理论内涵，以用于指导生态文明建设实践；阐述了生态文明建设贯穿于经济社会发展全过程的本质要求，这也是生态文明建设的根本体现；在概念上厘清了生态文明建设同可持续发展、美丽中国的相互关系，辨析了绿色发展同低碳发展、循环发展之间的联系与区别；从战略全局出发探讨了新时代生态文明建设的战略目标和主要任务，从战略规划、绿色生产、绿色消费、生态观念和制度保障等方面阐述了生态文明建设的重点。

本书邀请了国内多位在生态文明研究领域有影响力的专家、学者共同参与撰写，对与生态文明建设相关的理论及实践进行了全面、深入的解读和阐释。全书除绪论外，共有14章，主要撰写人员如下：

绪论、第1章及第4章　清华大学温宗国教授；

第2章及第6章　清华大学钱易院士；

第3章　生态环境部环境规划院总工程师万军研究员；

第5章　南昌大学石磊教授；

第7章　生态环境部环境规划院秦昌波研究员；

第8章　中国社会科学院生态文明研究所潘家华研究员；

第9章　国务院发展研究中心资源与环境政策研究所副所长常纪文研究员；

第10章　中国科学院科技战略咨询研究院苏利阳副研究员；

第11章　华东师范大学张勇副教授；

第12章　中国国际工程咨询有限公司罗恩华处长；

第13章　北京师范大学徐琳瑜教授；

第14章　中国科学院科技战略咨询研究院谭显春研究员。

本书在撰写过程中得到了国家发展改革委的指导，以及相关领域专家的大力支持，在此致以诚挚的谢意。尽管作者在编制过程中力求完善，但限于自身知识结构和水平，书中难免存在疏漏和不足之处，恳请广大读者批评指正。

钱　易　温宗国

2020年12月

目　录

CONTENTS

CONTENTS

绪　论

新时代中国特色社会主义生态文明建设

0.1 新时代中国特色社会主义的三个“新”

2017年10月18日，中国共产党第十九次全国代表大会在北京开幕，习近平总书记代表第十八届中央委员会向大会做了题为《决胜全面建成小康社会 夺取新时代中国特色社会主义伟大胜利》的报告（党的十九大报告），指出“中国特色社会主义进入了新时代”。这一重要论断是基于改革开放的发展历程以及党的十八大以来取得的历史性成就和历史性变革提出的。

那么，该如何理解“新时代”这一重大判断呢？未来又该如何应对复杂变化的新形势、新目标，以适应生态文明建设的新要求呢？

0.1.1 新形势

历史唯物主义认为，社会主要矛盾是时代变革的基本动力和显著标识，是构成时代划分的根本尺度。社会主要矛盾不变则时代不变，社会主要矛盾发生变化则时代必然发生变化。新时代没有明确的时间节点，是逐步积累的量变所带来的质变的结果。新中国成立（特别是改革开放）以来，我国取得了重大的发展成就。党的十八大以来，中国特色社会主义事业发生了历史性变革，进入了新的发展阶段，我国也站到了新的历史起点上。

一是经济建设进入高质量增长阶段。党的十八大以来，我国的经济增量逐年递增。2018年，国内生产总值（GDP）达到91.93万亿元，是2012年的1.5倍；人均GDP稳步提高，达到64 644元，比2012年增长了46%。2012—2018年，人均国民总收入由5 940美元提高到9 732美元，高于中等收入国家平均水平。当前，我国经济社会已由高速增长阶段转向高质量发展阶段，产业结构呈现出不断优化的趋势，从以依赖单一产业为主转向依靠三次产业共同带动。

二是工业化和城镇化快速发展且水平显著提高。党的十八大以来，我国的工业生产能力日益增强，并逐步向中高端迈进。2013—2018年，我国高技术产业、装备制造业的年均增加值分别增长11.7%和9.5%[1]。2019年，高技术制造业占规模以上工业增加值的比重已达到14.4%，我国工业逐步向高质量发展转型。2018年，户籍人口城镇化率达到43.4%，比2012年年末提高了8.0%。伴随城镇化进程的逐步加速，我国的城市数量持续增加，居民生活质量不断提升，生活源污染和废弃物也随之大量增加。未来，我国居民的消费水平还将继续提升，能源资源的刚性需求在较长时间内难以改变，消费端造成的温室气体排放压力也将日益增加。未来几十年是我国城镇化和工业化加速推进的重要阶段，生活消费和工业制造将促使能源和其他矿产资源的消费量在较长时间内保持高位，而我国的能源资源仍以煤炭为主。工业化和城镇化的加速推进使钢铁、水泥和化石能源的大量消耗成为一种难以避免的刚性需求，城镇住房、道路交通和管网等城市基础设施的大规模建设也不可避免。

三是生态环境保护形势依然严峻。根据国家相关部门的调查结果，我国现有土壤侵蚀（水力和风力）总面积超过国土面积的30%，荒漠化和沙化土地面积接近国土面积的50%，森林覆盖率只有22.96%，自然湿地面积呈现逐年减少的趋势。《2019中国生态环境状况公报》显示，2019年，在全国337个地级及以上城市中，有180个城市的环境空气质量超标，占比53.4%；出现酸雨的城市比例为33.3%；七大流域中，黄河流域、松花江流域、淮河流域、辽河流域和海河流域为轻度污染；110个重要湖泊中，有30.9%的湖泊水质低于Ⅲ类；85.6%的地下水水质为Ⅳ类和Ⅴ类；全国土壤环境状况总体不容乐观，工矿业废弃地的土壤环境问题较为突出，生态质量一般，等级为优和良的县域面积占国土面积的44.7%。

0.1.2 新目标

党的十八大首次提出建设美丽中国的重要目标，随后这一目标被纳入国民经济和社会发展“十三五”规划，并在党的十九大报告中得到了进一步发展和强化。党的十九大确立了习近平新时代中国特色社会主义思想，并对新时代中国特色社会主义建设做出战略部署，提出了两个阶段的战略目标（图0-1）：第一阶段（2020—2035年），在全面建成小康社会的基础上，再奋斗15年，基本实现社会主义现代化，使生态环境根本好转、美丽中国目标基本实现；第二个阶段（2035年至21世纪中叶），在基本实现现代化的基础上，再奋斗15年，把我国建成富强民主文明和谐美丽的社会主义现代化强国。全面落实党的十九大精神和总体部署需要系统谋划中长期生态环境建设工作，以实现“两个一百年”奋斗目标。

2020—2035 年	2035 年至 21 世纪中叶
在全面建成小康社会的基础上，再奋斗 15 年，基本实现社会主义现代化，使生态环境根本好转、美丽中国目标基本实现。	在基本实现现代化的基础上，再奋斗 15 年，把我国建成富强民主文明和谐美丽的社会主义现代化强国。

图0-1　“两步走”战略新目标

2015年10月29日，习近平总书记在党的十八届五中全会第二次全体会议上发表讲话，指出“生态文明建设就是突出短板”。党的十八大以来，习近平总书记多次就一些严重损害生态环境的事件做出批示并要求严肃查处，如对陕西省延安市削山造城、浙江省杭州市千岛湖临湖地带违规搞建设、陕西省秦岭北麓西安段圈地建别墅、祁连山环境污染案等严重破坏生态环境的事件多次进行指示批示。生态保护和环境治理作为建设小康社会的短板，在生态文明建设中需要重视和强化。污染防治与防范化解重大风险、精准脱贫一起纳入三大攻坚战，成为决胜全面建成小康社会的重要阶段性目标。

2020年10月，党的十九届五中全会召开，提出“十四五”时期“生态文明建设实现新进步”的目标，要求“国土空间开发保护格局得到优化，生产生活方式绿色转型成效显著，能源资源配置更加合理、利用效率大幅提高，主要污染物排放总量持续减少，生态环境持续改善，生态安全屏障更加牢固，城乡人居环境明显改善”，2035年要“广泛形成绿色生产生活方式，碳排放达峰后稳中有降，生态环境根本好转，美丽中国建设目标基本实现”。

0.1.3 新要求

生态环境是关系党的使命宗旨的重大政治问题，也是关系民生的重大社会问题。党的十八大以来，生态文明建设一直被摆在国家发展的突出位置，已经融入经济建设、政治建设、文化建设和社会建设的各个方面。党的十九大报告将建设生态文明提升为中华民族永续发展的千年大计，其所描绘的我国新时代生态文明建设的蓝图和实现美丽中国的战略路径，与党的十三大确立的中国经济建设“三步走”的战略构想相比，将我国总体战略目标的实现节点提前了15年。与之前提出的2030年“生态环境质量全面改善”相比，党的十九大报告提出的2035年的阶段目标要求更高、内涵更丰富、覆盖面更广、实现难度更大，迫切需要进一步明确新时代美丽中国与生态文明建设的战略要求。

实现新时代的新目标必须转变发展理念。我国的基本国情是人口众多、人均资源严重不足，在实现现代化的过程中只能通过自力更生解决发展中的资源环境问题，特别需要妥善处理好发展与保护的关系。我国在发展中曾经历了重发展轻保护、边发展边保护的不同阶段，目前正走上生态优先、绿色发展的第三个阶段，即遵循绿色发展理念，实现中华民族永续发展。到2035年，我国将基本实现社会主义现代化，工业化进入后期阶段，传统制造业向高端制造和绿色制造装备转型，高端服务业占比提升，国土开发强度日益降低，对生态环境的压力也将持续降低；城镇化进程基本完成，城镇化率达到68%左右，人口保持低速增长，峰值预计在2030年前后。高度城镇化及生活质量的提升将带来生活源污染和废弃物的大量集中增加，与此同时，绿色生活和绿色消费取得的积极进展也会使资源、环境压力有所缓解。

我国生态环境保护的突出问题在新时期将出现新变化，工业化和城镇化的快速发展使传统的污染问题与新的环境问题相互叠加，出现了农村环境污染包围城市、污染场地和土壤污染形势严峻、城市空气质量持续恶劣、危险化学品环境风险增加等新型环境问题。以氮、磷、重金属等为代表的传统污染物尚未得到有效控制，以持久性有机污染物（POPs）、内分泌干扰物（EDCs）等为代表的新型污染物正持续进入环境中。地表水、地下水未能协同保护，水环境、水资源、水生态割裂，大气细颗粒物（$PM_{2.5}$）和臭氧（O_3）治理未实现协同控制，土壤污染导致的农产品和人居安全问题突出。与此同时，水、大气、土壤等环境污染相互复合，产业结构、生态格局与环境安全交互影响，呈现出多尺度、多介质、多过程的环境污染特征和区域复合型污染格局，与2035年的美丽中国建设目标相比，任务依然艰巨。

全球的生态环境、气候变化、生物多样性减少等问题均给世界各国的可持续发展带来了威胁与挑战。2019年6月，习近平主席在圣彼得堡国际经济论坛上指出，可持续发展是破解当前全球性问题的“金钥匙”，是各方的最大利益切合点和最佳合作切入点。目前共有700余个全球和区域性环境条约、公约、议定书，几乎已经涵盖了国际环境问题的所有议题[2]。全球汞排放控制、国际资源“绿色”获取、全球气候变化等全球治理问题对新时期生态文明建设工作提出了新要求，我国作为全球生态文明建设的重要参与者、贡献者、引领者，迫切需要进一步提升环境公约的履约能力，提出中国方案、贡献中国智慧，为国际社会提供更多的公共产品。2020年9月22日，习近平主席在第75届联合国大会一般性辩论上发表重要讲话，宣布中国的二氧化碳（CO_2）排放力争于2030年前达到峰值，努力争取在2060年前实现碳中和。这表明我国需要进一步加强对全球环境问题的研判，以提升在全球环境治理中的科学话语权和决策影响力，积极推动扩大发展中国家在国际事务中的代表性和发言权，切实推动构建人类命运共同体的全球进程。

0.2 习近平生态文明思想的形成与发展

习近平生态文明思想是以习近平同志为代表的党中央和中国共产党人通过在长期的实践中汲取中国传统生态智慧，借鉴近现代国际生态理念，不断发展、丰富、完善而形成的，是从最初朴素的“资源可持续利用”思想不断发展、提炼、升华而形成的一套思想体系（图0-2）。

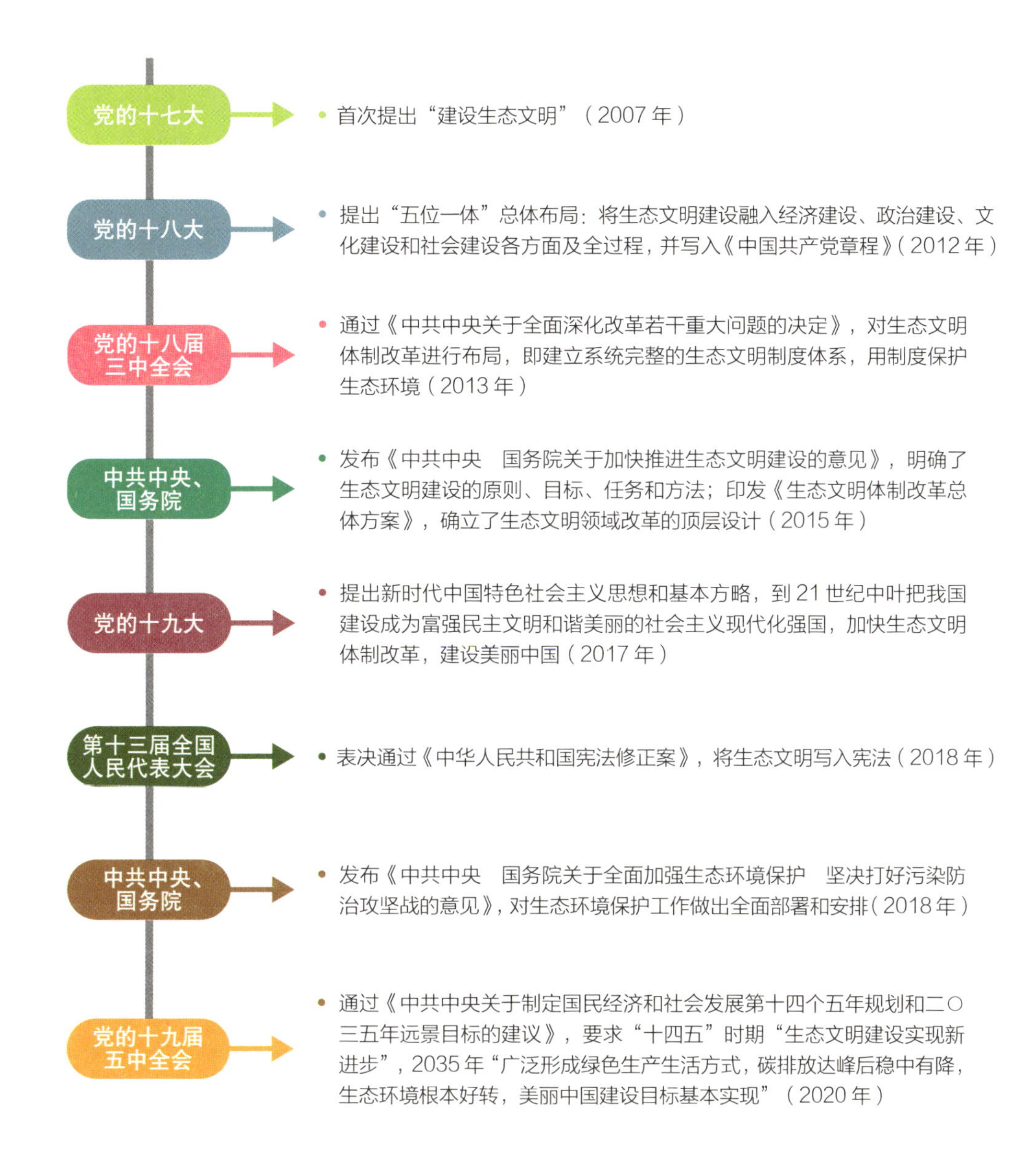

图 0-2　我国生态文明建设的重要里程碑

党的十八大将生态文明建设纳入中国特色社会主义事业"五位一体"总体布局，提出"必须把生态文明建设放在突出地位，融入经济建设、政治建设、文化建设、社会建设各方面和全过程"，并首次把"美丽中国"确立为生态文明建设的宏伟目标。习近平同志担任总书记以后，将对生态环境保护的关切和叮咛带到祖国各地，在国内外多个场合对生态文明做了深入浅出、生动形象的论述。2018年5月18日至19日，习近平总书记在全国生态环境保护大会上发表重要讲话，对新时代生态文明建设的理论基础、指导原则和行动指南进行了详细论述，回答了新时代生态文明建设"为什么做""做什么""怎么做"等一系列重大理论和实践问题，由此正式确立了习近平生态文明思想[3]。习近平生态文明思想内涵丰富、逻辑严密、体系完整，具有十分鲜明的马克思主义理论特征，是马克思主义自然生态观中国化的最新成果，是我们推进生态文明建设的指导思想和根本遵循，是美丽中国建设的"指南针"和"定盘星"。

习近平生态文明思想内涵丰富，形成了系统完整的思想体系，深刻论述了建设生态文明的理论与实践问题，主要体现在"八个坚持"上[4]：一是坚持生态兴则文明兴；二是坚持人与自然和谐共生；三是坚持绿水青山就是金山银山；四是坚持良好生态环境是最普惠的民生福祉；五是坚持山水林田湖草是生命共同体；六是坚持用最严格制度最严密法治保护生态环境；七是坚持建设美丽中国全民行动；八是坚持共谋全球生态文明建设。

具体来说，生态文明建设体系主要由5个子体系构成。

1. 生态文化体系：为新时代生态文明建设注入灵魂

生态价值观是生态文明建设的价值论基础，是新时代生态文明建设的灵魂所在。习近平总书记指出，中华民族向来尊重自然、热爱自然，绵延5 000多年的中华文明孕育着丰富的生态文化。在具体的实践过程中，需要做到以下三点：一是要培养生态道德，既要传承发扬"天人合一""道法自然"等中华优秀传统生态道德，也要注意吸收近现代生态道德文化的建设经验，去其糟粕，取其精华，使践行生态道德成为公民日常生活的一种高度自觉；二是要繁荣生态文化，把生态文明纳入社会主义核心价值体系，使全社会牢固树立社会主义生态文明观，通过一系列优秀的生态文化作品推动形成弘扬生态道德、践行生态行为的良好氛围，形成人人、事事、处处、时时崇尚生态文明的社会新风尚；三是加强生态文明宣传教育，充分认识宣传教育在生态文明建设中的基础性作用，使生态文明宣传教育工作渗透到经济社会中的各阶层、各年龄段、各地域，不断提高全社会的生态意识和素质，大力拓展社会公众接受环保科普和环境体验的渠道和平台。

2. 生态经济体系：为新时代生态文明建设奠定基础

发展方式变革是新时代生态文明建设的一项重要内容，为其奠定了坚强的物质基础。习近平总书记强调，要全面推动绿色发展。绿色发展是构建高质量现代化经济体系的必然要求，是解决污染问题的根本之策。在构建生态经济体系的过程中，一方面，要推动产业生态化改造升级，特别是在供给侧结构性改革的大背景下，不仅要促进存量产业的绿色发展，通过能耗、环保、质量等标准有效化解过剩产能，推动传统产业进行清洁生产，还要大力发展节能环保、新能源汽车等新兴产业，提升增量产业质量，促进生产性服务业快速发展，应用资源节约和环境友好的技术，提高产品附加值；另一方面，要实现生态产业化，守住“绿水青山”，创造“金山银山”，打通“绿水青山”向“金山银山”转换的通道，通过发展现代农业、生态旅游和林下经济等实现生态资源资产的保值增值，以此作为农业供给侧结构性改革、精准扶贫和乡村振兴等工作的突破口。

3. 目标责任体系：为新时代生态文明建设明确使命

建设生态文明、改善生态环境质量既是人民日益增长的美好生活需要，也是中国共产党人努力奋斗的光荣使命。习近平总书记指出，打好污染防治攻坚战时间紧、任务重、难度大，是一场大仗、硬仗、苦仗，必须加强党的领导。各地区、各部门要增强“四个意识”，坚决维护党中央权威和集中统一领导，坚决担负起生态文明建设的政治责任。在此过程中，构建以改善生态环境质量为核心的目标责任体系尤为重要，要注重发挥考核评价的“指挥棒”作用。具体而言：一要明确责任主体，即地方各级党委和政府主要领导是本行政区域生态环境保护的第一责任人；二要建立科学合理的考核评价体系，突出对绿色发展指标和生态文明建设目标完成情况的考核，加大资源消耗、环境损害、生态效益等指标权重，并将考核结果作为各级领导班子和领导干部奖惩、提拔的重要依据；三要建立自然资源资产负债表编制方法，加快开展相关试点工作，建立领导干部自然资源资产离任审计制度，严格考核问责，形成约束性规范；四要重视生态环境保护人才队伍建设，形成一支生态环境保护铁军。

4. 生态文明制度体系：为新时代生态文明建设提供保障

习近平总书记指出，要用最严格制度最严密法治保护生态环境，加快制度创新，强化制度执行，让制度成为刚性的约束和不可触碰的“高压线”。党的十八大以来，我国生态文明体制改革不断朝纵深化推进，“四梁八柱”制度框架[1]初步成型，法律法规政策体系逐步完善，一些重大制度相继出台。那么，该如何充分发挥制度体系在新时代生态文明建设中的保障作用呢？实践充分证明，制度是推动生态文明建设和生态环境保护事业发展的根本保障，制度越完善，落实越有力，成效就越显著。具体而言，就是要统筹国内、国际两个大局。从国内来看，一是继续深化机构改革，进一步明确生态环境部、自然资源部等部门的职责分工，完善行政运行机制，提高国有自然资源资产管理和自然生态监管效率，不断适应治理体系现代化的新要求；二是加快制度创新，增强改革的系统性、整体性和协调性，完善资源环境价格机制，构建环保监管体制，强化法制体系建设，健全多元环保投入机制，建立全民参与机制；三是强化制度执行，在经济建设、政治建设、文化建设、社会建设和生态文明建设“五位一体”的架构下，加快完善国家生态文明法治体系，制定、修改和强化相关法律法规及标准，不断创新生态环境行政执法与刑事司法工作机制，实现立法与改革决策的相互衔接，形成生态文明法治建设的整体合力，构建生态文明建设的底线保障。从国际来看，要实施积极应对气候变化的国家战略，推动和引导建立公平合理、合作共赢的全球气候治理体系，彰显我国负责任大国形象，构筑尊崇自然、绿色发展的生态体系，推动构建人类命运共同体。最终，要通过改革创新实现我国生态环境领域治理体系和治理能力的现代化。

5. 生态安全体系：是新时代生态文明建设的底线

2014年，习近平总书记提出了“总体国家安全观”，明确将生态安全纳入国家安全体系之中，凸显出生态安全与政治安全、经济安全、社会安全等一样，是事关

---

[1] “四梁八柱”制度框架包括自然资源资产产权、国土空间开发保护、空间规划体系、资源总量管理和全面节约、资源有偿使用和生态补偿、环境治理体系、环境治理和生态保护市场体系、生态文明绩效评价考核和责任追究这八项制度。

大局、对经济社会发展产生重大影响的安全领域。为实现国家和区域的生态安全，必须加快生态安全体系建设。国家生态安全体系本身就是一项复杂的系统性工程，涉及的内容十分丰富、广泛，必须从关键入手，抓住重点，做到有的放矢。习近平总书记指出，要加快建立健全以生态系统良性循环和环境风险有效防控为重点的生态安全体系。这就意味着，一方面，要充分领会、学习山水林田湖草沙是生命共同体的整体系统观，遵循生态系统的多样性、整体性及其内在规律，加大生态系统保护与修复力度，全面提升森林、湿地、荒漠、草原等生态系统的生态服务功能，推进水土保持、荒漠化防治、退耕还林还草、城镇生态治理等生态系统修复工程，实现生态系统的良性循环；另一方面，要把生态环境风险纳入常态化管理，系统构建全过程、多层级的生态环境风险防范体系，真正做到有效防控。2019年年底暴发的新冠肺炎疫情凸显了生态安全的极端重要性，是对国家生态治理能力的巨大考验。

0.3 国际上生态思想的发展与实践

对于人与自然关系的探讨，在西方学术界大致可分为两类：一是追求理性、提倡自然资源合理利用的人类中心主义；二是追求浪漫主义、强调自然具有内在价值的非人类中心主义。随着生态危机的愈演愈烈，以解决生态危机、批判资本主义制度为目标的生态马克思主义日益繁荣，让人类越发认识到生态问题的重要性，使人与自然和谐共处成为生态思想的主流。

国际上生态思想的萌芽源于西方社会对工业文明的反思。从国际背景来看，18世纪以来的工业革命为人类改变世界提供了强有力的工具，使经济社会发展取得了长足进步。然而，工业化进程也深深地改变了世界，带来了一系列严重的生态环境问题，使人类文明的发展陷入困境。20世纪六七十年代爆发的严重的环境危机使生态环境的重要性逐渐为各国政府、民众所认识，也使整个世界范围内的人们开始对发展理念进行新的思考和探索。

从发展阶段来看，18世纪末到20世纪初是西方生态伦理思想的萌芽阶段。现代工业革命的巨大成功使社会生产力得到迅猛发展，各国为了增强实力、发展经济，加速了工业化的进程，并掠夺式地开发自然资源，从而使地球的生态环境逐步恶化。法国思想家卢梭较早地提出了“回归自然”的口号，认为自然能够帮助人类恢复本性。19世纪的美国思想家亨利·大卫·梭罗认为万物有灵，提出了“崇尚生命”的观点。这些都为后来生态思想的发展提供了重要启示。

19世纪末20世纪初直至20世纪中叶是生态伦理思想的形成阶段。此时，西方资本主义国家加剧了对自然资源的掠夺式开发，急速扩大的生产力让人类可以大肆改变自然，也使自然生态环境遭遇了极大的破坏。这一时期生态伦理思想的代表学者有美国自然主义者约翰·缪尔、法国著名学者阿尔贝特·施韦泽、美国生态学家莱奥波德和阿伦·奈斯等。约翰·缪尔专注于自然保护运动，在生态理论上取得了重大成就。他主张尊重自然界所有生物的权利，认为人类非但不能破坏自然，反而要承担起对自然的责任和义务。阿尔贝特·施韦泽是“敬畏生命”的生物中心主义的代表，他认为宇宙中的任何生命都具备生命意志，生命价值无高低之分。莱奥波德提出了土地伦理，认为人类应该用整体的、有机的观点来认识自然，要认识自然的内在关联性，站在超越人类自身利益的高度审视自然、对待自然。

20世纪50年代至今是生态伦理思想的发展阶段。生产力的迅猛发展使人们对地球资源的需求急剧扩大，生态出现严重失调，人类遭受到环境的反击。以美国海洋生物学家蕾切尔·卡逊为代表的少数人认识到人与自然生态关系的重要性，并催生了第三次环境保护运动。西方资本主义国家大规模的环境保护运动催生了生态马克思主义学说，其主要代表人物有美国学者威廉·莱斯、约翰·贝拉米·福斯特和加拿大学者本·阿格尔。生态马克思主义既继承了马克思主义的哲学传统，又发展了马克思主义的自然观，是具有独特视角的生态伦理新思想[5]。威廉·莱斯是美国生态马克思主义学者，他认为把自然界当作商品加以控制、以控制自然为工具来进行资本主义竞争是资本主义社会生态危机的直接原因，主张人们通过参加直接性的生产活动来实现自我并获得精神享受，从而保护生态环境，使人与自然和谐发展。本·阿格尔在1979年出版的《西方马克思主义概论》中首次明确提出了“生态马克思主义”的概念，揭示了资本主义生态危机的根源，重新认识了生产、消费、人的需求与环境的关系，认为只有构建满足人类基本需求又不损害生态系统的经济模式才能从根本上解决生态危机。约翰·贝拉米·福斯特是美国著名的生态马克思主义学者，他在《生态危机与资本主义》和《马克思的生态学——唯物主义和自然》这两本书中分析了马克思著作中的生态自然观，重新阐释了马克思的唯物主义自然观与社会观。

西方生态思想的演变过程是一个逐步深入地认识自然的过程。从生态伦理的萌芽到生态马克思主义的提出，西方哲学家和伦理学家构建了一套生态思想体系，提出了一系列富有洞见的思考，重塑了人与自然关系的思考方式。而我国的生态思想则萌芽于古代的传统生态智慧，并在积极吸收近现代生态伦理思想，尤其是马克思主义生态思想的基础上，逐渐形成了具有中国特色的生态文明思想体系。

0.4 中国生态文明建设实践

党的十八大以来，生态文明建设首次被纳入中国特色社会主义事业“五位一体”总体布局。在新的发展形势下，我国在经济、社会、生态、制度、文化、外交等方面进行了创新和实践，走出了一条切合中国实际的发展道路，为世界可持续发展和全球治理提供了“中国经验”和“中国方案”。

0.4.1 确立绿色发展战略，大力发展绿色产业

我国人口众多，人均资源严重不足，只能自力更生解决发展中的资源环境问题，特别需要妥善处理好发展与保护的关系。我国在发展过程中经历了重发展轻保护，边发展边保护，保护优先、绿色发展三个阶段，在党的十八届五中全会上确立了绿色发展战略，旨在实现中华民族的永续发展。

一是推进产业结构的绿色转型。推动供给侧结构性改革是绿色发展的重点任务。“十三五”期间，我国开展了化解过剩产能、淘汰落后产能的工作。2016—2018年，全国累计压减粗钢产能1.5亿t以上，实现1.4亿t“地条钢”产能全面出清，压减水泥熟料产能约3 000万t，原油一次加工能力共退出约8 000万t，合成氨退出超过1 000万t，电石退出400万t，烧碱退出167.5万t，聚氯乙烯退出

208万t，产品生产和消费结构得以显著改善。

二是大力推进循环发展。2017年，国家发展改革委等14个部委联合印发了《循环发展引领行动》（发改环资〔2017〕751号），提出在重点行业和产业园区全面推进清洁生产和循环化改造，以城市为重点推进资源循环利用基地建设，实现资源全面节约和循环利用，以及工业生产系统和居民生活系统的循环链接等，鼓励在相关领域开展“互联网+”资源循环行动，推动回收行业建设线上线下融合回收网络，落实生产者责任制度，率先在复合包装物、报废汽车、动力电池、铅蓄电池等领域开展制度设计，实行企业绿色信用评价。

三是推进能源结构转型。能源消费过快增长的势头得到有效控制，清洁低碳化趋势加快，2020年的煤炭消费占比下降到56.8%。2019年，单位GDP能耗下降到0.51 tce（吨标准煤）/万元，与2015年相比下降了13.7%，能效水平显著提升。据《中国应对气候变化的政策与行动——2019年度报告》，2018年我国单位GDP CO_2排放量同比下降了4.0%，比2005年累计下降45.8%，相当于减排52.6亿t CO_2。从这个数字来看，我国已经提前实现了2020年碳排放强度比2005年下降40%～45%的承诺。

四是推进绿色产业发展。工业部门开展了绿色制造体系建设和绿色工厂、绿色供应链、绿色产品、绿色园区评价，使绿色生产深入人心。同时，大力发展节能环保产业，其产值由2015年的4.55万亿元增长到2018年的超过7万亿元。目前，我国已在烟气脱硫脱硝除尘、城镇污水处理等领域形成了世界规模最大的产业供给能力，电除尘装备出口范围遍布30多个国家和地区，布袋除尘和电袋复合除尘装备的应用范围和领域不断拓宽；风电、光伏发电、太阳能热利用等清洁能源技术水平和产业规模居世界第一位。

0.4.2 推进绿色生活，培育绿色消费体系

近年来，随着我国经济的繁荣增长和城镇化的快速发展，商业模式、消费模式呈现出多样化发展，居民消费能力持续扩大升级。2013—2017年，社会消费品零售总额年均增长11.3%，网上零售总额年均增长30%以上。生活领域的资源能源消耗

量、污染物排放量以及废弃物产生量明显上升，过度消费、铺张浪费普遍存在。这既与我国勤俭节约的传统美德相悖，又加剧了我国资源环境的“瓶颈”约束[6]。实现生活方式的绿色转型涉及社会各个领域，需要政府、居民、企业共同参与，从观念到行为实现全方位转型：一方面，要提倡现代文明的生活理念和价值观，培育居民的绿色消费行为，形成绿色生活方式；另一方面，要坚持推进供给侧结构性改革，创新商业模式，增强绿色商品与服务的供给。

一是持续推动服务业的绿色转型。餐饮、住宿、休闲等服务行业要逐步淘汰一次性餐具、一次性日用品等的使用。2020年1月，《国家发展改革委　生态环境部关于进一步加强塑料污染治理的意见》（发改环资〔2020〕80号）发布，提出要建立健全塑料制品长效管理机制，推动绿色物流体系建设，在电商、快递、外卖行业推广新能源物流配送车，倡导流通环节减量包装及使用可降解包装；发挥流通领域的带动效应，推动绿色批发市场、绿色商场/购物中心、绿色超市、绿色电商平台等新型流通主体与业态模式的建设，不断提高绿色产品的市场供应能力，加速非环境友好型产品的市场替代，促进形成绿色消费新风尚。

二是有序推进共享经济、二手交易等新业态、新模式的发展。完善相关产业环境健康保护、信息安全管理、信息公开机制等行业管理政策措施，建立信息化监管机制，推动共享经济、租赁、二手交易等商业化平台的规范发展，强化平台企业、资源提供者、消费者等主体的信用管理，为闲置资源的有序流动和合理利用提供基本保障。

0.4.3　开展全民绿色教育，培育绿色文化和意识

绿色教育和绿色文化的推进是为了培养人们的绿色意识，并将绿色意识运用到绿色生产、绿色消费、绿色管理等各方面的行动中。

一是在社会意识形态的塑造上，需要强化绿色生产、绿色生活的国民意识教育，营造生态环境文化。将体现绿色生产和绿色生活的“无废社会”文化建设纳入国民基础教育体系，作为学前教育、义务教育阶段的必修内容，全面纳入素质教育、职业教育和终身教育。广泛开展节约型机关、绿色学校、绿色社区等创建工

作；充分发挥传统媒体和新兴媒体的普及宣传作用，传播绿色生产、绿色生活的知识理念和方法；在全国节能宣传周、全国科普活动周、全国低碳日、世界环境日等主题宣传教育活动期间广泛开展宣传，为推进生活方式的绿色化营造良好的舆论氛围。

二是倡导推广健康消费、适度消费，通过绿色消费转型从需求端倒逼绿色生产。2016年2月，国家发展改革委等部门共同发布《关于促进绿色消费的指导意见》（发改环资〔2016〕353号），提出了推动消费绿色转型的重点任务和行动指南，倡导在衣、食、住、行、游等各个领域加快向“绿色”转变。2019年10月，国家发展改革委印发了《绿色生活创建行动总体方案》（发改环资〔2019〕1696号），通过开展节约型机关、绿色家庭、绿色学校、绿色社区、绿色出行、绿色商场、绿色建筑等创建行动，广泛宣传推广简约适度、绿色低碳、文明健康的生活理念和生活方式，建立完善绿色生活的相关政策和管理制度，推动绿色消费，促进绿色发展。

0.4.4　打好污染防治攻坚战，解决突出环境问题

在过去40多年的快速发展历程中，我国的环境问题集中爆发，特别是一些地区环境问题频发、环境污染严重，如何解决突出环境问题是发展新阶段面临的重要挑战。“十三五”以来，除了坚持源头防治、完善环境监管执法体系，我国还采取了一系列行动来解决突出环境问题。通过积极推进蓝天、碧水、净土三大保卫战，连续3年投入重拳治污，打击固体废物及危险废物非法转移和倾倒，禁止洋垃圾入境，使环境污染得到遏制，生态环境逐步好转。

1. 蓝天、碧水、净土三大保卫战

《大气污染防治行动计划》（国发〔2013〕37号）、《水污染防治行动计划》（国发〔2015〕17号）、《土壤污染防治行动计划》（国发〔2016〕31号）先后出台，通过向污染宣战，重拳出击、联防联治、多措并举，初步解决了我国区域性、复合型污染等突出环境问题。

蓝天保卫战是为落实《大气污染防治行动计划》（简称“大气十条”）而开展

的，以京津冀及周边、长三角、汾渭平原等重点区域为主，推进产业、能源、运输、用地等结构优化调整，强化区域联防联控和重污染天气应对[7]。目前，我国的大气污染防治工作已取得阶段性进展。到2018年，京津冀、长三角和珠三角这三个重点区域的$PM_{2.5}$平均浓度分别比2013年下降了48%、39%和32%；首批实施《环境空气质量标准》（GB 3095—2012）的74个城市的$PM_{2.5}$平均浓度同比下降42%，二氧化硫（SO_2）平均浓度下降68%[8]。

碧水保卫战以《水污染防治行动计划》（简称“水十条”）为纲领，自2015年起我国投入水污染防治的专项资金约20.1亿美元，主要用于增加全国地表水监测点的数量、建立和完善水生态系统保护补偿机制、治理黑臭水体、清理非法排污等工作[9]。“水十条”实施至今，全国水环境质量总体呈持续改善的趋势。截至2018年，全国地表水国控断面Ⅰ～Ⅲ类比例为71%，相比2015年提高了3.2个百分点；劣Ⅴ类比例为6.7%，同比减少1.9个百分点；36个重点城市的黑臭水体治理效果明显；长江、黄河、珠江等十大重点流域的水质稳中向好[10]。由点到面扎实推进的“河长制”“湖长制”是将水生态环境治理工作纳入领导干部绩效考核体系的创新之举。截至2018年6月，全国31个省（自治区、直辖市）共明确省、市、县、乡四级“河长”30多万名[11]。

净土保卫战以《土壤污染防治行动计划》（简称“土十条”）为纲领。环境保护部（现为生态环境部）在2017年牵头成立了全国土壤污染防治部际协调小组，全面启动了土壤污染状况详查，开展了土壤污染综合防治先行示范区（首批14个试点）建设工作；同时，还构建了国家土壤环境监测网络，共布设了2万个左右的监测点位，覆盖了我国99%的县、98%的土壤类型、88%的粮食主产区[12]。为从根本上提升土壤污染监管和风险防范能力，我国在固体废物、危险废物、化学品污染防治和管理领域还推进了一系列重大改革和专项行动。自2017年起，我国开始构建禁止洋垃圾入境的长效机制，强化对洋垃圾非法入境的管控，到2018年全国固体废物进口总量同比减少46.5%，与此同时，我国还坚定不移地推进生活垃圾分类处置、非正规垃圾堆放点整治、打击固体废物及危险废物非法转移和倾倒等工作，“无废城市”建设试点于2019年开始启动，“清废行动”和废铅蓄电池污染防治这两大专项行动[10,13]也继续落实。

2. 农业农村污染治理攻坚行动

随着城镇化的持续推动，我国农村生态环境日益恶化，污染处理处置基础设施落后，农村人居环境亟待改善，农业面源污染问题较为严重。

“十二五”期间，中央财政投入315亿元在超过7.8万个建制村进行了环境保护与综合治理工作，惠及1.4亿农村人口。自2015年起，我国全面推进“美丽乡村”建设，在约13.8万个村庄进行了农村环境综合整治，开展了编制合理的村级规划、加强农村基础设施建设、整治农村人居环境、调整农业产业结构、发展农业循环经济、治理农村污染等行动，使近2亿农村人口直接受益。

2015年，农业部实施农业面源污染治理攻坚行动，确定了到2020年实现农业用水总量控制，化肥农药使用量减少，畜禽粪便、秸秆、地膜的基本资源化利用“一控两减三基本”的目标任务[14]。2017年，农业部进一步聚焦畜禽粪污资源化利用、用果菜茶有机肥替代化肥、东北地区秸秆处理、农膜回收和以长江为重点的水生生物保护行动这五个环节，启动并实施了农业绿色发展五大行动[15]。2018年，生态环境部与农业农村部共同发起农业农村污染治理攻坚战，提出到2020年实现“一保两治三减四提升”（保护农村饮用水水源，治理农村生活垃圾和污水，减少化肥、农药使用量和农业用水总量，提升污染物超标水体水质、农业废弃物综合利用率、环境监管能力和农村居民参与度）的目标[16]。

0.4.5　开展生态保护与修复，构筑生态安全屏障

自1998年起，我国陆续启动了“三北”防护林、天然林保护、退耕还林还草等16项投资巨大、在世界范围内都具有重要生态影响的生态环境修复治理工程。截至2015年，这16项工程共投资约2.2亿元，调动了5亿劳动力，影响区域面积高达620万km^2（约占我国国土面积的65%），并取得了积极成效——森林覆盖率上升至22%；土地荒漠化趋势得到有效扭转；遏制了水土流失，河流沉积和水质得到明显改善，如黄河泥沙负荷下降了90%，长江的情况也有明显改善[17]。

“十二五”以来，我国加紧了生物多样性保护和生态安全的能力建设，同时还

加强了生态修复，改善了农村环境投入，推进了生态安全屏障体系优化、生态文明示范点和试验区建设等工作，以系统性、整体性的思路加大了生态环境保护力度。第一抓手是落实生态文明体制改革工作，划定生态保护红线、永久基本农田、城镇开发边界三条控制线，对优化生态安全屏障、构建生态廊道和生物多样性保护网络、维护生态系统功能和稳定性具有重要意义；第二抓手是推进一系列生态修复和治理的专项行动及重点工程，同时建立市场化、多元化生态补偿机制，以保障专项行动和重点工程的持续推进。

当前，我国已建立1.18万处类型丰富、功能多样的各级各类自然保护地，在保护生物多样性、保存自然遗产、改善生态环境质量和维护国家生态安全方面发挥了重要作用；恢复退化湿地107万亩[1]，56处国际重要湿地的生态状况总体良好。我国长期以来对生态系统的修复和治理也对全球植被覆盖率的增长做出了贡献。来自美国国家航空航天局（NASA）的卫星数据显示，2000—2017年全球绿化面积增加了5%，而中国和印度的人工植树造林活动和集约化农业对全球绿化起到了主要拉动作用[18]。相较于印度的新增绿化面积主要来自农业，我国的新增绿化面积中有42%来自植树造林、荒漠治理等对生态退化的人工干预行动，从而有效推动了全球绿色覆盖面积和森林覆盖率的增加[19]。

0.4.6 深化生态文明体制改革，加快建设美丽中国

党的十八大以来，党中央高度重视生态文明体制改革工作，生态文明制度体系的“四梁八柱”基本建立，生态文明制度得以不断完善。

1. 加强顶层设计，完善生态文明制度体系

习近平总书记指出，“用最严格制度最严密法治保护生态环境，加快制度创新，强化制度执行，让制度成为刚性的约束和不可触碰的高压线。”制度建设是生态文明建设的重要内容与根本保障，也是实现生态环境监管的重要手段。2015年，我国政府相继出台了一系列制度文件，打出了一套理念先行、目标明确、顶层设

[1] 1亩=1/15公顷。

计、系统推进的生态文明体制改革“1+6”组合拳（图0-3）。

图0-3　生态文明体制改革“1+6”组合拳

“1”是2015年中共中央、国务院印发了《生态文明体制改革总体方案》（以下简称《总体方案》）。作为纲领性文件，《总体方案》全面部署了中国生态文明制度建设工作，明确了生态文明体制改革工作的总体目标、要求和八大制度建设任务，提出要建立“产权清晰、多元参与、激励约束并重、系统完善的生态文明制度体系”，为生态文明制度建设搭建好了基础性制度框架，全面提高了我国生态文明建设水平。

“6”可以概括为两大部分：一是建立健全环境治理体系，即加强生态环境监测网络建设，推行生态环境损害赔偿制度改革试点，推动环境保护督察机制长效化、常态化；二是完善评价考核和责任追究机制，即开展编制自然资源资产负债表试点、领导干部自然资源离任审计试点和党政领导干部生态环境损害责任追究。

目前，“1+6”的生态文明体制改革方案正在有条不紊地推进落实，各项法律法规政策体系也在逐步完善。

（1）探索建立环保督察长效机制

环保督察是中央督察地方政府履行环保职责、扭转地方环境治理失灵的重要手段[20]。2015年，我国政府出台《环境保护督察方案（试行）》，提出严格落实环境保护主体责任等有力措施，实行“党政同责”“一岗双责”，将地方党委与政府的环保责任纳入重点监督范围[21]，并将督察结果作为对领导干部考核、评价、任免的重要依据。2019年6月，中共中央办公厅、国务院办公厅印发《中央生态环境保护督察工作规定》，为环保督察工作提供了法治保障。

从2016年起，中央环保督察正式启动，至2017年环保督察全部完成，已经在我国实现全覆盖，推动解决了一大批突出环境问题。2018年5月以来，又分别启动了第一批、第二批中央环保督察“回头看”，使一部分整改不力、敷衍整改的问题得以有效解决。2019年7月，第二轮中央生态环保督察正式启动，环保督察基本建立起常态化的工作机制。

（2）完善评价考核和责任追究制度

科学的评价考核制度是生态文明制度体系的重要组成部分，也是推动生态文明建设的“指挥棒”。我国坚持以生态环境质量改善为目标导向，以绿色发展指标和生态文明建设指标为考核重点，加大资源消耗、环境损害、生态效益等指标的权重，将生态文明建设成效作为党政领导干部政绩考核的重要内容，以此调动各级领导干部投入生态文明建设的积极性与自觉性。此外，还探索编制自然资源资产负债表，开展领导干部离任审计，审计结果与领导干部选拔任用直接挂钩。

2. 建立生态文明“底线”管控制度

我国政府明确提出要树立底线思维，严格落实资源消耗上限、环境质量底线、生态保护红线，将各类开发活动限制在资源环境承载能力之内[22]。

（1）严守生态保护红线

2017年中共中央办公厅、国务院办公厅印发了《关于划定并严守生态保护红线的若干意见》，为生态红线划定工作提供了有力支撑。在“山水林田湖草沙是一个生命共同体”理念的指导下，科学评估、摸清家底，把湿地、草原、森林、海洋等具有重要生态功能的生态空间划入生态保护红线管控范围。实施用途管制，强化刚性约束，用红线严控开发活动，构建结构完整、功能稳定的生态安全格局。我国已经全面开展生态保护红线划定工作，目前已完成京津冀地区、长三角地区及宁夏回族自治区等多个区域的生态保护红线划定工作。

（2）严守环境质量底线

为了切实提升生态环境质量，国家和各级政府设定了不同级别的大气、水、土壤环境质量目标，即环境质量底线，基本要求有三点：一是加强环境污染治理，打好蓝天、碧水、净土三大保卫战，着力解决突出环境问题；二是促进环境质量持续改善，以绿色发展推动经济社会高质量发展，实施污染物排放总量控制；三是加强环境风险防控，定期开展地下水、饮用水水源地、重点污染源监测，重点开展危险废物、土壤等领域的环境风险防控工作工作。

（3）严守资源消耗上限

以可持续发展理念为引领，进一步加强土地、水、能源等重要资源的总量管控和全面节约制度，推进自然资源环境承载能力研究，探索建立资源环境承载能力监测预警机制，转变粗放的开发利用方式，切实提高资源开发和利用效率。

0.4.7 通过地方试点先行先试，探索生态文明建设新模式

生态文明建设没有成熟的经验可供借鉴。2016—2017年，福建省、江西省和贵州省成为首批国家生态文明试验区。这3个省积极履行国家生态文明试验区建设的历史使命，大力发挥地方主动性和首创精神，针对重点体制改革任务开展先行先试，成绩斐然，在部分领域形成了一批可复制、可推广的制度创新成果，为其他区域生态文明建设提供了经验和借鉴。

1. 福建省

在生活垃圾分类方面，福建省出台了《生活垃圾分类管理办法》，配合多项配套制度，注重激励、加强监管，建立起全链条的制度保障体系、全流程管控体系以及全方位宣传引导机制。厦门市作为46个垃圾分类试点城市之一，多次在住房和城乡建设部对生活垃圾分类情况的考核中位列第一，目前已在思明区、湖里区两大主城区的全部小区、120家市直机关、85家星级宾馆、1 124所学校以及车站等公共区域全部实行垃圾分类。

福建省为了不断提升农村生活垃圾和污水处理水平，实施了投资工程包机制，培育农村生态治理市场主体，以县域为单位将农村生活垃圾收集转运、镇村污水处理等多个项目整体打包，实现规模化运营。采取政府和社会资本合作（Public-Private Partnership，PPP）等模式，委托有资质、经验丰富的企业进行规划设计和后期运营，根据区域实际合理选择技术路线。在垃圾污水处理收费方面，建立了财政奖补与村民付费相结合的资金分摊机制。目前，福建省所有乡镇已实现生活垃圾转运系统全覆盖，78%的乡镇已建成污水处理设施，75%的行政村已形成完善的垃圾处理常态化机制，约6 000个行政村已建成生活污水处理设施，治理效果显著提升，运营管理专业化、市场化程度显著提高。

作为林业大省，福建省还率先在我国开展了重点区位商品林赎买等制度改革[23]，针对东山县、政和县、武夷山市及永安市，因地制宜、分类施策，采取直接赎买、合作经营、租赁、置换、改造提升等多样化的改革方式[24]，建立了以财政资金引导为基础、受益者合理分担、社会资金广泛参与的赎买资金筹措机制，利用政策性银行长期贷款等市场化机制扩大赎买资金来源，确保工作可持续地顺利推进。截至2018年年底，福建省累计完成商品林赎买等27.2万亩，营造了“生态得绿、林农得利”的双赢局面。

2. 江西省

一是全面推行五级“河长制”，打造“河长制”升级版。江西省高位推动流域保护与生态治理，推行独具特色的省、市、县、乡、村五级“河长制”，全面实现“河长制”工作水域全覆盖[25]。通过探索“河长认领制”，江西省推进管护主体转变，实行“互联网+河长”的智能化监管模式，启动全省河湖管理信息系统建设，为各级“河长”管理决策提供依据和支撑。此外，还完善健全了“五位一体”运行机制，加强了综合执法。

二是构建“n2n”生态循环农业模式。江西省持续推进绿色生态农业“十大行动”，推广测土配方施肥，严格畜禽养殖“三区”管理，推进高标准农田建设[26]，倾力培育“生态鄱阳湖，绿色农产品”特色品牌。江西省新余市通过探索形成了“n2n”生态闭链循环农业发展模式，即n家养殖企业的畜禽粪污、种植企业的农作物秸秆等，通过2个核心平台——“农业废弃物无害化处理中心”（沼气工程）和“农业有机肥制取中心”向下游n家农业种植企业、种植大户和合作社提供有机肥，形成了生态循环农业系统[27]，从而减少了化肥施用量，提高了农业废弃物的资源化利用水平。

3. 贵州省

一是加强生态立法，推动环境资源法庭全覆盖。作为长江、珠江上游重要的生态屏障，为了加强生态环境保护，贵州省积极推进立法工作，先后出台了《贵阳市促进生态文明建设条例》《贵州省环境保护条例》《贵州省生态文明建设促进条例》等30余部生态文明领域的地方性法规，立法数量位居全国前列。此外，贵州省还在加强生态环境司法保障方面成效显著，2007年率先在贵阳市中级人民法院及清镇市人民法院成立了全国首家市、县两级生态保护审判专门机构。目前，贵州省的省、市、县三级法院专门化环境资源审判机构已由10个扩展为29个，基本实现全覆盖。

二是探索建立流域跨省生态补偿制度。赤水河是跨界河流，为了实现赤水河流域的协同治理及上下游协同发展，2016年，贵州、四川、云南三省共同签订了《赤水河流域横向生态保护补偿协议》，就补偿原则、范围、期限、目标以及资金筹集等核心问题达成共识。根据协议约定，贵州、云南、四川三省按照5∶1∶4的比例共同出资2亿元设立生态补偿资金，并确定了为4∶3∶3的分配比例，补偿年限为2018—2020年，从而使跨省际流域生态补偿取得积极进展。

0.4.8 加强国际生态环境合作，参与全球环境治理

中国正在大力推进绿色“一带一路”建设，将环境影响评价应用到“走出去”项目（如中国的海外投资）中。与此同时，中国还积极与世界各国分享生态环境治理经验。

一方面，中国积极履行环境保护的国际义务和责任。中国政府已经加入了30多个多边环境公约或议定书，包括《维也纳公约》和《关于消耗臭氧层物质的蒙特利尔议定书》（以下简称《蒙特利尔议定书》）等。就臭氧层保护而言，中国已经发布并实施了逐步淘汰消耗臭氧层物质（ODS）国家计划，制订了25个行业的淘汰行动计划，关闭了100多条淘汰物质生产线，为上千家企业开发ODS替代品，累计淘汰25万t ODS（占发展中国家ODS淘汰总量的50%以上），提前完成了《蒙特利尔议定书》规定的任务，为解决国际环境问题做出了重大贡献。

另一方面，致力于推进全球环境治理和环境领域的南南合作。积极推动将绿色经济纳入“里约+20”联合国可持续发展大会（简称“里约+20”峰会）的成果文件，参与第一次联合国环境大会（UNEA-1）和2030年可持续发展议程的谈判，支持和参与了绿色经济伙伴关系行动（PAGE），并正在江苏省实施相关项目。2012年，在里约热内卢召开的“里约+20”峰会上，中国承诺向联合国环境规划署提供600万美元（即中国信托基金）用于支持发展中国家的环境能力建设。与此同时，中国还积极推动气候变化的国际交流与合作。例如，与巴西、印度、欧盟、英国和美国就气候变化问题发表了联合公报，规划建立了“中国气候变化南南合作基金”，积极参与了2015《巴黎协定》的国际谈判和后续机制安排。

0.5 人类命运共同体的理念及意义

地球是人类的共同家园，生态环境的变化与人类的命运息息相关。随着科技的发展、人类活动的日益频繁，世界各地的经济交流越发紧密，全球逐渐成为“地球村”。在这一背景下，我国提出了人类命运共同体理念，这是从全人类可持续发展

的角度提出的。2020年上半年，新冠肺炎疫情在全球蔓延，让我们更加深刻地体会到人类命运共同体理念的现实针对性，更加深刻地认识到构建人类命运共同体是为解决当前乃至今后的全球问题、世界难题而必然做出的历史选择。人类生活在同一个地球村，各国之间彼此相关，解决关乎人类命运的问题必须站在人类社会未来发展前景的长远角度去思考，这就要求树立和强化人类命运共同体理念。

0.5.1 人类命运共同体理念

党的十八大报告指出，要“倡导人类命运共同体意识”[28]。此后，人类命运共同体理念频繁出现在中国外交的话语体系中，习近平主席多次在重要外交场合详尽论述和深刻阐述了这一新理念、新提法[29]。在2019年第二十三届圣彼得堡国际经济论坛上，习近平主席发表致辞并指出，可持续发展是破解当前全球性问题的“金钥匙”，同构建人类命运共同体目标相近、理念相通，都将造福全人类、惠及全世界。在党的十九大报告中，习近平总书记六次提及人类命运共同体理念。

人类命运共同体在外延上从属于人类共同体[30]。人类命运共同体不是一个实体共同体，而是一个价值共同体，其形成方式具有更多的自生自发性，而非人为建构性。人类命运共同体着眼于全人类的全球正义，减弱了国家主权的绝对性和排他性，因强调“同理”和“同利”而化解了冲突与纷争。人类命运共同体这一全球价值观，包含相互依存的国际权力观、共同利益观、可持续发展观和全球治理观。

0.5.2 建设人类命运共同体的重大意义

自15世纪末以来，资本主义生产方式在封建社会母体中逐渐成熟，同时，随着“新大陆”的发现和欧洲“商业革命”的爆发，资本主义世界市场逐步开拓，由此开启了经济全球化的历史进程。从根本性质上说，经济全球化就是资本主义市场经济突破民族国家的界限在世界范围内的拓展，并逐渐形成了由追求价值增值的资本逻辑决定的“竞争博弈”式的全球化模式[31]。发展到今天，这种模式使世界经济体系本身充满了矛盾、竞争和对抗，给世界带来了一系列问题，如全球范围内的贫富分化问题、国际政治秩序问题、文化冲突问题、生态环境问题、全球资源分配问题等，造成了全球范围内的经济对抗、政治冲突、文化冲突，导致了两次世界大战以及直到今天还在频繁发生的军事冲突等，使这个世界变得越来越不安宁，以至于不少国家对经济全球化这个历史潮流充满了忧虑和质疑。

大国的竞争与博弈加剧、全球经济治理体系快速变革和新技术革命的到来等将深刻改变未来的国际经济社会格局。人口、粮食、资源与能源、金融和区域经济合作、全球经济治理等都是影响国际经济格局变化的重要变量。据估算，到2035年，美国、日本和欧盟仍将是全球主要经济体，发展中国家的GDP比重接近60%，全球各种利益诉求相互交织、博弈，导致国际环境中的不确定因素显著上升。全球治理进入快速变革期，治理主体呈现多元化、多极化趋势，全球性议题和挑战持续增加，国际竞争摩擦呈上升之势，地缘博弈色彩明显加重。全球城镇化率将达到61.7%，但面临人口增速放缓、老龄化加速和环境保护日益严格等诸多约束，能源资源利用新技术的涌现将改变全球能源资源供给和产业分工格局，气候变化和环境污染将越来越成为全球经济增长的约束。

推动构建人类命运共同体，就是为力图解决这些重大的国际问题而做出的努力。人类命运共同体的宗旨是在追求本国利益的同时兼顾他国的合理关切，在谋求本国发展中促进各国的共同发展。人类只有一个地球，各国共处一个世界，因而要倡导人类命运共同体意识。习近平总书记在各种国际外交场合和国内重要会议中多次对人类命运共同体理念进行了详细阐释，并用这一重要理念向世界传递对人类文明走向的中国判断。习近平总书记在党的十九大报告中强调："构建人类命运共同体，建设持久和平、普遍安全、共同繁荣、开放包容、清洁美丽的世界。"接着，他又用五个"要"系统阐述了怎样构建人类命运共同体，即要相互尊重、平等协商，坚决摒弃冷战思维和强权政治；要坚持以对话解决争端、以协商化解分歧；要同舟共济，促进贸易和投资自由化、便利化；要尊重世界文明多样性；要保护好人类赖以生存的地球家园。

习近平总书记在党的十九大报告中指出，当今世界处于大发展、大变革与大调整的时期，但和平与发展仍是时代的主题。虽然全球治理体系与国际秩序的变革正加速推进，世界各国相互联系与依存也日益加深，但是国际力量更趋平衡，并且和平与发展的大势仍不可逆转。与此同时，世界面临的不稳定性与不确定性仍非常突出，全球增长动力不足、贫富分化严重，恐怖主义、网络安全、传染性疾病等问题的威胁继续蔓延，这些都是当今人类共同面临的诸多挑战，也是倡导人类命运共同体的全球现实依据。全球的问题需要人类共同面对、共同应对，没有哪个国家能够单独应对全球性的巨大挑战。其中，推行社会、经济和环境均衡、协调的可持续发展是当前和未来世界各国的共同愿景。2015年9月，联合国可持续发展峰会正式通过了2030年可持续发展议程，提出了17个可持续发展目标，旨在于2015—2030年以综合的方式彻底解决社会、经济和环境三个维度的发展问题，并转向可持续发展道路。低污染、低排放、资源循环利用以及人类和生态系统的健康维系已成为全球各国关注的焦点，因而要以保障人类和生态健康为目标来深化环境治理，以绿色创新来应对全球重要的环境挑战。

参考文献

[1] 国家统计局 . 沧桑巨变七十载 民族复兴铸辉煌——新中国成立 70 周年经济社会发展成就系列报告之一 [EB/OL] . [2019-07-01] . http：//www.stats.gov.cn/tjsj/zxfb/201907/t20190701_1673407.html.

[2] International Environmental Agreements (IEA) Database Project. Summary count and graph of agreements by year [EB/OL] .2017. https：//iea.uoregon.edu/，2017. accessed.

[3] 温宗国，刘航 . 加快构建生态文明体系，推动美丽中国再上新台阶 [EB/OL] . [2018-05-29] . http：//theory.gmw.cn/2018-05/29/content_29028488.htm.

[4] 全国干部培训教材编审指导委员会 . 推进生态文明 建设美丽中国 [M] . 北京：人民出版社，党建读物出版社，2019.

[5] 王正 . 生态学马克思主义思想评述 [J] . 内蒙古民族大学学报 (社会科学版),2012,38 (6): 95-97.

[6] 温宗国 . 为建设美丽中国注入绿色新动能：推动形成绿色发展方式和生活方式 [N] . 人民日报，2018-07-29 (8) .
[7] 国务院 . 关于印发打赢蓝天保卫战三年行动计划的通知 (国发〔2018〕22 号) [EB/OL] . [2018-07-03] . http：//www.gov.cn/zhengce/content/2018-07/03/content_5303158.htm.
[8] 生态环境部 . 中国空气质量改善报告 (2013—2018 年) [R] . 杭州：生态环境部，2019.
[9] UNEP. Green is gold：the strategy and actions of China's ecological civilixation [R] . 2016.
[10] 李干杰 . 国务院关于 2018 年度环境状况和环境保护目标完成情况的报告 [EB/OL] . [2019-09-23] . http://www.mee.gov.cn/ywgz/zcghtjdd/sthjghjh/201909/t20190923_748251.shtml.
[11] 鄂竟平 . 水利部举行全面建立河长制新闻发布会 [EB/OL] . [2018-07-17] . http：//www.gov.cn/xinwen/2018-07/17/content_5307165.htm#1.
[12] 邱启文 . 在环境保护部 2017 年 6 月例行新闻发布会上答记者问 [EB/OL] . [2017-06-21] . http：//www.gov.cn/xinwen/2017-06/21/content_5204423.htm.
[13] 生态环境部 . 2019 年全国固废与化学品环境管理工作要点确定 [EB/OL] . [2019-03-01]. https://www.sohu.com/a/298485366_825950.
[14] 农业部 . 关于打好农业面源污染防治攻坚战的实施意见 (农科教发〔2015〕1 号) [EB/OL] . [2015-09-14] . http：//www.moa.gov.cn/ztzl/mywrfz/gzgh/201509/t20150914_4827678.htm.
[15] 农业部 . 关于实施农业绿色发展五大行动的通知 [EB/OL] . [2017-05-20] . http：//www.moa.gov.cn/nybgb/2017/dwq/201712/t20171230_6133485.htm.
[16] 生态环境部，农业农村部 . 关于印发农业农村污染治理攻坚战行动计划的通知 (环土壤〔2018〕143 号) [EB/OL] . [2018-11-07] . http：//www.mee.gov.cn/xxgk2018/xxgk/xxgk03/201811/t20181108_672959.html.
[17] Bryan B A，Gao L，Ye Y，et al. China's response to a national land-system sustainability emergency [J] . Nature，2018，559 (7713)：193-204.
[18] Abby Tabor. Human activity in China and India dominates the greening of earth，NASA study shows [EB/OL] (2021-04-21) . [2019-02-12] .https：//www.nasa.gov/feature/ames/human-activity-in-china-and-india-dominates-the-greening-of-earth-nasa-study-shows.
[19] Chen C，Park T，Wang X，et al. China and India lead in greening of the world through land-use management [J] . Nature Sustainability，2019，2 (2)：122-129.
[20] 张新文，张国磊 . 环保约谈、环保督察与地方环境治理约束力 [J] . 北京理工大学学报 (社会科学版)，2019，21 (4)：39-46.
[21] 陈海嵩 . 环保督察制度法治化——定位、困境及其出路 [J] . 法学评论，2017 (3)：176-

187.
[22] 中共中央　国务院关于加快推进生态文明建设的意见 [N] . 人民日报，2015-05-06 (1) .
[23] 陈吉龙 . 完善重点生态区位商品林赎买等改革——陈吉龙委员代表福建农林大学省政协委员小组的发言 [J] . 政协天地，2018 (Z1)：37.
[24] 林琰，陈治淇，陈钦，等 . 福建省重点生态区位商品林赎买研究 [J] . 中国林业经济，2017 (2)：11-17.
[25] 温天福，吴向东，成静清 . 江西全面升级河长制工作实践与探索 [J] . 中国水利，2018 (4)：29-31.
[26] 深入推进绿色生态农业"十大行动" [J] . 江西省人民政府公报，2017 (17)：1.
[27] 刘晖，俞莹，王惠明 . 现代区域生态循环农业模式的探索——以新余罗坊 n2n 模式为例 [J] . 江西科学，2016，34 (5)：734-738.
[28] 胡锦涛 . 坚定不移沿着中国特色社会主义道路前进　为全面建成小康社会而奋斗 [N] . 人民日报，2012-11-18 (1) .
[29] 教育部课题组 . 深入学习习近平关于教育的重要论述 [M] . 北京：人民出版社，2019.
[30] 周安平 . 人类命运共同体概念探讨 [J] . 法学评论，2018，36 (4)：17-29.
[31] 阎孟伟 . 构建人类命运共同体的价值内涵 [N] . 光明日报，2019-02-11 (15) .

第1章

我国生态文明建设概述

1.1 从生态环境保护到生态文明建设的历史演变

改革开放40多年以来，中国经济年均增长9.8%，工业化与城镇化进程在40多年里取得了发达国家用100～200年的时间才能达到的发展成果，经济成就举世瞩目。但与此同时，中国在长期的经济高速增长中也付出了沉重的生态环境代价，出现了如烟尘污染、臭氧层耗竭、$PM_{2.5}$浓度上升和挥发性有机化合物（VOCs）污染等亟待解决的问题。工业生产和家庭消费、城市和农村、工业和运输等不同来源的污染问题相互交织，经济发展与资源、环境限制陷入取舍两难的境地。在我国工业化与城镇化飞速发展的过程中，环境保护与生态文明建设受到高度重视。图1-1展示了40余年来我国生态环境保护和生态文明建设的发展进程。

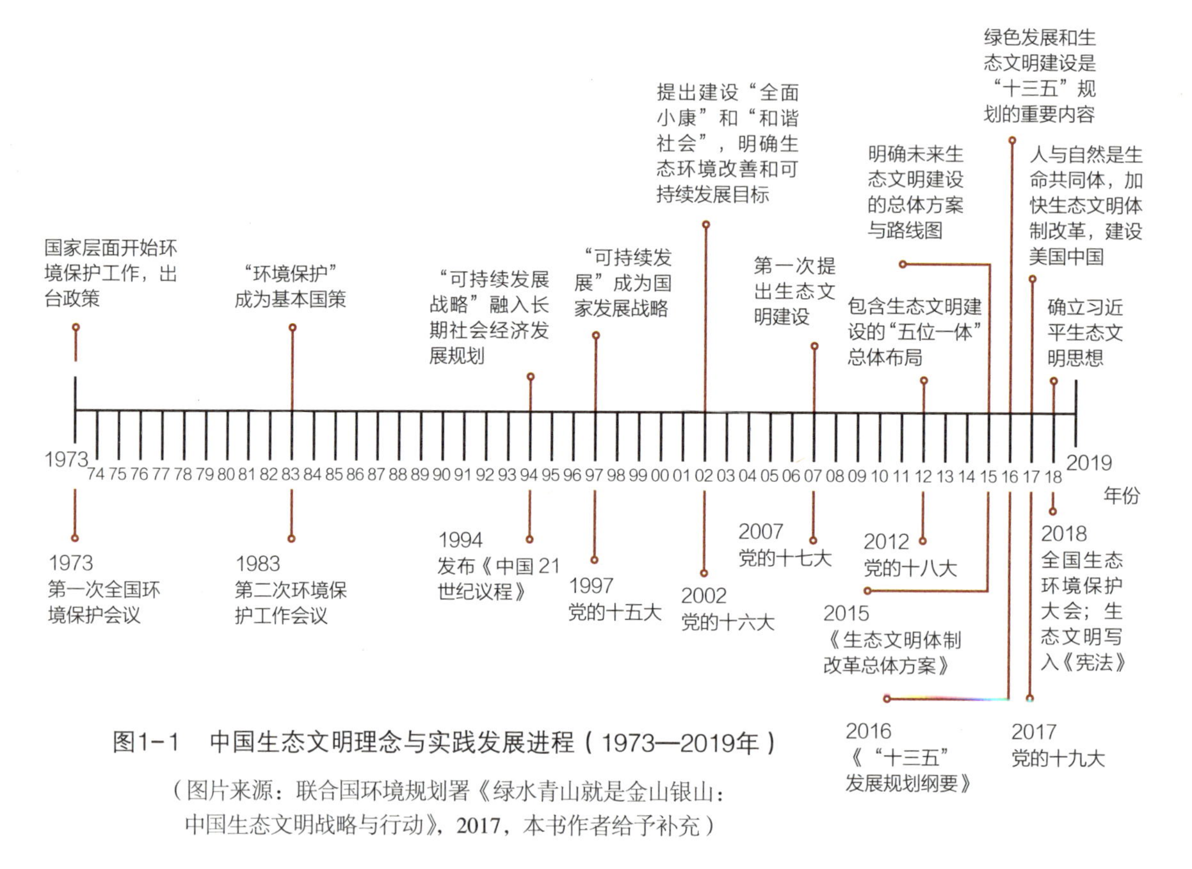

图1-1 中国生态文明理念与实践发展进程（1973—2019年）

（图片来源：联合国环境规划署《绿水青山就是金山银山：中国生态文明战略与行动》，2017，本书作者给予补充）

1.1.1 第一阶段：环境保护成为基本国策（20世纪70—80年代）

1973年，第一次全国环境保护会议召开，确定了环境保护的“32字方针”，即全面规划、合理布局、综合利用、化害为利、依靠群众、大家动手、保护环境、造福人民，并于次年成立了国务院环境保护领导小组及其办事机构。1978年通过的《中华人民共和国宪法》（以下简称《宪法》）第十一条规定，“国家保护环境和自然资源，防治污染和其他公害。”这是我国第一次将环境保护列入国家根本大法中。1979年颁布的《中华人民共和国环境保护法（试行）》标志着我国环境保护法律体系的建立。从20世纪80年代初开始，环境保护成为我国的一项基本国策。1989年，《中华人民共和国环境保护法》（以下简称《环境保护法》）正式颁布，意味着我国初步形成了环境保护的法律体系框架。

1.1.2 第二阶段：可持续发展纳入国家发展战略（20世纪90年代）

20世纪90年代，我国将可持续发展纳入国家发展战略框架。1992年，我国参与了联合国环境与发展大会并提交了《中华人民共和国环境与发展报告》，积极支持联合国关于可持续发展的基本立场和观点；同年，中共中央和国务院批准了《中国环境与发展十大对策》，明确了实施可持续发展战略的具体行动。1994年，《中国21世纪议程》发布，确立了我国21世纪可持续发展的总体战略框架和各个领域的主要目标。

1.1.3 第三阶段：提出科学发展观，转变发展观念（21世纪初）

进入21世纪，我国进入新一轮快速发展期，也给资源、能源和环境造成了巨大的压力。2002年，我国颁布了《中华人民共和国清洁生产促进法》。2002年，党的十六大报告提出建设“全面小康”和“和谐社会”，明确了生态环境改善和可持续发展的目标。2003年，党的十六届三中全会提出科学发展观和以人为本、全面协调可持续的发展理念。这一阶段以节能减排、清洁生产、发展循环经济为重点，建设资源节约型、环境友好型社会，加快形成了可持续发展的体制机制。

1.1.4 第四阶段：全面建设生态文明（2012年至今）

2007年，党的十七大报告首次提出“建设生态文明”，认识到中国需要从根本上转变发展理念。2012年，党的十八大报告提出了“把生态文明建设放在突出地位，融入经济建设、政治建设、文化建设、社会建设各方面和全过程”的中国特色社会主义建设“五位一体”总体布局，回答了“要实现什么样的发展、怎样发展”这一重大战略问题，阐述了“创新、协调、绿色、开放、共享”的发展理念。2017年，党的十九大报告进一步要求加快生态文明体制改革，实行最严格的生态环境保护制度，形成绿色的生产生活方式，以实现美丽中国这一建设社会主义现代化强国的重要目标。2018年，生态文明被写入《宪法》；同年召开的全国生态环境保护大会总结并阐述了习近平生态文明思想，对新时代生态文明建设的理论基础、指导原则和行动指南做出了详细论述。

习近平总书记指出，绿水青山就是金山银山，迈向生态文明新时代、建设美丽中国是实现中华民族伟大复兴中国梦的重要内容。绿色发展和生态文明建设体现了人与自然和谐共生，超越和抛弃了传统的发展模式，坚持节约优先、保护优先、自然恢复为主的方针，引导旨在节约资源和保护环境的空间格局、绿色产业结构、生产方式、生活方式的全面形成。在实践上，我国正积极推动生态文明体制改革与建设工作，共谋全球生态文明建设与合作。

我国生态文明建设的战略与行动，不仅对于应对自身的资源和环境挑战至关重要，也在国际上引起了广泛关注，得到了认同和支持。2013年2月，联合国环境规划署第27次理事会通过了推广中国生态文明理念的决定草案。2016年5月，联合国环境规划署发布《绿水青山就是金山银山：中国生态文明战略与行动》报告，提出中国的生态文明建设理念和实践是全世界探索可持续发展路径的重要借鉴。中国的生态文明建设成就也得到了国际社会的认可：“三北”防护林工程被联合国环境规划署确立为全球沙漠“生态经济示范区”（2014年），塞罕坝林场建设者（2017年）、浙江省“千村示范、万村整治”工程（2018年）、蚂蚁森林（2019年）先后荣获联合国环境保护最高荣誉“地球卫士奖”[1]。

1.2 生态文明建设的战略地位

党的十八大以来，以习近平同志为核心的党中央将生态文明建设作为“五位一体”总体布局中的重要一“位”，将坚持人与自然和谐共生作为新时代坚持和发展中国特色社会主义基本方略中的一条基本方略，将绿色发展作为新发展理念中的一大理念，将污染防治作为三大攻坚战中的一大攻坚战。这“四个一”体现了中国共产党对生态文明建设规律的把握，体现了生态文明建设在新时代党和国家事业发展中的地位，体现了中国共产党对建设生态文明的部署和要求。

1.生态文明建设是“五位一体”总体布局中的重要一“位”

党的十八大首次将生态文明建设纳入“五位一体”总体布局，并将其放在突出地位，就是要从生态系统的角度全面统筹经济社会发展方式，为人们创造良好的生产与生活环境，实现中华民族永续发展。转变发展方式，制度是保障，也是先行条件。2015年9月，中共中央、国务院印发了《生态文明体制改革总体方案》，自此拉开了生态文明体制改革的序幕。党中央全面部署生态文明建设，并将生态文明上升为中华民族永续发展的“千年大计”“根本大计”，确立了生态文明建设的战略地位。

2.坚持人与自然和谐共生是新时代坚持和发展中国特色社会主义基本方略中的一条基本方略

党的十九大报告提出了14条新时代坚持和发展中国特色社会主义的基本方略，其中“坚持人与自然和谐共生”作为第9条基本方略被单独提出，这是以习近平同志为核心的党中央深刻把握人与自然发展规律的重要理论创新，是马克思主义生态观在中国的最新发展，是正确处理人与自然关系的理论指导。自然生态环境是人类赖以生存的基础，人类文明的发展与自然生态枯荣相伴。坚持人与自然和谐共生运用了历史唯物主义的观点，将生态环境问题放到人类文明演进规律的高度，科学地指明了生态文明建设是社会发展的根本遵循。

3.绿色发展是新发展理念中的一大理念

党的十八届五中全会确立了“创新、协调、绿色、开放、共享”的新发展理念，将绿色发展作为五大发展理念之一，注重解决人与自然和谐的问题。我国资源约束趋紧、环境污染严重、生态系统退化、生物多样性丧失等问题十分严峻，广大人民群众对清新的空气、洁净的饮水、安全的食品、优美的环境的要求日益强烈。贯彻新发展理念必须要统筹好经济发展与生态环境保护的关系，努力探索以生态优先、绿色发展为导向的高质量发展新路径，这是实现可持续发展的根本。绿色发展理念作为发展的“指挥棒”“红绿灯”，要求我们时刻与其相对照，推进形成健康、可持续的生态文明发展观。

4.污染防治是三大攻坚战中的一大攻坚战

生态环境问题是当前我国所面临的亟待解决的重大问题，污染防治攻坚战就是要解决好人民群众反映强烈的突出环境问题，是落实生态文明建设的重大举措。习近平总书记在讲话中强调，生态环境是关系党的使命宗旨的重大政治问题，也是关系民生的重大社会问题。广大人民群众热切期盼加快提高生态环境质量。我们要积极回应人民群众所想、所盼、所急，大力推进生态文明建设，提供更多优质的生态产品，不断满足人民群众日益增长的优美生态环境需要。

1.3 生态文明建设的现状与问题

1.3.1 当前和今后一段时期仍面临资源环境约束和挑战

改革开放以来，我国的社会经济发展取得了举世瞩目的伟大成就，经济长期快速增长，城乡居民生活水平稳步提升。但是在国民经济快速增长的同时，我国也付出了沉重的资源环境代价，社会和经济发展与资源、生态、环境之间的矛盾和冲突严重，人与自然的关系趋于紧张。

1.资源环境承载能力难以支撑高消费增长模式

到2050年，我国要全面达到世界中等发达国家的可持续发展水平，进入世界总体可持续发展能力前10名的国家行列，但是在发展过程中资源环境承载能力对经济发展的制约作用将更加突出，难以支撑在原有发展模式下的持续高速增长。目前，我国东部地区的土地开发强度普遍过大，不宜再进一步增加；中西部地区排除不适宜开发的荒漠、高山及必须保护的耕地和生态用地，其现有土地资源也非常有限。此外，我国的水资源制约作用更加明显。我国的水资源可利用量为7 524亿m^3，为保障粮食生产和生态安全，农业用水量和生态用水量应分别至少保持在3 900亿m^3和2 400亿m^3左右，这样工业和生活用水就仅余1 200亿m^3左右。到2050年，工业用水总量的增加幅度总体不应超过1%，而过去10年工业用水总量增加了14.2%，控制工业用水增加量的难度非常大。在矿产资源和能源方面，我国能源近七成依赖于煤炭，而煤炭却是造成环境污染的最大来源；在其他能源资源中，原油对外依存度已接近60%，天然气对外依存度也已达到30%，铁矿石对外依存度超过68%，铜精矿、铝土矿对外依存度分别达到64%、75%，生态环境的"天花板"作用明显。

2.能源消费与结构调整压力巨大

我国的能源消费量约占世界能源消费总量的1/4，从而给我国应对气候变化工作造成了极大的压力。工业化和城镇化对钢铁、水泥和化石能源的大量消耗是一种难以避免的刚性需求，城镇住房、道路交通以及管网等城市基础设施的大规模建设不可避免。当前，我国仍处于工业化发展中后期，工业能源消费需求呈现继续放缓的趋势。其中，化工、建材、钢铁和有色四大高载能行业的能源消费量占全社会的比重一直保持下降态势，但建筑用石、混凝土水泥制品、玻璃纤维及制品、专用化学品、精细化学品等高附加值产品则增长较快。居民消费水平的提升使我国能源资源的刚性需求在未来较长时间内难以改变，消费端带来的温室气体排放压力日益增加。图1-2显示了2018年我国GDP、能源消费、粗钢及水泥产量的世界占比情况。未来50年是我国城镇化和工业化加速推进的重要历史阶段，生活消费和工业制造带来的能源消费量将在较长时间内保持高位。由于我国资源禀赋所限，能源结构以煤为主的结构特征短期内仍不会改变，人均能源占比也远低于世界平均水平（图1-3），这些都对我国的可持续发展提出了严峻的挑战。

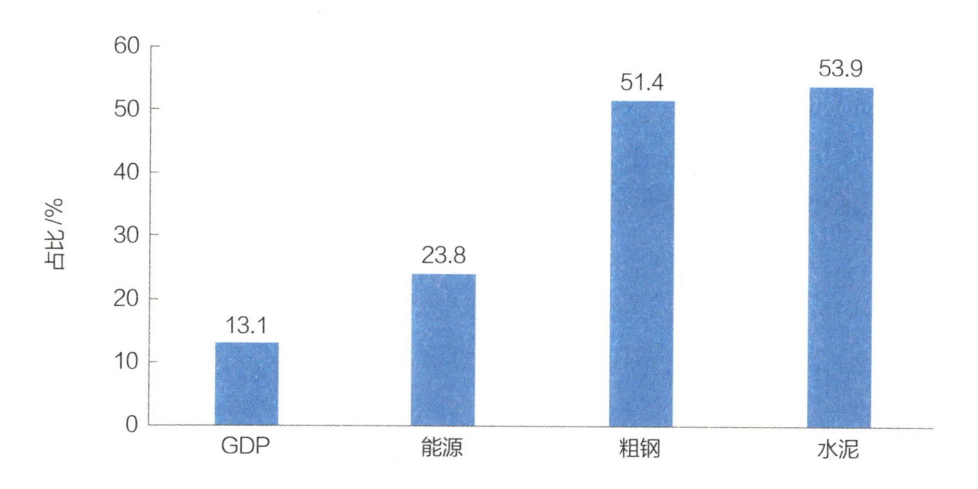

图1-2　我国GDP、能源消费、粗钢及水泥产量的世界占比（2018年）

（数据来源：世界银行、中国统计局、世界钢铁协会、世界水泥协会）

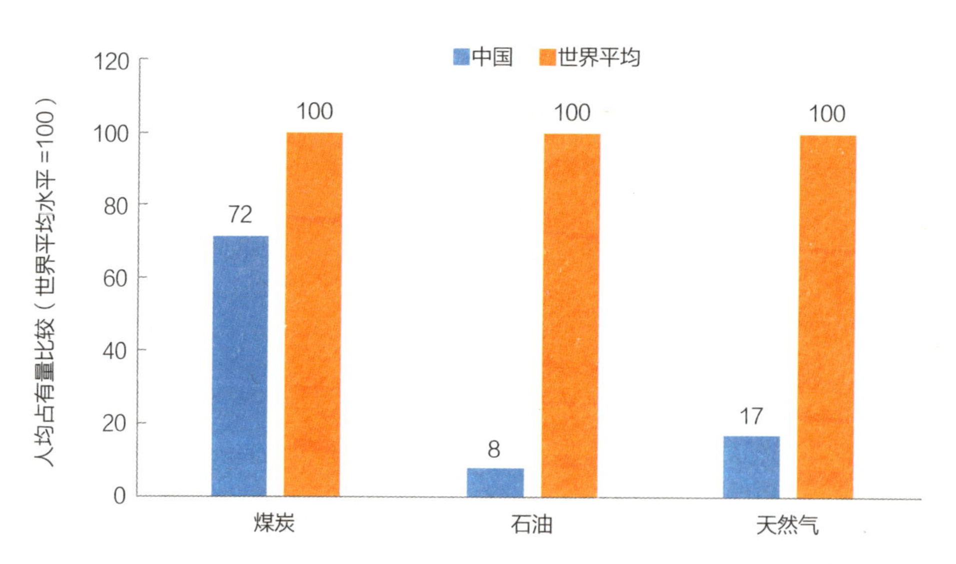

图1-3　我国能源人均占有量与世界平均水平比较（2018年）

1.3.2 国土空间安全格局失衡

我国自然资源绝对量大，但人均国土面积和自然资源量低，地域分布不均衡。在开发过程中出现了生态系统脆弱、生态承载能力低、荒漠化面积大、水土流失严重、气候灾害频发等生态问题，严重影响了国土空间安全。

1.人–水关系严重不平衡，水生态系统破坏严重

我国的水资源分布极不均衡，北方地区的水资源分布面积占全国的64%，降水量占全国的32%，而北方的国土面积、人口、耕地面积和GDP分别占全国的64%、46%、60%和45%，其中黄河、淮河、海河的水资源总量合计仅占全国的7%，人均水资源占有量不足450 m^3，人与自然争水的现象严重[2]。河流水系的污染、填埋、覆盖、断流、水泥化和渠化，河湖海滩等自然湿地系统的消失和破坏都导致了水生态系统在涵养水源、调节水温、净化污染物、作为水生生物栖息地等方面的功能下降。生物栖息地和生物廊道的破坏和消失，包括河流廊道原有植被带被水泥护堤和以非乡土物种为主的“美化”种植所代替，农田防护林带和乡间道路由于道路扩展而被砍伐，城镇化、道路及水利工程导致村落、池塘、坟地周边的“风水林”等乡土栖息地斑块大量消失，乡土生物可生存繁衍的栖息地环境日益恶化并减少。

2.土地生态破碎化严重，生态安全问题凸显

飞速扩大的城市群，无序蔓延的城市，各种方式的土地开发、建设项目和水利工程等都使自然景观日益破碎化，自然过程的连续性和完整性受到严重破坏。生态用地与生产用地的冲突日益凸显，部分区域大量开发滩涂、沼泽等自然湿地，以及山丘坡地等生态用地以维持耕地平衡，过度开垦又导致水土失衡，使生态危机加剧。我国的后备土地资源主要分布在西北生态脆弱区，且约2/3为难利用土地，同时西北地区的水资源已过度开发，水土失衡严重，无新垦耕地潜力。耕地弃耕、林地低效、草地利用粗放问题突出。耕地集中新增地区的水土利用失衡，局部地区土地荒漠化加剧。当前，我国的水土流失状况虽总体好转，但局部地区依然严重。土壤污染总体形势相当严峻，成为土地安全的最大威胁。

1.3.3 技术创新和绿色产业发展滞后

与发达国家相比，我国在绿色关键核心技术、自主创新能力、综合服务能力、质量效益水平、应对市场风险等方面还存在明显差距。

1.核心技术竞争力和研发投入明显不足

我国能源环境领域的核心技术显著落后于国际前沿水平，关键装备及材料依赖进口。企业前沿性、原创性技术研发能力不强，自主创新能力弱，高端环境技术研发创新弱、积累少。多元科技投入体系不够健全，科技风险投资的市场机制尚未形成，研发投入与发达国家相比还存在明显差距。

2.绿色产品、技术和服务供给不足

目前，我国节能环保、清洁生产、清洁能源等领域的绿色技术和绿色产品供给能力远滞后于产业绿色低碳循环发展的市场需求。从发达国家的发展经验来看，当进入工业化中后期、人均GDP达到8 000美元以上时，以节能环保为代表的绿色产业将迅速壮大为重要支柱产业。2019年，我国人均GDP首次站在1万美元的新台阶上，绿色消费的兴起向供给侧传递了强烈的产业绿色升级、新旧动能转换的需求信号，绿色产业面临着难得的发展机遇，必然催生世界上规模最大的绿色市场。

3.市场机制不完善抑制绿色产业发展

我国能源环境领域的市场化改革滞后，统一开放、有序竞争的市场体系尚待完善，市场配置资源的决定性作用没有充分发挥，对绿色产业市场空间形成了直接抑制。在产业准入、市场开放方面不同程度地存在部门分割、区域封锁、行业垄断等现象，不公平竞争的矛盾比较突出，如清洁能源产业的发展受限于电力体制改革的进度，开放竞争的电力、燃气和热力市场尚未建成，因而面临消纳问题的“瓶颈”制约。

4.缺乏有效的管理政策和标准制度引导

一是支撑绿色产业发展的法规标准体系尚不完善。生产者责任延伸，建筑和厨余垃圾的分类、处理及利用等关键政策缺乏立法支持，节能环保、清洁能源、循环经济等方面的部分标准可操作性差，“领跑者”标准的引领作用没有有效发挥。二是激励约束政策落实不到位。已有的可再生能源电价补贴、废家电拆解补贴等审批发放严重滞后，合同能源管理、资源综合利用、增值税优惠政策等落实不到位；绿色金融对产业发展的支持不够，企业融资难、融资贵的问题突出。三是绿色产业发展的评价监督机制不完善。节能目标评价考核、环境绩效考核、清洁生产审核评估的推行力度和影响力有限，可再生能源配额考核机制尚未建立。

1.3.4　自然生态环境风险仍在加剧

随着经济社会的快速发展，我国的生态环境危机集中显现的风险进一步加剧，环境污染和生态破坏的范围、规模、涉及人口、严重程度及其造成的危害前所未有。大规模频发的公共健康危机，长时间、大区域和跨区域的灰霾天气，土壤、水体污染的常态化以及由此进入频发期的食品安全事故，已成为影响社会经济可持续发展和全面建成小康社会的重要“瓶颈”。

1.环境与健康事件频发是值得关注的大事

随着我国经济的快速发展，环境健康问题日益凸显，已成为制约我国可持续发展、小康社会建设和社会和谐的重要因素之一。据调查，我国有2.8亿居民的饮用水不安全，19.4％的耕地土壤污染物超标，1.1亿居民生活在石化、炼焦等企业周边，环境空气中的$PM_{2.5}$暴露、由于烹饪和供暖燃料燃烧引起的室内空气污染分别成为我国第四位和第五位的致死风险因素[3,4]。“十一五”期间发生的232起较大（Ⅲ级以上）环境事件中，56起为环境健康损害事件，其中37起发展为群体性事件。陕西凤翔、河南济源等31起重特大重金属污染事件对群众健康和社会稳定构成了严重威胁。另外，随着新兴污染物，如环境内分泌干扰物、纳米材料、阻燃剂、抗生素、有机氟化物等在我国部分地区的环境介质及人体生物材料中被检出，其对人体健康及生态环境的累积性风险也不容忽视。针对频繁发生的各类环境与健康事件及不断涌现的新兴污染物的环境与健康暴露评估方法、风险评价技术方法缺乏，严重制约了我国环境与健康、化学品风险的管控水平。

2.化学品已成为影响公众健康与生态安全的最主要风险源

美国化学会旗下的化学文摘社登记（CAS号）的合成化学物质有1亿多种；欧盟化学品登记管理统计的日常使用的化学物质有14万种，美国国家环保局（USEPA）登记管理的化学物质约有9万种，《中国现有化学物质名录》中记录的化学物质有4.5万种，各种环境样品中能够检出的化学物质目前已达到1万多种。联合国环境规划署在2018年《全球化学品展望》报告中陈述，在欧洲大量使用的4万～6万种化学品中，大约有62%的化学品已经有部分或比较完整的危害评估数据。这些既有评估物质中，有35%具有环境危害、65%具有健康危害。具有健康危害的化学品中，具有致癌、致突变和内分泌干扰作用的是2 000～4 000种。我国作为世界第一大化工产业经济体，却对有毒有害化学品带来的环境健康风险了解不足，这已成为影响公众健康与生态安全的最主要风险源。《柳叶刀》污染和健康委员会2017年的报告指出，化学污染是造成全球疾病负担的重要因素，而且“几乎一定被低估了”。世界卫生组织（WHO）在2018年估计，本可通过健全管理和减少环境中的化学品来预防的疾病在2016年造成了大约160万人死亡，以及约4 500万人的伤残和寿命年数损失。然而，这些数据很可能被低估了，因为它仅依据接触存在可靠全球数据的化学品（包括导致智力残疾的铅、石棉等职业致癌物，以及与自我伤害有关的农药）而提出。2016年，据全球疾病负担研究估计，仅接触铅就造成50万人死亡。此外，化学品事故仍在继续发生，造成了大量人员死亡、不利的环境影响和巨大的经济代价。

1.3.5　与生态文明相适应的制度体系建设任重道远

制度建设是生态文明建设的重要内容与根本保障，也是实现生态环境监管的重要手段。习近平总书记指出，“用最严格制度最严密法治保护生态环境，加快制度创新，强化制度执行，让制度成为刚性的约束和不可触碰的高压线。”党的十八大以来，通过深化体制改革，完善激励约束机制，我国加快推进生态文明顶层设计和制度体系建设，相继出台了《关于加快推进生态文明建设的意见》《生态文明体制改革总体方案》，制定了50多项涉及生态文明建设的改革方案，并已取得阶段性成果，但仍存在一些问题。

1.行政部门和治理体系的条块分割造成环境治理难以发挥整体效应

山水林田湖草沙、自然生态环境、人居环境都是系统性的整体，生态环境治理需要政府多个部门的协调与合作，但其所涉及的污染防治职能、资源保护职能、综合调控管理职能等却分散在生态环境、渔政、公安、交通、矿产、林业、农业、水利、发改、财政、工信、自然资源等诸多部门。由于部门交叉，相关规划的制定和实施存在割裂。山水林田湖草沙、城市发展建设等各个方面都有专业规划，规划与规划之间缺乏衔接和协调，“治山的不管治水，治水的不管治田”的现象依然存在。山水林田湖草沙的保护与治理、城市与乡村环境的治理等在工作推进中缺乏各个职能部门间的统筹协调，需要在生态文明体制改革中加以优化。

2.中央与地方事权与责权不统一、纵向条状权力与横向块状权力不协调影响环境治理效果

地方在推动试验区制度改革任务时，对于部分基础性强、影响面较大的改革任务，特别是涉及机构变更和重组等改革事项时，需要得到中央机构编制委员会办公室和国家部委的批准同意才能予以推动。这类责权在地方、事权在中央的改革任务，在地方上报改革方案后、中央批复方案前会有一个相对较长的空档期，从而在一定程度上影响了改革任务推进和落实的及时性和有效性。同时，中央职能部门、地方政府与地方职能部门存在权力交叉、职能交错的现象：一方面，地方生态环境部门受本级地方政府与上级环境保护部门的双重约束，并且缺乏专门法律或法定程序规范各自的政府行为或调节双方冲突；另一方面，各部门原则上不能向同级别的另一个部门发出约束力指令，再加上地方政府自身多元发展目标间的矛盾，以及受绩效考核、财政经费、干部任期等因素的影响，容易导致地方环境治理目标模糊、动力不足、行为短期化。

3.跨区域环境协同治理机制与横向生态补偿机制缺失

受制于自然环境的流动性、整体性与地方政府治理权限的属地化，单个地方政府的环境治理能力不足以有效应对多方原因导致的跨区域环境问题，同时涉及多地的跨区域环境治理易陷入“囚徒困境”。然而，我国法律与行政规章制度对于跨区域公共问题的治理所亟须的地方政府合作机制却没有明文规定。此外，横向生态补偿机制的缺失是跨区域生态环境治理的另一障碍。目前，跨区域的横向生态补偿机制仍未有效发挥作用，特别是跨省域、大范围的生态补偿机制尚未全面应用到环境治理过程中。再者，在中央政府实施的国家重点生态功能保护区转移支付制度实施过程中，普遍存在基本公共服务经费挤占环境保护资金的问题。

1.3.6　支撑生态文明建设的文化道德基础薄弱

任何文明的发展都离不开文化的奠基与支撑，每一种文明的发展都离不开文化基础及全社会道德自律的逐渐形成。黄河流域、两河流域等文化孕育了人类文明之光，农耕文化支撑了我国2 000多年来灿烂的封建文明，“自由、民主、平等、博爱”的思想为工业文明的繁荣昌盛提供了重要的思想基石。生态文明的发展也离不开道德、文化的奠基与支撑，然而目前我国公众的基本道德素质不高，生态文明意识尚未全面深入人心，自觉开展生态环境保护活动的社会氛围尚未形成。

1.支撑生态文明建设的伦理道德体系尚未构建起来

社会转型期的快速变化导致部分干部群众原有的价值观发生紊乱，在社会价值追求上重利轻义，传统价值观念、传统文化精神、传统道德规范缺失，滋生出拜金主义和享乐主义的价值观，由此产生的毫无节制、急功近利地改造和利用自然的过程势必会造成生态系统失衡，导致生态危机的出现。生态伦理道德体系的构建需要探索重建一条全新的人与自然关系体系，这是一个长期而复杂的过程，需要我们在价值取向上必须树立符合自然生态规律的价值需求、价值规范和价值目标，在生产方式上转变高投入、高消费、高污染、低产出、低效益、低质量的传统工业化生产模式，在生活方式上倡导科学、合理、适度消费，大力促进节能减排，使绿色消费成为人类生活的新目标、新时尚。

2.生态文明意识扎根仍需长期努力

一个国家公民的生态意识是衡量这个国家或民族文明程度的重要标志。近年来，生态文明建设在我国已经越来越受到重视，成为全党、全国人民共同的行动纲领。但是由于我国长期以经济发展为主要目标，受工作惯性的影响，各级领导干部的生态政绩观没有完全形成，忽视环境保护或者环境保护让位于经济社会建设的现象严重；相当多的公民对生态环境缺乏科学认知，全社会的生态环境保护道德意识薄弱，缺乏尊重自然、保护自然的伦理观念。一方面，人们的需求与消费无度，导致资源消耗加剧、生态环境破坏；另一方面，人们又渴望绿色的生态环境，渴望人与自然的和谐发展。因此，只有提高公民生态意识，加强生态教育，使生态文明意识在公民意识中落地生根，充分调动社会开展生态环境保护的自觉性、积极性与创造性，才能真正使生态环境治理发挥良好的功效。

1.4 我国经济社会发展转型与新时代生态文明建设的战略目标

1997年，党的十五大报告首次提出“两个一百年”奋斗目标，即到建党一百年（2021年）时，使国民经济更加发展，各项制度更加完善；到21世纪中叶新中国成立一百年（2049年）时，基本实现现代化，建成富强民主文明的社会主义国家。党的十五届五中全会提出，我国进入全面建设小康社会、加快推进社会主义现代化的新的发展阶段。党的十六大确定了全面建设小康社会的奋斗目标。2012年，党的十八大报告描绘了全面建成小康社会、加快推进社会主义现代化的宏伟蓝图，在“富强民主文明”的基础上增加了“和谐”，向全国人民发出向实现“两个一百年”奋斗目标进军的时代号召。

2017年，党的十九大报告进一步提出全面建成社会主义现代化强国的时间表、路线图，做出了中国特色社会主义进入新时代的重大判断，指出2017—2020年是全面建成小康社会的历史决胜期，提出2020—2035年基本实现社会主义现代化、2035—2050年建成社会主义现代化强国的“两步走”发展战略规划，将原先的利用“两个一百年”实现社会主义现代化国家发展战略目标的时间线提前了15年。新的“两步走”国家发展战略目标中，到2035年社会主义现代化基本实现时，生态环境根本好转，美丽中国目标基本实现；到2050年，建成富强民主文明和谐美丽的社会主义现代化强国。新时代的这三个不同的社会发展时期分别面临着不同的社会经济发展以及生态环境保护的主要矛盾变化，需要对此进行准确研判，找准“两个一百年”、三个社会发展阶段目标下美丽中国建设的关键环节。

1.4.1 社会主要矛盾研判

党的十九大报告指出，中国特色社会主义进入了新时代，我国社会的主要矛盾已经转化为人民日益增长的美好生活需要和不平衡不充分的发展之间的矛盾。

从社会需求来看，党的十一届三中全会对中国特色社会主义建设时期主要矛盾定义中的“人民日益增长的物质文化需求”已升级为“人民日益增长的美好生活需要”，包含了人民在物质、文化、法治、公平、安全、环境等方面更高、更好的新需求，从而推动了社会主要矛盾的转化。从社会生产来看，已从“落后的社会生产”转变为“不平衡不充分的发展”，不再局限于生产力层面，更涵盖了包括发展质量和效益、创新能力、民生保障、生态环境保护等全方位、多层次的内容。必须认识到，我国社会主要矛盾的变化是关系全局的历史性变化，对党和国家的各项工作提出了许多新要求。我们要在继续推动发展的基础上，着力解决好发展不平衡、不充分的问题，大力提升发展的质量和效益，更好地满足人民在经济、政治、文化、社会、生态等方面日益增长的需要，更好地推动人的全面发展和社会的全面进步。

党的十九大报告把“美丽”提升为社会主义现代化强国的第五个关键词，形成了“富强民主文明和谐美丽”的新提法。这样的提升与新时代社会主要矛盾的转化密切相关。发展的不平衡、不充分中的一些突出问题就包括生态环境保护，人民的美好生活需要就包含着对环境质量改善的迫切要求，如果基本的生存环境都遭到破坏，清洁的空气和安全的饮用水都成为奢望，那么美好生活就难免成为“空中楼阁”。

1.4.2 我国经济社会发展转型期面临的重大挑战

我国一直以来就面临着经济社会发展与人口资源环境压力加大的矛盾，近年来这个矛盾随着我国经济体量的增大和人民生活水平的飞跃越来越突出。党的十七大报告在谈到面临的困难和问题时，把经济增长的资源环境代价过大列在第一位；党的十八大报告提到前进道路上的困难和问题时，“资源环境约束加剧”仍然位列其中，生态文明被纳入总体布局，甚至成为执政纲领；党的十九大报告指出国家发展工作中还存在许多不足，面临不少困难和挑战，生态环境保护任重道远。在党的十七大、十八大、十九大报告中直接提到“环境”或“生态”的地方分别为28处、45处、50处，生态文明逐步融入国家执政理念和施政方针中，美丽中国建设也在各项政策措施和试点实践中不断地探索与升华。

从国际经验来看，生态文明建设是一项涉及生产方式和生活方式根本性变革的战略任务，也是一项复杂而艰巨的社会工程，更是一个渐进的历史过程。工业革命以来，欧洲、美国、日本等都出现过严重的环境污染问题，伦敦烟雾事件、洛杉矶光化学烟雾事件、日本四日市哮喘病事件等无不暴露出工业文明发展的弊端。20世纪中后期，以人类与自然和谐、可持续发展为主要特征的生态文明理论开始形成，并逐渐成为世界各国的普遍追求，虽然生态保护不断推进，但气候变化、生态安全等全球性资源环境问题的形势依然严峻。我国现阶段正处于经济社会发展的转型拐点，资源环境和生态系统的承载能力面临着经济发展和人口膨胀的巨大压力，生态环境保护问题具有复杂性和特殊性，成为世界性难题。

第一个重大挑战是我们必须为之前对自然资源和生态环境的掠夺性开采、使用和经营还债。我国用40多年的时间追赶发达国家的工业化、城市化进程，当前的生态环境问题是发达国家200多年工业化过程中各种问题的集中体现，处理起来难度很大。要转变粗放的发展模式，形成节约资源和保护环境的空间格局、产业结构、生产方式、生活方式，需要付出更加持久而艰苦的努力。

第二个重大挑战是国内民众日益高涨的环境诉求。良好的生态环境是政府必须提供的基本公共服务，是最普惠的民生福祉，是时代和社会进步提出的新要求，并已成为人民群众的新期盼，优良的生态环境逐渐成为城乡居民的重要需求。人民对环境产品的期望随着生活水平的提升而快速提高，公众环境权益观显著增强，环境问题成为公众发泄情绪的重要出口。

第三个重大挑战是我们面临的经济发展模式和产业结构转型。以重化工业为主的产业结构、以煤为主的能源结构、以公路货运为主的运输结构尚未根本改变，城市污水管网不配套、土壤和地下水污染防治、固体废物与化学品管理、农业农村污染防治、自然生态和海洋生态环境监管基础薄弱、生态环境治理投入不足和渠道单一等问题突出。一些地方和部门对环境保护与发展的辩证关系认识不清，推动绿色发展的能力不强、行动不实，重发展轻保护的现象依然存在。在经济下行压力下，传统高耗能行业的规模扩张明显加快，重点区域高耗能行业的增长势头迅猛，增加了重点区域环境质量改善的难度。

第四个重大挑战是绿色发展成为国际潮流，绿色转型"阵痛"是顺应潮流的必然。追求绿色增长已成为国际社会的共识，欧盟于2019年年底出台绿色新政——《欧洲绿色协议》，聚焦循环经济、清洁生产、可持续发展，提出2050年碳中和等宏大目标，加快推进碳税等气候政策。同时，发达国家在全球环境治理和履约中占据主导优势。科学认识和全面把握国际局势和周边环境的变化，大力推进生态文明建设，着力推进绿色发展、循环发展、低碳发展，对于我国承担更多的国际责任和义务、增强国际影响力、维护全球生态安全十分重要。

从现在起到21世纪中叶，随着我国经济进入高质量发展阶段，我国的经济结构及增长动能将继续升级调整，国内外市场潜力将进一步开发，人口数量红利将逐渐升级为质量红利，消费和高技术产品出口将成为拉动国民经济增长的主要动力，集约、高效、循环、绿色的发展模式和生活方式有望加速形成。未来的10～15年内，我国经济开发与城镇扩张将逐渐趋稳，能源消费、水资源消耗将基本实现达峰，重工业产品产量增幅逐步缩窄，人均钢铁、水泥、石化产能存量趋近饱和，各类污染物排放量进入下降通道，生态环境面临的增量压力将得到明显改善。

1.4.3 新时代生态文明建设战略目标

生态文明是人类遵循人与自然和谐发展规律，推进社会、经济和文化发展所取得的物质与精神成果的总和，是以人与自然、人与人和谐共生、全面发展、持续繁荣为基本宗旨的文化伦理形态，是对长期以来主导人类社会的物质文明的反思，是对人与自然关系的历史总结和升华。自进入工业社会以来，人类在创造辉煌的物质文明的同时，也面临着难以承受的资源危机、生态灾难和环境危机，人类的可持续发展需要向新的文明形态转型。生态文明建设就是对这种要求的回应，它倡导人与自然的协调发展，在改造世界的同时保护好地球。

20世纪以来，现代化浪潮中人与自然的紧张关系引起人们的反思，特别是20世纪60年代，全世界关于生态环境保护的话语表达日益活跃，已经渗透到社会生活的各个方面。1972年，在瑞典斯德哥尔摩召开了首届人类环境会议，标志着人类生态环境意识的觉醒。作为地球村的重要成员，我国于1973年召开了第一次全国环境保护会议，环境保护被确立为政府的重要职能，成为由政府主导的社会实践活动。1983年，环境保护被确立为我国必须长期坚持的一项基本国策，环境保护的观念开始深入人心。2007年，建设生态文明被写入党的十七大报告，成为执政党治国理政的重要战略组成部分。2012年，党的十八大报告单篇论述并强调了生态文明战略，首次把“美丽中国”作为生态文明建设的宏伟目标，提出要“把生态文明建设放在突出地位，融入经济建设、政治建设、文化建设、社会建设各方面和全过程，努力建设美丽中国，实现中华民族永续发展”。2017年，党的十九大提出新时代中国特色社会主义思想和基本方略，要求加快生态文明体制改革，建设美丽中国。2020年，党的十九届五中全会提出“十四五”时期生态文明建设实现新进步，2035年美丽中国建设目标基本实现。

美丽中国是生态文明建设的战略目标。建设美丽中国就是要推进生态文明建设理念与理论的创新：切实转变经济发展方式，从源头上扭转生态环境恶化的趋势；按照生态文明建设的内在要求，探索资源节约型、环境友好型的新型工业化和现代化道路；加快建立健全生态文明建设体制机制，强化能源环境立法；激发全社会共同参与生态文明建设的积极性，牢固树立尊重自然、顺应自然、保护自然的生态文明理念，努力形成人人关心、人人珍惜、人人爱护生态环境的良好氛围。

参考文献

[1] 世界点赞中国生态文明建设成就 [EB/OL] . [2019-03-18] . http：//news.sina.com.cn/o/2019-03-18/doc-ihrfqzkc4676964.shtml.

[2] 石玉林 . 国土生态安全、水土资源优化配置与空间格局研究 [M] . 北京：科学出版社，2017.

[3] 环境保护部，国土资源部 . 全国土壤污染状况调查公报 [EB/OL] . [2014-04-17] . http://www.mee.gov.cn/gkml/sthjbgw/qt/201404/t20140417_270670.htm.

[4] 毕军，马宗伟，刘苗苗，等 . 我国环境风险管理的现状与重点[J]. 环境保护，2017，45(5)：14-19.

第2章

生态文明建设与可持续发展

XIN SHIDAI
SHENGTAI WENMING
CONGSHU

2.1 不同历史阶段中人与自然的关系

人产生于自然，生存发展依赖于自然，“（人类）历史本身是自然史即自然界成为人这一过程的一个现实部分。”[1]这些事实决定了人与自然这对关系贯穿于人类历史始终，在人类社会经济发展中发挥着举足轻重的作用。

在原始文明时期，人类生产力低下、“穴居而野处”，最基本的生存保障均仰仗于自然的馈赠。科学尚未从生产中萌芽，人们对自然条件的变化和环境力量的侵袭只能被动地适应，台风暴雨往往就是人们的灾难。这种单方面的给与受关系导致那个时代的人对自然只有敬畏和服从，因此催生了听命于自然的图腾崇拜和自然崇拜。马克思将其形容为“人们同它（自然界）的关系完全像动物同它的关系一样，人们就像牲畜一样服从它的权利，因而这是对自然界的一种纯粹动物式的意识”[2]。动物、植物、自然现象往往成为人类寄托这种敬畏和崇拜的载体。同时，以拟人化的方式描述自然物和自然现象的例子也常常见诸上古传说中，传达了人类对自然力量的无限向往。可以说，人类对自然的畏惧和向往正是促使人类进化发展和文明不断进步的基本动力之一。

对于自然的畏惧和向往促使人类不断地探索自然、了解自然。人们从对自然的学习模仿中开发了畜力、生物能等能源，制造了青铜器和铁器等工具，发明了文字。文字的发明促进了科学知识的提炼和归纳，一方面强化了人们对自然规律的理解和利用，另一方面也使生产中的经验得以传承，人类利用自然、改造自然的能力迈上了一个新台阶，步入了漫长而辉煌的农业时代。

农业时代的主要特征是人类开始利用自然进行农业生产，土地、植物、水……都逐渐成为人们可以利用的资源，人类能够生产出各种各样的产品，并逐步改善生活质量。这个时期在人与自然的关系问题上有两种不同的思维路径：一种思维路径是从“愚公移山”的豪情到“天生五材，民并用之”的予取予求，再到“人是万物的尺度”的唯心独我；另一种思维路径则是从农业生产中的“不违农时”“谨其时禁”等朴素经验总结出发，扩展至“敬天顺时”“强本节用”等治国理政要求，最终抽象升华为阐发义理的“天人合一”“民胞物与”等思想，主张人与自然的和谐共处。农业时代的主流思想依然保留着对自然的敬畏，自然被抽象为“天”或是“上帝”，不同的是人已升格成为这个抽象物所关注的焦点，极少部分人更是因自诩为这个抽象物的“宠儿”或是“代言人”而尊荣加身。从这个角度而言，人与自然的关系决定了农业时代的国家政治格局，是社会伦理秩序的基石。

农业时代末期，随着科技的积累和生产力的提高，未知渐次破除，人类进行农业生产的能力及对自然灾害和环境力量的抵御能力进一步提升，对压在心头的自然神秘力量及其代言人——天子或宗教的不满在滋生并积累，人类开始尝试通过理性为生存发展寻求出路，因此在文艺复兴中形成了笛卡尔、培根的人与自然“主客二分”哲学思想，把认识主体从自然界剥离，将人的主体性确立为哲学的第一原则，为人类中心主义的兴起奠定了基础。“西方自文艺复兴始，经宗教改革和启蒙运动，以‘大写的人’取代了神，以人权取代了神权，以人的理性取代了神的理性……埋下了另一类错误的种子：由人类的无所不能和绝对至上性导致以征服者的姿态对待自然的态度。”[3]

随着工业革命的兴起，科技进一步发展，自然资源被广泛利用，人类对自然的畏惧渐渐消散，科学普遍取代了自然成为新的信仰，自然越来越被视为满足人类需求的资源。在“主客二分”、科学万能论和享乐主义的催化下，人类中心主义的统治地位逐渐确立。人类中心主义认为，只有人才有内在价值、道德地位、权利与尊严，非人事物则没有；在人与非人事物之间没有道德关系，一切非人事物只是可资利用的资源。人与自然被重新定位为征服者和被征服者的关系，人类极尽所能地开采和浪费自然资源，恣意制造并漠视环境污染。然而正如恩格斯预言的那样，“我们不要过分陶醉于我们对自然的胜利，对于每一次这样的胜利，自然界都报复了我们。”[4]人类对自然生态系统不可持续的利用在大幅提高人类整体生活水平的同时也引发了诸多生态环境问题：臭氧层损耗严重，1991年南极上空的臭氧层空洞之深甚至可以装下珠穆朗玛峰；全球气候变化的影响迁延至今；酸沉降危害加剧，20世纪50年代以来酸雨几乎遍及世界各大洲，局地甚至测到$pH < 2$的酸雨；生物物种消失加速，生物多样性锐减，20世纪末每天约有50～100种物种灭绝，是自恐龙消失以来最快的物种灭绝时代；森林锐减，世界森林资源从19世纪初的55亿hm^2锐减至

20世纪末的不足3亿hm^2，森林资源以及森林调节气候的能力受到严重破坏；土壤退化，20世纪末全球沙漠面积约占土地总面积的1/4，每年约有600万hm^2的土地面临沙漠化危险；淡水资源陷入危机，20世纪末严重缺水国家达40个，占全球陆地面积的60%，全球每年向江河湖泊排放的污水达4 260亿t，造成全球径流总量14%以上的水体受到污染；海洋环境受到污染，20世纪末每年由江河携带进入海洋的污染物约有200亿t，船舶的事故性排放、海底油田的开发、海洋资源的过度开采都给海洋的生态环境带来无法逆转的损害。此外，全世界每年产生的各种固体废物超过100亿t，其中对人体健康和生态环境有明显危害的化学品有3万余种，它们最终均进入环境，并在全球迁移[5]。受到伤害的不只是自然，还包括人类自己。在20世纪震惊世界的"八大公害事件"[1]中，数以万计的人因环境污染而承受深重灾难，而这仅仅是诸多恶果的冰山一角而已。环境危机和生态危机在近现代集中爆发，并达到了危及人类整体长远续存的地步，人与自然的矛盾空前尖锐。

"征服自然"的恶果渐次显现，对发展模式的普遍担忧和质疑不断涌现。20世纪40年代以来，《生存之路》《人口爆炸》《寂静的春天》《增长的极限》《只有一个地球》等一系列关注人口、资源和环境问题的论著相继发表，体现了各界人士的关切和反思。这些论著激发了公众环境意识的觉醒，引发了世界范围内群众性绿色运动的风潮，进而转入国际政治和政党政治。时至今日，世界能源、环境和气候变化问题依然远未得到根本解决，仍是牵动国际和地区局势的重要议题。

当有识之士反思危机源头时，其结论不约而同地指向了人与自然的关系。一些学者力图改良人类中心主义，认为"传统人类中心主义是一种征服自然、剥削自然、不惜以破坏生态平衡为代价来谋求人类福利的价值观，而现代人类中心主义则是一种以人类的需要来衡量改造自然的合理性，主张从人类利益的角度保护生态环境的价值观"[6]。另一些学者提出了"大地伦理""遵循大自然""深生态

[1] 20世纪30—40年代，震惊世界的环境污染事件频繁发生，使众多人群非正常死亡、残废、患病的公害事件不断出现，其中最严重的有八起，人们称之为"八大公害事件"，即比利时马斯河谷烟雾事件、美国洛杉矶烟雾事件、美国多诺拉事件、英国伦敦烟雾事件、日本水俣病事件、日本四日市哮喘病事件、日本爱知县米糠油事件、日本富山骨痛病事件。

学”“生命平等论”等非人类中心主义思想，试图通过扩展伦理边界重新确立新的人与自然的关系。

几乎所有的论点都认为，化解生态环境危机的关键在于重新衡量人与自然的关系，必须进一步调适人与自然的关系，寻找人与自然和谐共生之道。由此，可持续发展、生态现代化以及生态文明等一系列战略、技术和思想应运而生，并在越来越多的国家和地区付诸实践。环境、生物、生态、信息、系统科学技术取得长足进展，能源、材料、化工等传统学科领域积极实现绿色转型，为生态城市、生态工业建设、生态经济化、经济生态化和污染综合防治提供了强有力的支撑。尽管途径曲折艰难，但大的趋势是世界正走在超越工业文明及其带来的危机的正确道路上。

习近平总书记指出：“人类经历了原始文明、农业文明、工业文明，生态文明是工业文明发展到一定阶段的产物，是实现人与自然和谐发展的新要求。”[7]生态文明的出现具有历史必然性，这一必然性就是人类对通过调适人与自然关系来维持族群生存发展的迫切渴望。以史为鉴可鉴得失，当我们开始回顾和思考人与自然关系的发展历程时，一种新的对人与自然关系的认识已在萌发。

2.2 可持续发展的历史背景和诞生历程

可持续发展是20世纪自全球生态环境危机爆发以来人类世界在反思和超越传统人类中心主义、理性调适人与自然关系方面所达成的最具影响力的共识。可持续发展理念的诞生标志着人类世界的主流自然观、对人与自然关系的认识翻开了新的一页。

1962年，《寂静的春天》的出版被普遍认为是可持续发展的发轫事件。作者蕾切尔·卡逊通过描述化学农药的使用对农村人群、生物和生态环境的破坏性影响传递了对人类发展道路的忧虑。她在书中写道：“我们长期以来跋涉的路表面看起来容易，仿佛我们在平坦的高速路上驰骋，但路的尽头却是灾难。另一条分岔路——少有人走的那条——给我们提供了最后也是唯一的希望，让地球最终得以保存。”[8]

1968年4月，来自10个国家的30位科学家、教育家、经济学家、人文主义者、企业家以及国家和国际的文职公务员应奥雷利奥·佩西博士的邀请聚集在罗马的林西研究院，讨论“人类目前的和未来的困难处境”。这次会议产生了罗马俱乐部。1972年，罗马俱乐部发表了著名的《增长的极限》，他们利用全球性模型“世界3”进行模拟运算，预言如果世界人口、工业化、污染、粮食生产和资源消耗按现在的增长趋势继续不变，“地球的支撑力将会由于人口增长、粮食短缺、资源消耗和环境污染等因素在某个时期达到极限，使经济发生不可控制的衰退；为了避免超越地球资源极限而导致的世界崩溃，最好的方法是限制增长。”他们同时还提出，“改变这些增长趋势，确立一种可以长期保持的生态稳定和经济稳定的条件，是可能的。”“愈早开始努力，取得成功的可能性就愈大。”[9]

《寂静的春天》和《增长的极限》引发了世界范围的大辩论。赞同者和反对者兼而有之。蕾切尔·卡逊受到了来自化学工业界的压力——他们在书未出版之前就已经扬言要控告她。作为反击，蕾切尔·卡逊特意在书中发表了声明并在书末附上了长长的文献来源目录，力图做到言之有据、无懈可击。罗马俱乐部的反对者们认为，他们的预测源于“左”倾的政治立场而非基于科学事实，存在明显的漏洞。这些反对的声音却无法动摇上述著作（以及同一时期出现的关于地球人口警示的著作）的伟大之处：它们提出了全球性问题，建立了一种全球化、长时间尺度的研究视野，超越局部的生态环境危机，揭示了隐藏在其背后的环境责任缺失和代内、代际不公，倡导从全球入手解决人类重大问题。这两本著作及其所引发的争议，为孕育可持续发展的观点提供了土壤，同时也奠定了这样一种格局——“可持续发展”这一理念必然是基于全球的、事关国际社会的、着眼于长远未来的。

这些著作的发表同时也激发了公众环境意识的觉醒，西方环境运动从20世纪60年代晚期开始兴起。早期的环境运动是自发的，注意力集中在地方特殊环境事务上。从70年代开始，随着越来越多的公众关注和参与环境保护事业，诸如“地球之友”“绿色和平”等环境组织逐渐成立并主导了有计划的抗议活动，对政府现存的环境政策形成了挑战。80年代至90年代前期，各国的绿色政党相继成立，由公众自发组织的环境运动开始减少，政治党派和正式组织占据了主导。统计数据显示，

1988—1997年有正式组织参与的环境抗议次数占所有环境抗议次数的43.43%，政党的参与率紧随其后[10]。至此，绿色运动的主题转向了国际政治行动和政党政治。

绿色运动对可持续发展理念的形成产生了非常深远的影响。伴随着绿色运动的兴起和发展，各国政府和国际社会对生态环境危机的重视程度日益增高，欧美主要国家的环保机构大多在这一时期成立。对环境责任、环境公平的呼声形成了广泛和不容忽视的力量，越来越多的人认识到传统发展方式是不可持续的，而且这种不可持续并非相对的、局部的，而是全球性的、长远的，生态环境问题因此成为国际社会的重要议题。纵观绿色运动的历史进程，兴于公众自发抗议，但"最终不可避免地转向了以往最为抗拒的政党政治"[11]。推动这一进程的是应对和解决生态环境危机的客观需求，它清晰地昭示了解决危机的必由之路：危机的最终解决靠的不应只是公众的抗争，不能只在一城一地，也不能单靠科技或政治，而应该是政府主导下当代文明每一个层面的改革配合，是整个社会、整个人类文明的转向。这样的实践和认识也为可持续发展和生态文明提供了基本的理论支点。

严重的环境问题和蓬勃发展的绿色运动引起了国际社会的广泛关注。1972年，联合国人类环境会议在瑞典斯德哥尔摩召开，113个国家和地区及一些国际机构的1 300多名代表参加了会议。这是人类历史上第一次以环境保护为主题的国际会议，尽管会上存在强烈的南北分歧，但仍取得了许多重要成果：通过了《联合国人类环境宣言》和《人类环境行动计划》，决定建立联合国环境规划署。这次会议的召开标志着联合国开始全面介入世界环境与发展事务。

《联合国人类环境宣言》是人类历史上第一个维护和改善环境的全球性宣言，它的发表标志着人类作为一个整体开始正视环境问题。它明确了环境权作为人权的基本组成部分是人类的基本权利，强调"保护和改善环境已经成为人类一个紧迫的目标，这个目标将同争取和平、促进全世界的经济和社会发展这两个既定的基本目标共同并协调地实现"。它向全球发出呼吁："已经到了这样的历史时刻，在决定世界各地的行动时，必须更加审慎地考虑它们对环境产生的后果。"《联合国人类环境宣言》的发表为国际环境保护订立了基本规范，为国际环境法制建设提供了根本原则，其中也孕育了可持续发展理念的萌芽，具有十分重大而深远的意义。

联合国人类环境会议召开以后，各国对环境问题的认识有了很大提升，几乎所有的国家都通过了环境方面的立法，一些原有的环境问题陆续获得了解决或改善。联合国环境规划署充分发挥促进环境领域国际合作的作用，促成了国际社会对臭氧层破坏、温室气体排放等议题的会商，取得的最大成果是1987年《蒙特利尔议定书》的签订。然而环境问题还在不断地出现，原油泄漏、化学品泄漏、农药泄漏、饮用水污染、核污染等新的环境问题造成了极大的危害，仅1984年印度的博帕尔农药泄漏事件就造成了1 408人死亡，2万人严重中毒，15万人接受治疗；1986年切尔诺贝利核电站发生泄漏，31人死亡，13万人疏散，直接损失达30亿美元。污染物越境转移、生物多样性锐减、气候变化等问题依然严重。绿色运动掀起了第二次高潮，欧美主要NGO组织会员人数迅速猛增，欧洲多国绿党支持率空前提升。

1983年12月，联合国设立了世界环境与发展委员会。1987年，该委员会发表了题为《我们共同的未来》的报告，鲜明地提出：环境危机、能源危机和发展危机不能分割，地球的资源和能源远不能满足当前人类发展模式的需要，必须为当代人和下代人的利益改变发展模式。在此基础上，该报告正式提出了“可持续发展”的概念：“我们需要有一条新的发展道路，这条道路不是仅能在若干年内、在若干地方支持人类进步的道路，而是一直到遥远的未来都能支持全球人类进步的道路。”这是人类对环境与发展认识的重大飞跃。

1992年，在巴西里约热内卢召开了联合国环境与发展大会（以下简称里约环发大会），这次会议又被称为“地球首脑会议”，有183个国家和地区的代表团、102位国家元首或政府首脑、70个国际组织参会。会议正式认同了可持续发展理念，并将其写入大会政治宣言，第一次明确将可持续发展定义为“既满足当代人的需要，又不对后代人满足其需要的能力构成危害的发展”，并将其作为人类发展的总目标。里约环发大会及其通过的《里约环境与发展宣言》《21世纪议程》《联合国气候变化框架公约》等文件，对国际环境保护及其法律秩序的建立具有划时代的意义。

《里约环境与发展宣言》以可持续发展理念为中心，进一步明确了环境和发展之间的关系，指出“为了实现可持续发展，环境保护工作应是发展进程的一个整体组成部分，不能脱离这一进程来考虑”，认为实现可持续发展具有整体性，需要各国在根除贫穷、防止突发自然灾害和环境污染事故、解决环境争端等方面开展合作，但合作的前提是尊重各国尤其是发展中国家的基本权利，包括生活的权利、主权、发展权，以及根据本国国情制定环境法、环境标准和管理目标的权利。该宣言充实和丰富了可持续发展理念的内涵，体现了各国对环境与发展问题的新认识。《21世纪议程》是此次大会所产生的另一项重要成果，全面且详尽地提出了21世纪人类在环境与发展领域的行动蓝图，制定了以经济和法律手段全方位、多层次推进可持续发展的实施途径，为21世纪各国社会、经济、资源、环境的协调发展指明了方向，成为许多国家和地区制定和实施可持续发展战略的纲领性文件。

环发大会之后的10年里，人类在减少有害化学物质排放、抑制臭氧层破坏等方面取得了显著成效，在气候变化、生物多样性保护等方面也取得了一定进展，但在贫困、健康、饮用水安全、能源短缺、土壤退化、物种灭绝等方面仍存在严重的问题。此外，海平面上升，森林遭到严重破坏，超过20亿人口面临缺水，每年有300多万人死于空气污染的影响、220多万人因水污染而丧生，以及气候变化等问题日渐凸显。

2002年在南非约翰内斯堡召开的联合国可持续发展世界首脑会议（以下简称约翰内斯堡会议）承认1992年里约环发大会所确定的目标没有实现，联合国秘书长科菲·安南指出：“虽然在采取环境保护措施方面取得了一些进展，但是世界环境的状况仍然很脆弱，保护措施远不尽如人意……里约环发大会召开以来，那种危害自然生命保障系统的不可持续的消费和生产形态并没有发生重大改变。这些形态反映的价值体系仍然是决定自然资源如何利用的主要推动力。”

约翰内斯堡会议最终产生了两项成果——《约翰内斯堡可持续发展宣言》和《可持续发展世界首脑会议执行计划》，在重温可持续发展历程的同时强调“化计划为行动”，切实执行里约环发大会所明确的21世纪的方针、任务和议程。然而，由于与会各方在融资、贸易、制度构架和管理方式等方面存在普遍分歧，大会并未就如何促进“化计划为行动”提出有效的执行手段和监督报告机制。约翰内斯堡会议之后的10年里，国际政治力量博弈加剧，人们共同应对生态环境危机、实现可持续发展的乐观情绪逐渐消失，“绿色疲劳”“公约疲劳”逐渐显现，10年内再无重大国际环境公约出台。

经过多年的低潮和彷徨，国际社会又重新凝聚共识、携手行动。2012年召开的“里约+20”联合国可持续发展大会成为可持续发展理念的转折点，这次会议规划了新的联合国可持续发展目标的制定过程，在此后的3年里通过一系列的磋商谈判，于2015年9月召开的联合国可持续发展峰会上正式通过了《变革我们的世界：2030年可持续发展议程》。该议程订立了17项可持续发展目标以及169个相关具体目标，提出了一系列敦促实施的执行手段和后续落实评估机制。这17项目标具体包括在世界各地消除一切形式的贫困；消除饥饿，实现粮食安全、改善营养和促进可持续农业；确保健康的生活方式、促进各年龄段人群的福祉；确保包容、公平的优质教育，促进全民享有终身学习的机会；实现性别平等，为所有妇女、女童赋权；人人享有清洁饮水及用水；确保人人获得可负担、可靠和可持续的现代能源；促进持久、包容、可持续的经济增长，实现充分和生产性就业，确保人人有体面的工作；建设有风险抵御能力的基础设施、促进包容的可持续工业，并推动创新；减少国家内部和国家之间的不平等；建设包容、安全、有风险抵御能力和可持续的城市及人类居住区；确保可持续的消费和生产模式；采取紧急行动应对气候变化及其影响；保护和可持续利用海洋及海洋资源，以促进可持续发展；保护、恢复和促进可持续利用陆地生态系统、可持续森林管理、防治荒漠化、制止和扭转土地退化现象、遏制生物多样性的丧失；促进有利于可持续发展的和平和包容的社会建设，为所有人提供诉诸司法的机会，在各层级建立有效、负责和包容的机构；加强执行手段，重振可持续发展全球伙伴关系等。

中国政府高度重视可持续发展。1994年3月，国务院通过《中国21世纪议程》，确定实施可持续发展战略，党的十九大报告更是将可持续发展战略确定为决胜全面建成小康社会需要坚定实施的七大战略之一。目前，中国已经全面启动落实2030年可持续发展议程的工作，先后发布了《落实2030年可持续发展议程中方立场文件》《中国落实2030年可持续发展议程国别方案》《中国落实2030年可持续发展议程进展报告》，分享中国在落实该议程方面开展的努力和经验，以及在多个可持续发展目标上实现的“早期收获”。

从可持续发展理念提出至今，人类对可持续发展的探索已走过30余年的历史。尽管这一理念并未完全落实，仍需各方凝聚共识大力推进，但毋庸置疑的是，从它提出的那一刻起，人类的发展史就翻开了新的篇章。时至今日，可持续发展理念已深入人心，贯彻这一理念的众多议程也已经取得了成效并将继续为人类社会未来的发展指明道路、勾勒蓝图，人类对世界可持续发展的探索正在迈出新的一步。

2.3 生态文明诞生的历史背景和进程

生态文明思想有三个重要的源流：以“天人合一”为代表的中国古代生态智慧、西方近现代生态思想和实践、当代中国生态文明建设实践。

中国古代长期处于农业社会，人的生活与自然界息息相关，对自然的重视见诸日常生活的农历、农谚等方面。早在先秦时期，儒家就提出“不违农时，谷不可盛食也”“洿池、渊沼、川泽谨其时禁，故鱼鳖优多而百姓有余用也”等观点[12, 13]，他们从这些农业生产的朴素经验总结出发，以“顺应自然规律，因时因地取用资源，天下得以安定、百姓得以安居乐业”为论据，阐发了他们对于君王治政需“敬天顺时”“强本节用”的政治观点。他们把理想的伦理秩序构建于对自然的重视和顺应之上，心目中的“圣王”或“贤者”受到“天”的制约，需“制天命而用之”。孔子认为“天地之性，人为贵，大人者，与天地合其德”，王阳明则提出“大人者，有与天地万物为一体之人心”。经历世儒学者逐步发展深化，他们对政治和伦理的要求最终抽象升华成为“人与自然和谐相处一元相与”的“天人合一”思想，而在义理上形成了以仁体物的“乾夫坤母”“民胞物与”等人生旨归。以老庄为代表的道家尚“万物一齐”，庄子有言“天地与我并存，而万物与我合一”，认为天地万物在本质上是平等的，人应该善待万物、与自然和谐相处，这与儒家的“天人合一”思想殊途同归。以征服自然、凌驾万物为荣的这一思想与西方“人与自然二元对立”的思想截然不同，对当代生态哲学和伦理学的构建及生态文明理念的形成产生了深刻的影响。

在对传统人类中心主义的批判中形成的西方近现代生态思想以及生态实践是生态文明的另一个重要源流。在非人类中心主义的诸多思想中，利奥波德以生态学和系统科学为依据建立了“大地伦理”，主张扩展伦理学，将道德共同体扩及整个生态系统；罗尔斯顿提出的“遵循大自然”认为，“一个人不仅应捍卫其同类的利益，还应遵循大自然，捍卫大自然的价值，因为人真正的完美性是对他者无条件的关心。”[14]他们所提出的“扩大伦理边界”的思想为生态价值观、道德观的建立奠定了坚实的基础。以奈斯为代表的“深生态学”认为，“生态环境问题是一个包括人口、经济、技术、意识形态等在内的复杂问题，要解决生态环境问题就必须对这些方面进行深追问，进行多方面的变革。”这种思想形成了生态思想与生态实践的连接，对绿色运动影响深远，为生态文明理论的形成和发展提供了重要的思路。

在后人类中心主义的诸多思想中，以诺顿为代表的“弱人类中心主义”认为，应当从人的理性偏好出发，在利用自然资源时长远考虑，满足合理的利益和需要。他同时强调，人类的中心地位是一个历史事实，要完全走出人类中心主义是不可能的。可持续发展理念正是在“弱人类中心主义”的影响下而产生的，它所坚持的处理人与自然的关系时应注重发挥人的主观能动性的思想对生态文明建设也具有重要的指导意义。生态学马克思主义者所建立的学说体系揭示了生态环境危机的产生与社会制度的关系，在批判“资本的逻辑”的同时建立了他们超越危机的逻辑体系。这一逻辑体系为生态价值观的建立及生态文明建设中社会制度、经济制度的变革提供了重要的思路。

除生态哲学和伦理学得到充分发展之外，自20世纪70年代起西方在生态实践层面的理论也有所发展，包括经济学学者提出的生态经济、工业界学者提出的工业生态学等，有学者将其统一归结为“西方生态现代化理论”。这一理论经历了一个不断发展的过程：“（20世纪）80年代早期强调国家层面的技术创新、市场动力在解决环境问题上的作用；80年代后期至90年代中期……开始淡化技术创新的作用，强调制度和文化的作用，且强调在应对、解决环境问题上要平衡发挥政府和市场的作用。90年代中期以来……逐步研究地方、国家、全球多个层面的生态现代化问题，强调现代性的科技、市场、消费、政治、社会制度等均要实行生态转型。”[15]

生态城市建设、生态经济化、经济生态化、工业生态学、综合污染防治、环境责任制度、政府管理责任等理念和方法都在生态现代化理论的指导下形成或得到长足发展。

1971年，西方就有学者提出了生态经济的构想，认为经济发展应在地球系统生态和物理的约束下进行。1989年，西方经济学界创立了《生态经济》国际期刊和国际生态经济学学会，从生态经济学的角度明确提出经济系统是全球生态系统的一部分或子系统。

由于工业的发展带来了资源消耗、环境污染、生态破坏等一系列问题，西方在20世纪后期就诞生了工业生态学，倡议发展产业共生代谢关系，即提倡使用一个产业的废料作为另一个或两个、三个产业的资源，从而实现节约自然资源、减少废物排放的双赢。工业生态学还提出了对工业产品的生产和使用过程要进行生命周期的管理，并且生动地把生命周期管理拟人化地描写为“从摇篮到坟墓”。更有意义的是，20世纪后期他们把对生命周期的生动描述改变为“从摇篮到摇篮”，大力提倡对工业废品和废物的回收利用，以达到“变废为宝”的效果。工业生态学的理论和实践大大改变了工业生产的指导思想和行动准则，倡导节约资源、循环利用，同时大大减少了对环境的污染，开辟了新型工业化的道路。

生态现代化的理念几经发展构建了生态文明思想的雏形，生态现代化的方法在中国的生态文明建设实践中也得到了广泛的应用。

最早明确提出“生态文明”这一词汇的是德国学者伊林·费切尔。1978年，他在《论人类生存的环境——兼论进步的辩证法》一文中指出：“人们向往生态文明是一种迫切的需要……把一切希望完全寄托于无限进步的时代即将结束。人们对自己所幻想的终能无限驾驭自然的时代究竟能否实现已深感疑惑。正是因为人类和非人的自然界之间处于和平共生状态之中，人类生活才可以进步，所以必须限制和摒弃那种无限的直线式的技术进步主义。”[16]

虽然源起于西方，但大力提倡开展生态文明实践、构建生态文明话语体系并将其纳入治国方针的却是中国。从20世纪80年代初起，中国共产党人不断吸收中国传统生态智慧和近现代西方生态思想的营养，在社会经济建设中高度重视资源可持续利用和绿色生态发展。自1995年党的十四届五中全会明确提出“可持续发展”的概念后，党和国家领导人先后做出了一系列重大决策。2002年，党的十六大提出走“科技含量高、经济效益好、资源消耗低、环境污染少、人力资源优势得到充分发挥的新型工业化道路”；2003年，党的十六届三中全会提出“以人为本，全面、协调、可持续的科学发展观”，统筹人与自然和谐发展；2007年，党的十七大报告从国家战略的角度明确提出了“生态文明”的概念，强调“应坚持保护优先、开发有序，走生态文明发展道路，建设资源节约型、环境友好型社会”[17]。至此，我国成为世界上第一个由执政党明确提出建设生态文明目标的国家。

2012年党的十八大以来，党中央高度重视社会主义生态文明建设，明确指出：在经济建设、政治建设、文化建设、社会建设和生态文明建设“五位一体”的国家战略中，“必须把生态文明建设放在突出地位，融入经济建设、政治建设、文化建设和社会建设各方面和全过程”，并从制度层面系统制定了保护生态环境的政策，将“中国共产党领导人民建设社会主义生态文明”写入《中国共产党章程》，建立健全生态环境保护制度体系，开展了资源有偿使用、生态补偿、排放权交易等有益尝试。2017年，习近平总书记在党的十九大报告中充分肯定了过去5年我国在生态文明制度体系、重大生态保护工程建设、生态环境治理等方面取得的可喜成绩，提出“建设生态文明是中华民族永续发展的千年大计”的重大论断，要求在国家层面树立和落实绿水青山就是金山银山的发展理念，加大生态系统保护力度、推进绿色发展、解决突出环境问题、改革生态环境监管体制。2018年，习近平总书记在全国生态环境保护大会上发表讲话，深刻阐述了生态文明建设的重大意义，强调要自觉把经济社会发展同生态文明建设统筹起来，明确提出新时代推进生态文明建设必须坚持的重要原则和建设路径。这次讲话标志着承袭中西方传统生态智慧、在实践中不断丰富完善的习近平生态文明思想正式确立。

2.4 生态文明与可持续发展的关系

在理论层面，在处理人与自然的关系问题上，可持续发展和生态文明理念都排斥传统人类中心主义在处理人与自然关系上“唯我独尊”的立场，但也反对伦理对象的无限扩张，反对社会经济的消极退化。二者都秉持“天人交相胜”的理念，尊重自然，尊重客观规律，并强调发挥人的主观能动性，在满足人类作为一个整体和不同个体的基本需求的前提下，更好地实现人与自然的和谐共生、永续发展。

可持续发展着眼于人类族群这一整体，强调全球协同发展，兼顾人类社会整体发展进程，更偏重通过发挥“人”的主观能动性维护人类这一族群的整体利益和长远利益，关注当今人类的子孙后代、千秋万代。生态文明则从文明构建的角度出发，强调同一文明各个层面的现实转向，其核心是建立尊重自然、顺应自然、保护自然的道德理念，并将这一理念作为社会经济发展的前提和统领，同时激励人们将这一理念落实到日常生活的各个方面。可持续发展是指引人类不断前进、发展的战略，生态文明则是这一战略坚实的思想基础。

在现实实践层面，可持续发展由联合国及各国领袖和政府主导协调推进，对于全球或区域性的特定主题，常以国际合作框架或国家间的合作协议的方式推进实施。落实可持续发展的一系列公约、议程、协议都以尊重国家制定环境政策和开发资源的主权权利为前提，有赖于国家间凝聚共识、分摊责任，通常面临各方实际情况和利益诉求的巨大差异，因妥协和谈判而削弱，因缺乏监督执行手段而实施困难——这也是当前造成可持续发展战略实施困难的所在——因此，它往往以温和、分阶段、强调原则性的方式出现，在明确既定方向的基础上寻求可落实的“最大公约数”。尽管如此，可持续发展仍是国际社会所公认的应对生态环境危机、促进人类社会健康发展的主要理念和方法。除联合国外，各国领袖和政府同样需要对本国实施可持续发展所面临的政治、经济、文化、社会等各类问题负责，采用法治、行政和科学技术等各种手段推动其前进。

生态文明则主要基于主权国家实践。在社会经济发展层面更加注重统筹规划，以实现人与自然和谐共生的文明变革为统领，通过国家行政等强制力量贯彻到政治、经济、社会、文化等各个领域，一体推进发展模式的转变。生态环境问题无国界，生态文明建设在发挥示范作用的同时注重文明的辐射作用，在互相尊重主权的前提下实现区域及更大范围的经验分享和合作共建，共同分担治理责任，共享治理成果。总体来说，生态文明往往是以国家为推进主体、由局部扩大至整体的。

可持续发展和生态文明理念都是为应对人类所面临的生态危机、环境危机和发展危机而产生的伟大思想及战略，是人类对既往错误的反思和对既有发展路径的决然摒弃。可持续发展着眼于持续性和全球性，生态文明则以“人与自然和谐”为立论的着眼点和根本目标。生态文明理念的提出丰富和完善了可持续发展的思想基础，可持续发展则为生态文明提供了更为宏观和长远的视野，二者互为补充、相互促进。可持续发展和生态文明在各自领域均取得了很大的进展，也同样面临着问题和挑战，二者都具有鲜活的生命力。随着国家间共识的不断凝聚，可持续发展将不断向纵深推进，也会有越来越多的国家投身生态文明建设，二者“合流”之日，人类社会必将最终迎来经济发展、生态良好、人民幸福、持续永远的曙光。

2.5 建设生态文明、实施可持续发展战略的目标与措施

新时代建设生态文明、实施可持续发展战略，必须坚持习近平生态文明思想的基本原则。习近平生态文明思想深刻论述了建设生态文明的理论与实践问题，主要体现在八个坚持上：

一是坚持生态兴则文明兴。建设生态文明是关系中华民族永续发展的根本大计，功在当代、利在千秋，关系人民福祉，关乎民族未来。这充分展现了习近平生态文明思想的深邃历史观。生态兴则文明兴，生态衰则文明衰，生态好才能文明旺，国家美才能事业昌。古今中外，因生态环境变迁或恶化，导致文明衰败的例子不胜枚举，应引以为戒。

二是坚持人与自然和谐共生。保护自然就是保护人类，建设生态文明就是造福人类，必须尊重自然、顺应自然、保护自然，像保护眼睛一样保护生态环境，像对待生命一样对待生态环境，推动形成人与自然和谐发展的现代化建设新格局，还自然以宁静、和谐、美丽。这充分展现了习近平生态文明思想的科学自然观，强调人与自然是相互依存、相互联系的整体。

三是坚持绿水青山就是金山银山。绿水青山既是自然财富、生态财富，又是社

会财富、经济财富。保护生态环境就是保护生产力，改善生态环境就是发展生产力。必须坚持和贯彻绿色发展理念，平衡和处理好发展与保护的关系，推动形成绿色的发展方式和生活方式，坚定不移地走生产发展、生活富裕、生态良好的文明发展道路。这充分展现了习近平生态文明思想的绿色发展观。绿水青山就是金山银山的理念深刻揭示了发展与保护的本质关系，打破了把经济发展与环境保护对立的思维束缚，带来的是发展理念和方式的深刻转变。

四是坚持良好生态环境是最普惠的民生福祉。生态文明建设同每个人息息相关。环境就是民生，青山就是美丽，蓝天也是幸福。必须坚持以人民为中心，重点解决损害群众健康的突出环境问题，提供更多优质的生态产品。这充分展现了习近平生态文明思想的基本民生观，通过坚持生态惠民、生态利民、生态为民，重点解决损害群众健康的突出环境问题，不断满足人民日益增长的优美生态环境需要。

五是坚持山水林田湖草沙是生命共同体。生态环境是统一的有机整体，必须按照系统工程的思路构建生态环境治理体系，着力扩大环境容量和生态空间，全方位、全地域、全过程地开展生态环境保护。这充分展现了习近平生态文明思想的整体系统观，强调统筹兼顾、整体施策、多措并举，全方位、全地域、全过程地开展生态环境保护。

六是坚持用最严格制度最严密法治保护生态环境。保护生态环境必须依靠制度和法治，必须构建产权清晰、多元参与、激励约束并重、系统完整的生态文明制度体系。这充分展现了习近平生态文明思想的严密法治观。习近平总书记指出，加快制度创新，强化制度执行，让制度成为刚性的约束和不可触碰的“高压线”。

七是坚持建设美丽中国全民行动。美丽中国是人民群众共同参与、共同建设、共同享有的事业，必须加强生态文明宣传教育，牢固树立生态文明价值观念和行为准则，把建设美丽中国化为人民自觉行动。这充分展现了习近平生态文明思想的全民行动观，强调生态文明建设同每个人息息相关，每个人都是生态环境的保护者、建设者和受益者。

八是坚持共谋全球生态文明建设。生态文明建设是构建人类命运共同体的重要内容，必须同舟共济、共同努力，构筑尊崇自然、绿色发展的生态体系，推动全球生态环境治理，建设清洁美丽的世界。这充分展现了习近平生态文明思想的全球共赢观，强调应加快构筑尊崇自然、绿色发展的生态体系，共建清洁美丽的世界。

参考文献

[1][德] 马克思，恩格斯 . 马克思恩格斯全集：第 42 卷 [M] . 中共中央马克思恩格斯列宁斯大林著作编译局，译 . 北京：人民出版社，2006：128.

[2][德] 马克思，恩格斯 . 马克思恩格斯选集：第 1 卷 [M] . 中共中央著作编译局，译 . 北京：人民出版社，2012：35.

[3] 卢风 . 从现代文明到生态文明 [M] . 中央编译出版社，2009：7-8.

[4][德] 恩格斯 . 自然辩证法 [M] . 北京：人民出版社，1984：304-305.

[5] 曹磊 . 全球十大环境问题 [J] . 环境科学，1995 (4)：86-88，96.

[6] 王正平 . 环境哲学——环境伦理的跨学科研究 [M] . 上海：上海人民出版社，2004：138.

[7] 中共中央宣传部 . 习近平总书记系列重要讲话读本 [M] . 北京：学习出版社，人民出版社，2014：121-122.

[8][美] 蕾切尔・卡逊 . 寂静的春天 [M] . 恽如强，曹一林，译 . 北京：中国青年出版社，2015：239.

[9][美] 德内拉・梅多斯，等 . 增长的极限 [M] . 于树生，译 . 北京：商务印书馆，1984：12.

[10] 党文琦，奇斯・阿茨 . 从环境抗议到公民环境治理：西方环境政治学发展与研究综述 [J] . 国外社会科学，2016 (6)：133-141.

[11] 傅治平 . 生态文明建设导论 [M] . 北京：国家行政学院出版社，2008：109.

[12] 金良年 . 孟子译注 [M] . 上海：上海古籍出版社，2016：5.

[13] 王威威 . 荀子译注 [M] . 上海：上海三联书店，2014：81.

[14] 严耕，等 . 生态文明的理论与系统建构 [M] . 北京：中央编译出版社，2009：104-107.

[15] 杜明娥，等 . 生态文明与生态现代化建设模式研究 [M] . 北京：人民出版社，2013：144.

[16] Iring Fetscher. Conditions for the survival of humanity：on the dialectics of progress [J] . Universitas，1978，20 (3)：168-171.

[17] 中共中央文献研究室 . 十七大以来重要文献选编 [M] . 北京：中央文献出版社，2011：15.

第3章

生态文明与美丽中国建设

文明是人类通过社会实践改造世界的物质和精神成果的总和，是人类社会进步程度的标志。生态文明是以人与自然、人与人、人与社会和谐共生、良性循环、全面发展、持续繁荣为基本宗旨的社会形态，是人类遵循人、自然、社会和谐发展这一客观规律而取得的物质与精神成果的总和。在生态文明之前，人类历史上已经发展了狩猎文明、农业文明、工业文明等文明形态，代表着不同人类社会发展阶段的物质和精神成果水平。工业文明极大地发展了科技和社会生产力，也带来了对生态环境的破坏，危及人类当前和未来的生存发展。在此基础上，生态文明应运而生。我国对生态文明的发展做出了重大贡献，在传承中华五千年“天人合一”、人与自然和谐共生的传统文化的基础上，发展了马克思主义自然观与方法论，结合中国特色社会主义建设形成了中国生态文明建设的思想、理论、制度和实践，并取得了历史性成效，为世界生态文明建设和可持续发展贡献了中国智慧、中国方案。美丽中国是生态文明建设的目标与结果，在中国特色社会主义现代化建设的宏伟征程中，我们需要将生态文明建设纳入“五位一体”总体布局和“四个全面”战略布局，坚持人与自然和谐共生，坚持绿水青山就是金山银山，全面加强生态环境保护，努力建设天蓝、地绿、水清的美丽中国，建设中华民族的美好家园，为共建清洁美丽世界做出中国贡献。

3.1 生态文明与美丽中国的提出

3.1.1 生态文明的提出与发展

党的十六大将“可持续发展能力不断增强，生态环境得到改善，资源利用效率显著提高，做到人与自然和谐，推动整个社会走上生产发展、生活富裕、生态良好的文明发展道路”作为全面建设小康社会的目标之一。在国家层面，生态文明正式提出是在2005年召开的全国人口资源环境工作座谈会上。这次会议提出，我国当前环境工作的重点之一便是“完善促进生态建设的法律和政策体系，制定全国生态保护规划，在全社会大力进行生态文明教育”。当年年底出台的《国务院关于落实科学发展观　加强环境保护的决定》（国发〔2005〕39号）也明确要求：环境保护工作应该在科学发展观的统领下，“依靠科技进步，发展循环经济，倡导生态文明，强化环境法治，完善监管体制，建立长效机制。”2007年10月召开的党的十七大不仅继续使用了“生态文明”这个概念，还对建设生态文明提出了全面系统的要求：循环经济形成较大规模，可再生能源比重显著上升；主要污染物排放得到有效控制，生态环境质量明显改善；生态文明观念在全社会牢固树立。党的十八大报告首次将“生态文明建设”以单章列出、系统论述，并将其与经济建设、政治建设、文化建设、社会建设并列，形成“五位一体”的中国特色社会主义事业总布局，提出了一系列新观点、新论断，是党的执政理念和发展理念的新升华。

3.1.2 美丽中国的提出与发展

美丽中国是生态文明建设的目标与结果。党的十八大做出“大力推进生态文明建设”的战略部署，首次明确“美丽中国”是生态文明建设的总体目标，提出“建设生态文明，是关系人民福祉、关乎民族未来的长远大计。面对资源约束趋紧、环境污染严重、生态系统退化的严峻形势，必须树立尊重自然、顺应自然、保护自然的生态文明理念，把生态文明建设放在突出地位，融入经济建设、政治建设、文化建设、社会建设各方面和全过程，努力建设美丽中国，实现中华民族永续发展”。党的十九大进一步将“美丽”写入社会主义现代化强国目标，提出“坚持人与自然和谐共生”的基本方略，要求“加快生态文明体制改革，建设美丽中国”。党的十九大报告提出“加快生态文明体制改革，建设美丽中国”，并确定了两个阶段的奋斗目标：第一个阶段，从2020年到2035年，生态环境根本好转，美丽中国目标基本实现；第二个阶段，从2035年到21世纪中叶，在基本实现现代化的基础上，再奋斗十五年，把我国建成富强民主文明和谐美丽的社会主义现代化强国[1]。党的十九届五中全会确定了到2035年基本实现社会主义现代化远景目标，提出要广泛形成绿色生产生活方式，碳排放达峰后稳中有降，生态环境根本好转，美丽中国建设目标基本实现。

3.1.3 美丽中国在中国特色社会主义现代化建设进程中的战略地位

从历史的维度分析，美丽中国是中国特色社会主义现代化建设的重要阶段。中国特色社会主义发展战略是丰富、完整的系统理论体系，从解决温饱问题到全面小康，从全面小康到美丽中国，从美丽中国到社会主义现代化强国，其格局脉络清晰、体系完整、目标明确，是新时代中国特色社会主义建设的根本遵循[2]。

1987年，邓小平同志在党的十三大上侧重于经济社会领域提出了“三步走”的战略构想：第一步，到1990年实现国民生产总值比1980年翻一番，解决人民的温饱问题；第二步，到20世纪末国民生产总值比1980年再增长一倍，人民生活达到小康水平；第三步，到21世纪中叶人民生活比较富裕，基本实现现代化，人均国民生产总值达到中等发达国家水平，人民过上比较富裕的生活。改革开放40多年来，我国已提前实现了解决人民温饱问题和人民生活总体上达到小康水平这两个目标。

党的十八大提出了相辅相成、一以贯之的“两个一百年”奋斗目标，即在中国共产党成立100年时全面建成小康社会，在新中国成立100年时建成富强民主文明和谐的社会主义现代化国家，制定了当前至21世纪中叶的中国社会主义现代化建设总路线，这是需要长期遵循的路线图。

党的十九大将“两个一百年”实现过程中的30年按两个阶段进一步细分并进行了战略安排。美丽中国是第一阶段的战略目标，是与经济水平、国家治理体系和治理能力、社会文明、人民生活、治理格局并重的六大维度目标之一。这两个阶段目标的提出，进一步丰富和拓展了中国特色社会主义发展战略，体现了步步推进、行稳致远的发展策略。

3.2 美丽中国的内涵与特征

3.2.1 美丽中国的战略意义

1.建设美丽中国是解决新时代社会主要矛盾的关键环节

尽管我国仍处于并将长期处于社会主义初级阶段，但我国社会的主要矛盾已经发生了变化。现阶段我国社会的主要矛盾已经由人民日益增长的物质文化需要同落后的社会生产力之间的矛盾转化为人民日益增长的美好生活需要和不平衡不充分的发展之间的矛盾，这一转变具有全局性、根本性和变化性，是新时代中国的基本国情。美好生活离不开美好环境，当前我国生态环境保护形势处于“三期叠加”时期，既是城镇化、工业化、农业现代化尚未完成，资源、能源消耗还在持续增长，主要污染物排放仍处于高位的生态环境保护压力叠加、负重前行的关键期，又是需要提供更多优质生态产品以满足人民日益增长的优美生态环境需要的攻坚期，更是有条件、有能力解决生态环境突出问题的窗口期，生态文明建设和生态环境保护在国家发展中仍处于“短板”和“弱项”地位，是解决当前主要矛盾的关键之一。

当前，需要依据社会主要矛盾的变化对各方面工作的着力点进行调整，针对发展不平衡不充分的问题，大力提升发展质量和效益，更好地满足人民在经济、政治、文化、社会、生态等方面日益增长的需要。在生态环境领域，优质生态产品供给已成为人民对美好生态环境的最大需要[3]。因此，着力解决我国突出的环境问题、建设美丽中国，以满足人民对优质生态产品日益增长的需求，是解决新阶段社会主要矛盾的关键环节[4]。环境问题的处理程度将直接影响我国生态文明建设的进程，影响社会的稳定，也影响老百姓的满足感、获得感、幸福感，直接影响中华民族永续发展和伟大复兴中国梦的实现。

2.建设美丽中国是中华民族对世界可持续发展的历史性贡献

人类是命运共同体，建设绿色家园是人类的共同梦想。习近平总书记在致生态文明贵阳国际论坛2018年年会的贺信中提出了全面落实2030年可持续发展议程、共同建设清洁美丽世界的倡议。可持续发展理念是当今世界各国经过20多年的发展演化与广泛传播，逐步形成的包括经济发展、社会进步和环境保护三个支柱在内的，以消除贫困、保护自然、转变不可持续的生产和消费方式为核心要素的综合发展框架。与此同时，全球正面临着严峻的挑战，尽管世界各国在实现千年发展目标方面取得了一定进展，但环境保护与发展仍面临新的困境——人口快速增长、贫困、气候变暖、环境污染、资源和能源供需矛盾等问题不可回避。构筑尊崇自然、绿色发展的生态体系，推动全球生态环境治理，表明了中国在解决全球环境问题方面的责任与担当。

中国是最早参与可持续发展行动的国家之一，无论在发展理念、制度建设、实践探索与国际合作方面，还是在减少贫困、节能减排、发展循环经济等方面，都为全球可持续发展做出了实质性贡献。近年来，通过深入实施大气、水、土壤三大污染防治行动计划，中国大力提高森林覆盖率和湿地生态系统的完整性，努力保护生物多样性，有效控制温室气体排放[5]，消耗臭氧层物质的淘汰量超过发展中国家总量的一半，为全球生态文明建设做出了重要贡献，增强了中国特色社会主义的道路自信、理论自信、制度自信和文化自信。美丽中国建设目标的提出，进一步将中国传统哲学思想升华为人与自然和谐统一、和平共处的行为遵循，进一步为全世界可持续发展提供了中国理念、中国道路、中国制度、中国模式。

3.2.2 美丽中国的内涵与特征

1.美丽中国的核心是人与自然和谐共生

美丽中国是中国特色社会主义现代化建设目标的诗意表达，寄托了全体中国人民对美好生活环境的期待。同时，美丽中国作为中国生态文明建设的战略目标，与生态文明的科学内涵一脉相承，其核心要义就是要把自然与文明结合起来，实现人与自然和谐共生，要让人民在一个优美的自然生态环境中尽可能地享受丰富的物质文明和精神文明，也要让自然生态在现代化的人类社会治理体系下更加宁静、和谐、美丽，最终实现人与自然和谐共生的现代化中国（图3-1）[6]。

图3-1 美丽中国的核心特征

2.美丽中国的关键是绿色发展、环境优美

基于核心内涵，美丽中国包含两个基本要素——人与自然，落脚点在于和谐共生。山清水秀却贫穷落后，不是美丽中国；强大富裕但环境污染，同样不是美丽中国。因此，美丽中国涵盖了两个基本的出发点与落脚点，二者是共生的关系：一是绿色发展，即从人类活动出发，人的生产、生活必须遵循自然、顺应自然、保护自然，向着资源节约、环境友好的方向发展，实现开发建设的强度、规模与资源环境的承载能力相适应，生产、生活的空间布局与生态环境格局相协调，生产、生活方式与自然生态系统良性循环的要求相适应，因此满足人类需求的物质文明应是现代化、清洁化的，精神文明应是崇尚自然、诗情画意的；二是环境优美，即良好生态环境的价值是人所赋予的，要满足人民所期待的宁静、和谐、自然、美丽的环境需求。这两个基本点也是党的十九大提出的建设美丽中国，推进绿色发展、环境质量改善的重点任务目标的要求。

3.美丽中国体现在标志美、内核美、支撑美

从词源及美学的角度出发，有助于我们对美丽中国的内涵特征进行深刻理解和准确把握。从词源角度来看，“美丽”的含义是外“美”内“丽”，即表象愉悦、内质健康。从美学角度来看，“美丽”的本质是在形式、比例、布局、风度、颜色或声音上接近完美或理想的状态，以使各种感官极为愉悦。因此，美丽中国的表现特征其一应该美在祖国的大好河山，是具备天蓝、地绿、水清的优美生态环境的外在美；其二（更深一层的含义）应是支撑美丽中国建设的机制健全、高效，实现环境—经济—社会复合系统中多系统的美丽属性，实现外“美”内“丽”。因此，美丽中国的理论内涵由表及里表现为三个美丽层级，即表象为生态的清洁优美、本质为发展的高质量、内在机制为制度的现代化，概括起来即为标志美、内核美、支撑美，并可以进一步细化为7个美丽标识。

（1）标志美：以生态环境优美舒适为标识，体现在自然美、环境美、城乡美

秀美形象是美丽中国“优美生态”这一本质要求的生动诠释，也是美丽中国的显性标志。“青山就是美丽，蓝天也是幸福”是百姓切实感受环境民生福祉、提升环境幸福品质的重要体现。外在标志美突出表现在秀美山川（自然美）、健康环境

（环境美）、美好人居（城乡美）三个部分。

自然美是美丽中国建设的自然生态本底。山川秀美、生物多样、和谐共生是美丽中国自然景观的“大美”标志，它侧重于空间格局、生态安全等区域层面，表现为对节点—廊道—屏障生态格局完整、生物多样性等生态系统服务功能的有效保护，湿地、森林等生态系统的质量提升，基本要求为生态安全格局稳定，生态系统功能健全、质量优良。

环境美是美丽中国建设的环境内核。蓝天白云、繁星闪烁，清水绿岸、鱼翔浅底，吃得放心、住得安心，鸟语花香、田园风光是美丽中国生态环境的“健康”标志，它侧重于环境要素、生态建设等环节，表现为百姓在日常生产、生活中能够享受到安全的饮水、清洁的空气等优质充裕的生态产品，环境与健康得到充分保障，基本要求为蓝天、碧水、净土。

城乡美是美丽中国建设的物化载体。望得见山、看得见水、记得住乡愁，保留好乡村风貌、守得住青山绿水，是美丽中国人居环境的“美好”标志，它侧重于城乡规划、城乡建筑、基础设施建设等方面，基本要求为风貌独特、设施健全、乡村优美、建筑绿色。

（2）内核美：以高质量发展为标识，体现在理念美、生产美、生活美

美丽中国外在形象的“标”需要内在动力的“本”来推动，生态环境保护的成败归根结底取决于经济结构和经济发展方式。因此，透过美丽中国的秀美形象，其本质内涵突出表现在以绿色发展为源头的社会理念、生产方式与生活方式上。

理念美是美丽中国建设的思想指引。绿色发展理念是我国五大发展理念之一，是发展观的深刻变革，是社会意识形态在文化、文明等精神层面上的绿色转变，综合表现为形成以生态价值观念为准则的生态文化体系，具体表现为生态意识蔚然成风、文明程度较高，基本要求为绿色低碳、文化生态。

生产美是美丽中国建设的源头支撑。它侧重于产业布局、产业结构与生产效率等因素，综合表现为形成生态经济体系，具体表现为产业布局均衡协调、结构合理、集约高效、低碳环保、资源节约、环境友好、创新驱动力强劲等，即实现产业的绿色化发展，基本要求为方式友好、动力内生、过程高效。

生活美是美丽中国建设的共治基石。它侧重于行为方式、公共服务等领域，表现为物质生活和精神生活的共同提升、兼顾调和，基本要求为简约适度、行为绿色。

（3）支撑美：以生态环境治理体系与能力现代化为标识，体现在制度美

社会生产方式、行为模式受社会机制体制的源头制约，健全且以“美丽”“绿色”为导向的治理体系是实现美丽中国“内外兼修”的基础支撑。因此，完善的生态文明制度体系是美丽中国建设的内核，其综合表现为生态环境领域的治理体系与治理能力现代化，具体表现为生态监管体系完备、环境管理制度严格；体现绿色生产和绿色消费导向的环境经济政策体系、法治体系健全；环境现代化治理能力得到有效保障，党委领导、政府主导、企业为主体、公众参与的美丽中国建设大格局建立健全。

4.美丽中国具有整体性、协调性、丰富性、现代性等特性

美丽中国既要求美得系统、协调，也要求美得各具特色，更要与中国特色社会主义现代化的时代要求相匹配。因此，其突出表现为以下四种特性：

一是整体性。美丽中国是全中国的“美丽共同体”，要想实现生态环境状况的根本好转、经济社会发展的高质量与环境治理体系的现代化，全国所有地区、所有要素必须整体性地实现美丽提升，全国各地都要稳定地跨过生态环境改善“拐点”，步入环境与发展良性循环的通道。

二是协调性。美丽中国的内涵是和谐共生，三个层次的“美丽”应良性循环、相互支撑，要改变社会经济和环境不协调的局面，扭转优质生态产品供给增速长期赶不上经济发展步伐的状况，要在矛盾突出、协调滞后的地区超前、加快推进绿色发展，同步、协调地实现美丽中国。

三是丰富性。人们对“美丽”的感受各不相同，美丽中国并非各地区的统一标准，而是在整体和谐共生的基础上，结合地区环境、发展、人文等特色优势，形成多种多样的“美丽”气质，如在满足山水林田湖草沙与城市等和谐交融的总体要求下，各地应突出符合地方自然生态禀赋和文化传承的富有代表性和典型性的美。

四是现代性。新时代的美丽中国并非原始的自然生态环境美，而是在中国特色

社会主义现代化的基础上构建起来的，强调用现代化的科学环境治理理念、制度与手段去支撑建设美丽中国。

3.3 美丽中国建设的总体战略框架

3.3.1 基于美丽中国的生态环境战略框架

围绕美丽中国建设的战略目标，基于美丽中国建设的战略路径，美丽中国建设框架可分为提升绿色发展水平、根本改善生态环境质量、实现环境治理能力与治理体系现代化三个部分。

一是提升绿色发展水平。贯彻落实习近平生态文明思想，尊重自然、顺应自然、保护自然，坚持绿水青山就是金山银山，转变发展方式，建立绿色生产和绿色消费的法律制度和政策导向[7]，强化生态环境空间管控，优化绿色发展的空间格局，建立健全低碳、循环、发展的经济体系，培育壮大新兴产业，推动传统产业智能化、清洁化改造，加快发展节能环保产业，全面节约能源资源，推动绿色消费革命，形成全社会共同参与的绿色行动体系，从源头上推动经济的绿色转型，减少资源消耗，减少生态破坏，协同推动经济高质量发展和生态环境高水平保护。

二是根本改善生态环境质量。近期要打好打赢污染防治攻坚战，长期要打好生态环境治理持久战，使全国空气质量根本改善，蓝天白云成为常态；全国水环境质量全面改善，水生态系统功能初步恢复，饮用水安全得到有效保障；全国土壤环境质量稳中向好，土壤环境风险得到全面管控；生态安全屏障稳固，耕地、草原、森林、河流、湖泊得到休养生息，城乡环境优美、和谐宜居，满足人民对优美、环境和生态产品的需要。

三是实现环境治理能力与治理体系现代化。构建生态文明体系，建立健全生态文化体系、生态经济体系、目标责任体系、生态文明制度体系、生态安全体系。深化生态环境保护管理体制改革，完善生态环境管理制度，构建生态环境治理体系，改变以往主要依靠行政手段的做法，综合运用行政、法律、经济手段，健全生态文明体制、机制和制度体系[8]。

3.3.2 美丽中国建设在生态环境保护领域的战略要求

党中央提出的第二个一百年目标分为两个阶段：第一个阶段是到2035年，要基本实现社会主义现代化；第二个阶段是从2035年到21世纪中叶，要把我国建成为富强民主文明和谐美丽的社会主义现代化强国。美丽中国建设的战略目标基于此发展蓝图而确立，是新时代坚持和发展中国特色社会主义的14项基本方略之一，也是新时代生态文明建设的基本原则。

到2020年，在美丽中国的启动期，主要任务是加快补齐生态环境短板，打好打赢污染防治攻坚战，实现全面建成小康社会。生态环境质量总体改善，主要污染物排放总量大幅减少，环境风险得到有效管控，生态环境保护水平同全面建成小康社会目标相适应。

到2035年，在美丽中国的建设期，要实现生态环境的根本好转，美丽中国目标基本实现。一是实现标志美，全国环境质量达到标准，空气质量根本改善，水环境质量全面改善，土壤环境质量稳中向好，环境风险得到全面管控，山水林田湖草沙生态系统服务功能稳定恢复，蓝天白云、绿水青山成为常态，基本满足人民对优美生态环境的需要。二是实现内核美，节约资源和保护环境的空间格局、产业结构、生产方式、生活方式总体形成，绿色低碳循环发展的水平显著提升，绿色发展方式和生活方式蔚然成风。三是实现支撑美，国家生态环境治理体系和治理能力现代化基本实现。

到21世纪中叶，在美丽中国的提升期，要建成富强民主文明和谐美丽的社会主义现代化强国。中国将拥有高度的生态文明，天蓝、地绿、水清的优美生态环境成为普遍常态，开创人与自然和谐共生的新境界，建成美丽的社会主义现代化强国。

3.4 美丽中国建设的成效评估

3.4.1 美丽中国体现在天蓝、地绿、水清

美丽中国是一个内涵丰富的战略目标，可以从广义和狭义两个角度理解。

从广义角度来看，美丽中国建设包含生态文明建设、实行绿色发展方式和生活方式、实现生态环境质量的根本改善和良性循环、建立完善的生态文明制度体系和现代化的治理能力。其评估指标应包括绿色发展、绿色生活、清洁空气、干净水体、安全土壤、健康海洋、良好生态、美丽乡村、健全制度、完备能力等方面。

从狭义角度来看，美丽中国可以理解为生态文明建设的结果。2014年6月3日，习近平总书记在2014年国际工程科技大会上的主旨演讲中提出，“我们将继续实施可持续发展战略，优化国土空间开发格局，全面促进资源节约，加大自然生态系统和环境保护力度，着力解决雾霾等一系列问题，努力建设天蓝地绿水净的美丽中国。”2020年4月3日，习近平总书记在参加首都义务植树活动时强调，要牢固树立绿水青山就是金山银山的理念，加强生态保护和修复，扩大城乡绿色空间，为人民群众植树造林，努力打造青山常在、绿水长流、空气常新的美丽中国[9]。其评估指标集中体现在生态环境根本好转、生态环境质量根本改善，如清洁空气（天蓝）、良好生态（地绿）、干净水体（水清）、安全土壤（土净）、美好人居（居洁）等。

3.4.2 生态环境根本好转的目标分析

生态环境根本好转是美丽中国建设的重要阶段，也是关键标志。综合考虑当前形势，生态环境根本好转应体现在覆盖面广、好转程度大、协调性强、认可度高4个方面：①生态环境质量改善是全国所有地区、所有要素的整体性改善，而不是部分区域或者领域的改善；②改善程度大，生态环境稳定越过拐点，出现根本性、转折性的改善，开始步入良性循环；③改变以往社会经济发展与环境不协调的局面，生态环境保护赶上社会经济发展步伐，还清了历史旧账，补齐了环境短板，进入社会经济与环境保护相协调的局面；④生态环境保护得到全社会的广泛认可，基本满足人民群众对美好生活的需要，具有世界性的示范意义。以上4个方面均满足，才标志着生态环境根本好转，美丽中国建设取得了实质性成果。

3.4.3 美丽中国建设的分区评价

美丽中国的本质内涵是实现人与自然和谐共生的现代化，即人类的经济社会活动要与资源环境承载能力相适应。我国幅员辽阔，地形地貌、自然生态系统、资源环境禀赋、人口、产业等空间布局差异明显，因此虽然“美丽”的本质内涵一致，但区域间“美丽”的标志、特征则各具特色，“美丽”建设的具体要求、面临的问题及建设重点也将有所差异。基于自然地理、气候、生态系统、经济、人口、人文地理等不同的区域主导功能定位，对区域格局的划分存在明显差异。从区域发展战略来看，我国经历了从东西板块到东、中、西、东北四大区域板块，再到城市群与经济区，直至当前的京津冀、长江经济带、“一带一路”、粤港澳大湾区等区域发展的引领阶段。美丽中国建设是一项系统性、完整性的工程，包括自然生态、绿色发展、社会治理等各个方面，结合全国各类区划结果，生态环境部环境规划院技术组从统筹区域环境经济发展的角度进行了对美丽中国建设分区的划定，按照综合性、主导性、自然环境与社会经济系统相对一致性、空间分布连续性和行政区划完整性等原则，以自然生态、气候地貌、经济社会文化、功能区划等要素为主要考虑，将我国国土范围划分为东北、京津冀及周边、东南沿海、长江中游、西南、西北、青藏7个美丽中国建设分区，再针对各个分区制定差异化的美丽中国建设评价指标，以推动实现960万km^2的美丽中国版图既别具韵味又和谐共生（表3-1）。

表3-1　美丽中国建设分区

分区	范围
东北地区	辽宁、吉林、黑龙江
京津冀及周边地区	北京、天津、河北、山西、山东、河南、陕西
东南沿海地区	江苏、上海、浙江、福建、广东、海南
长江中游地区	湖北、湖南、安徽、江西
西南地区	广西、重庆、四川、云南、贵州
西北地区	内蒙古、甘肃、宁夏、新疆
青藏地区	青海、西藏

“十四五”期间，在全面建成小康社会的基础上，美丽中国建设将迎来开局的五年，生态文明建设和生态环境保护也将迈入新的历史阶段。要坚持以习近平生态文明思想为指导，全面加强生态环境保护，打好“升级版”的污染防治攻坚战，坚持生态环境修复与环境治理并重，持续改善生态环境质量，持续推进形成绿色的发展方式和生活方式，持续推进现代环境治理体系建设，久久为功，为提高生态文明建设水平、建设美丽中国奠定良好的基础。因此，深入分析生态文明和美丽中国建设的内涵、系统谋划美丽中国建设路线图、科学设计美丽中国建设评价指标体系具有重要意义，是当前和未来我国生态环境保护的重大课题。

参考文献

[1] 习近平．决胜全面建成小康社会　夺取新时代中国特色社会主义伟大胜利——在中国共产党第十九次全国代表大会上的报告 [R]．2017.

[2] 陈宗兴，蔡昉，潘家华，等．生态文明范式转型——中国与世界 [J]．城市与环境研究，2019 (4)：3-20.

[3] 李干杰．全力打好污染防治攻坚战 [EB/OL]．人民网 - 理论频道．[2018-01-15]．http：//theory.people.com.cn/n1/2018/0115/c40531-29765033.html.

[4]《党的十九大报告辅导读本》编写组．党的十九大报告辅导读本 [M]．北京：人民出版社，2017.

[5] 刘燕华，王文涛．全球气候治理新形势与我国绿色发展战略 [J]．可持续发展经济导刊，2019 (Z1)：16-21.

[6] 王金南．基本现代化与美丽中国：2035 年展望 [C] // 中国科学院中国现代化研究中心——2019 年科学与现代化论文集 (上)．中国科学院中国现代化研究中心，2019：32-35.

[7] 国合会“绿色转型与可持续社会治理专题政策研究”课题组，任勇，罗姆松，等．绿色消费在推动高质量发展中的作用 [J]．中国环境管理，2020，12 (1)：24-30.

[8] 中国工程院．坚持绿色发展，建设美丽中国　开创社会主义生态文明新时代 [R]．2016.

[9] 习近平在参加首都义务植树活动时强调：牢固树立绿水青山就是金山银山理念　打造青山常在绿水长流空气常新美丽中国 [J]．中国纪检监察，2020 (8)：2.

第4章

构建绿色低碳循环发展的经济体系

XINSHIDAI
SHENGTAI WENMING
CONGSHU

党的十九大报告提出，我们要建设的现代化是人与自然和谐共生的现代化，既要创造更多的物质财富和精神财富以满足人民日益增长的美好生活需要，也要提供更多优质的生态产品以满足人民日益增长的优美生态环境需要，同时把“推进绿色发展”作为加快生态文明体制改革、建设美丽中国的重点任务。党中央明确要求加快建立绿色生产和消费的法律制度和政策导向，建立健全绿色低碳循环发展的经济体系。加快推进绿色低碳循环发展，事关我国的经济增长方式转型和中华民族的长治久安，对于提高资源效率、改善环境质量、建设资源节约型和环境友好型社会、迈向新时代生态文明具有重大意义。

4.1 绿色经济、循环经济、低碳经济的概念和内涵

4.1.1 绿色经济

英国经济学家皮尔斯在1989年出版的《绿色经济蓝皮书》中首次提出了“绿色经济”的概念，“必须把经济发展限制在自然资源和环境容量之内，避免经济发展难以持续。”在经济学界，绿色生产、绿色消费、绿色分配、绿色技术此起彼伏，使绿色经济成为经济学界研究和讨论的热点命题。但直到目前对绿色经济的内涵、外延以及特征等都没有达成统一的认识，相关理论正处于不断探讨和完善之中。

2008年国际金融危机以后，为刺激经济振兴并创造就业机会、解决环境问题，联合国环境规划署提出了绿色经济发展议题，覆盖了绿色投资、绿色消费、政府绿色采购、绿色贸易等方面。时任联合国秘书长潘基文在2008年12月11日召开的联合国气候变化大会上再次提出绿色经济后，“绿色经济”一词便出现在各个国际会议的议题之中。例如，2009年4月于伦敦举办的G20峰会提出了应由“灰色经济”向“绿色经济”转变的观念，并将“增进全面的、绿色的以及可持续性的经济复苏”作为应对金融危机、恢复经济增长和就业的六项必要措施之一，并为各国所采纳。

绿色经济指能够遵循“开发需求、降低成本、加大动力、协调一致、宏观有控”5项准则，并且得以可持续发展的经济。它既指一个具体的微观单位经济，又

指一个国家的国民经济，甚至是全球范围的经济。绿色经济是以市场为导向，以传统产业经济为基础，以经济、环境和谐为目的而发展起来的一种新的经济形式，是产业经济为适应人类环保与健康需要而产生并表现出来的一种发展状态。

绿色经济的内涵包括绿色投资上升、绿色行业就业数量和质量上升、绿色行业占GDP份额上升、单位产品产出的能源资源消耗下降、生产消费的环境成本下降、浪费型消费下降等。

联合国在推进绿色经济方面采取了一系列举措：推行全球绿色新政，呼吁政府通过绿色发展走出危机；提出应对危机的联合倡议，由联合国20多个机构协调政策，帮助国家实施绿色新政；发布全球绿色经济/就业报告，对主要绿色产业做详细分析；开展地区和国家倡议，包括东亚的绿色增长、韩国的绿色新政、中国的绿色经济项目等。推行社会、经济和环境均衡、协调的绿色可持续发展是当前及未来全球各国的共同愿景。2015年9月，联合国可持续发展峰会正式通过了2030年可持续发展议程，包括17个可持续发展目标，旨在2015—2030年以综合方式彻底解决社会、经济和环境3个维度的发展问题，并转向可持续发展道路。此后，联合国和各国政府相继发布了各自落实该目标的行动计划。2019年3月，在第四届联合国环境大会上，联合国环境规划署发布的第六期《全球环境展望》（GEO6）指出，全球面临空气、生物多样性、土壤、淡水等严峻的生态环境态势，需改变目前的经济发展模式，实现绿色可持续发展的愿景。

当前，以美国为首的欧美国家正在积极地进行一场以发展绿色经济为核心的“经济革命”，美国犹他州的生物技术谷、日本的筑波生物产业区、德国的慕尼黑生物产业区、英国的剑桥生物产业区均是绿色经济群落发展的典型代表。日本公布了《绿色经济与社会变革》的政策草案，目的是通过实行削减温室气体排放等措施强化其绿色经济。欧盟在2013年之前投资了1 050亿欧元支持欧盟地区的绿色经济以促进就业和经济增长，使其在“绿色技术”领域保持世界领先地位。2019年12月，欧盟发布了《欧洲绿色协议》，提出了更加雄心勃勃的转型计划，旨在通过向清洁能源和循环经济转型来阻止气候变化，进而提高资源利用率，恢复生物多样性。

4.1.2　循环经济

“循环经济”一词是美国经济学家K. 波尔丁在20世纪60年代受当时发射的宇宙飞船的启发，在分析地球经济的发展时提出生态经济概念而谈到的。循环经济的内涵是一个不断发展完善的过程。英国环境经济学家大卫·皮尔斯和图奈于1990年第一次使用循环经济的概念，试图依据可持续发展原则建立资源管理规则，并建立物质流动模型[1]。

1996年，德国颁布了《循环经济和废弃物管理法》，这是发达国家第一次正式使用循环经济的说法，由于重点是对日益增多的垃圾的处理和再生利用，又被称为“垃圾经济”。2000年，日本颁布了《循环型社会形成推进基本法》和若干专门法，通过抑制废弃物的产生、资源的循环利用等措施减少对自然资源的消费，进而降低环境的压力。欧盟各国及美国、澳大利亚、加拿大等国也在20世纪的最后10年相继出台了包装废弃物的回收、再利用等办法。

“循环经济”一词并非国际通用术语，在学术界尚存争议。从各种文献对它界定的共同性来看，循环经济是指通过资源循环利用使社会生产投入的自然资源最少、向环境中排放的废弃物最少、对环境的危害或破坏最小的经济发展模式。在各国的实践中，循环经济也具有鲜明的国情特征和发展阶段特征。发达国家在完成工业现代化进程后，进入了高技术产业发达、污染物大幅削减的后工业化阶段，在其污染防治已转向绿色制造、新能源、碳减排等绿色经济与循环型社会技术创新阶段的情况下开始发展循环经济。例如，日本在《第四次循环型社会形成推进基本计划》中确定的2025年目标包括资源投入产出比比2015年提高了29%，资源循环利用率（以废弃物为基准）提高47%，废弃物最终处置量减少7%。我国发展循环经济不能照搬国外经验与现成模式，要统筹国内、国外发展的新形势，立足于我国当前的发展阶段和面临的资源环境问题这一国情，不仅要面向废弃物的资源化循环利用，更要注重源头减量化的产业技术升级，积极推动城市、农村、区域等大规模循环经济的发展。

循环经济是与传统的“资源—产品—废弃物”线性经济相比较而言的，物质要素按照“资源—产品—再生资源”流动。循环经济运用生态学规律，使经济活动不超过资源承载能力，不断提高资源的利用效率，循环使用资源；在生产过程中实行清洁生产，实行“3R”原则，在生产的投入端尽可能地少输入自然资源；遵循产品的再使用原则，即尽可能延长产品的使用周期，并在多种场合使废弃物再循环，最大限度地减少废弃物的排放。同时，循环经济还要求尽可能地利用可循环再生的资源代替不可再生的资源，使生产合理地依托在自然生态循环之上。概括而言，循环经济/发展是从废物循环利用入手的，其本质是按照减量化、再利用、资源化的原则，在生产、流通和消费等环节变废为宝，提高资源利用效率，以改变大量开采、生产产品，向环境排放大量的废水、废气和废渣的线性增长模式，形成“资源—产品—废弃物—资源再生”的增长模式。

我国《循环经济促进法》将“循环经济”定义为在生产、流通和消费等过程中进行减量化、再利用、资源化活动的总称。可以认为，循环经济是在资源投入、企业生产、产品消费、废弃物处理的全过程中，按照减量化、再利用、资源化的原则，把传统经济依赖资源消耗的线性增长转变为生态型的自我反馈式循环，通过资源循环利用建立经济系统和生态系统之间的和谐关系，从而获得经济效益、社会效益和环境效益的经济形态。其基本特征是低消耗、再利用、再循环、高效率，核心内涵是资源循环利用，特别强调以尽可能少的资源消耗和环境成本获得尽可能多的经济效益和社会效益。

4.1.3 低碳经济

“低碳经济”是应对全球气候变化而提出的，其在文献中出现是在2000年英国赫尔大学的麦克沃伊、吉布斯和西英格兰大学朗赫斯特共同撰写的论文《低碳经济对就业的影响》中[2]。但该文重点讨论的是就业与环境问题，“低碳经济”仅作为一个名词在文中出现。2001年，英国东安格利亚大学环境科学系的安德鲁·约旦在《低碳经济的政治争议》一文中也使用了“低碳经济”这一词汇[3]。

赋予低碳经济较明确含义的是英国政府2003年发布的能源白皮书——《我们能源的未来：创建低碳经济》[4]。低碳经济可定义为以更少的资源消耗和污染物排放

（这里主要指能源消费及碳排放，不包括其他资源消耗和污染物排放）获得尽可能多的效益，创造更好的生活质量，为先进技术的研发、应用和输出创造机会，也创造商业机会和就业机会；其核心是降低GDP的碳强度，以免因温室气体浓度升高而影响人类的生存和发展（如海平面上升导致小岛屿国家淹没等）。作为第一次工业革命的先驱和资源并不丰富的岛国，英国充分意识到能源安全和气候变化的威胁，提出通过发展低碳经济来解决能源安全和气候变化问题的战略定位，从而使低碳经济开始受到以英国为代表的欧洲国家的重视。此后，随着应对气候变化的后京都谈判的开启、联合国政府间气候变化专门委员会（IPCC）第四次评估报告的发布、巴厘路线图的通过等一系列事件，应对气候变化的国际行动不断走向深入，低碳发展道路在国际上越来越受到关注，并逐步形成了全球共识。

2006年，《斯特恩报告：气候变化的经济学》指出，向低碳经济转型的过程中竞争挑战与增长机会并存[5]。英国于2008年发布了世界首部《气候变化法》，设定了具有法律约束力的二氧化碳减排目标：二氧化碳排放量在1990年的基础上，于2020年之前削减26%～32%，2050年之前削减60%。2009年7月，英国又发布了《英国低碳转型计划：气候和能源国家战略》，提出了5点计划[6]。

2007年7月，美国参议院提出了《低碳经济法案》，将发展低碳经济与应对气候变化、实现绿色复兴紧密结合；2009年6月，美国众议院通过了《美国清洁能源与安全法案》。联合国环境规划署确定2008年世界环境日（6月5日）的主题为“转变传统观念，推行低碳经济”。

2008年，日本提出将用能源与环境领域的高新技术引领全球，把日本打造成为世界上第一个低碳社会，并于2009年8月发布了《建设低碳社会研究开发战略》。2010年2月，日本又提出了《地球暖化对策基本法案（暂定）》《关于地球暖化对策的中长期路线》，以及2020年实现碳排放量削减25%、2050年实现碳排放量削减80%的对策方针，并指出暖化对策不应只注重负担，而应将其作为新的成长支柱，为构建低碳社会所做的投资不仅可以创造新的市场及就业，还可以带动地区经济，保障能源安全。

2009年，中国环境与发展国际合作委员会发布的《中国发展低碳经济途径研究》报告将“低碳经济”界定为一个新的经济、技术和社会体系，与传统经济体系相比，其在生产和消费中能够节省能源、减少温室气体排放，同时还能保持经济和社会发展的势头。由此可以理解为，低碳经济是碳生产力和人文发展均达到一定水平的一种经济形态，旨在通过降低二氧化碳等温室气体排放实现较高的经济社会发展水平和较好的生活质量。低碳经济特别强调降低碳排放以应对全球气候变化，其实质是提高能源利用效率、创建清洁能源结构，核心是技术创新、制度创新和发展观念的转变。

2019年，欧盟在《给所有人一个清洁星球：建设繁荣、现代、有竞争力的气候中性经济体长期战略》中提出了2050年实现温室气体碳中和的宏大目标，更是将低碳经济放在极其重要的位置。该战略认为，实现这一转型可带来多方面的效益，可以通过清洁技术和低碳或无碳能源促进经济增长和就业，帮助欧洲减少对重要资源的使用，降低欧洲对石油和天然气的依赖，创造健康效益，增强欧盟经济和工业在全球市场上的竞争力，进而保证欧洲的高质量就业和可持续发展。

从表面来看，低碳经济是为减少温室气体排放而努力的结果，但实质上它是经济发展方式、能源消费方式和人类生活方式的一次新变革，将全方位地改造建立在化石燃料（能源）基础上的现代工业文明，使其转向生态经济和生态文明。低碳经济在发展观转变、技术创新、制度创新的基础上，通过产业转型、提高能源效率、尽可能地减少化石能源消耗、大规模开发使用可再生能源与新能源等多种手段，实现减少温室气体排放、维护生态平衡。从国际动向来看，全球温室气体减排正由科学共识转变为实际行动，全球经济向低碳转型的大趋势逐渐明晰。

4.2 三种经济的关系辨析及其对生态文明建设的支撑作用

绿色经济（Green Economy）、循环经济（Circular Economy）和低碳经济（Low-carbon Economy）简称“3E”，是能源资源危机、环境危机和生态危机产生后相继出现的经济形态。它们取向一致、内涵关联，但又有各自的侧重点和突破口。

2002年，我国引入循环经济理念，接着是低碳经济，最后是绿色经济。党的十八大报告首次将绿色发展、循环发展、低碳发展并列提出，针对我国经济社会发展进程中的环境污染、资源约束、应对气候变化等严峻挑战，党中央明确将绿色发展、循环发展、低碳发展作为推进生态文明建设的基本途径。党的十九大报告中提出要推进绿色发展，“建立健全绿色低碳循环发展的经济体系”。加快推进绿色低碳循环发展，事关我国的经济增长方式转型和中华民族的长治久安，对于提高资源利用效率，改善环境质量，建设资源节约型、环境友好型社会，迈向生态文明新时代具有重大意义。

4.2.1　本质相同，取向一致

循环经济和低碳经济都是工业化国家在解决了常规性环境问题以后，分别针对以垃圾管理为重点的环境问题和以应对气候变化为特征的全球问题而提出的。各国推进绿色发展的经验给我们的启示是，随着世界经济的转型，增长要素会发生变化。传统竞争力已不再是主流，绿色成为竞争力的重要标志。

绿色经济、循环经济、低碳经济的本质均是在恢复和创造良好的生态环境的过程中，通过经济发展模式的转变实现经济社会与自然生态环境系统的协调，解决人类可持续发展的问题。三者目标一致，都是改善民生，建设生态文明，基本形成节约能源资源和保护生态环境的产业结构、增长方式和消费模式。对于人类的生产和消费活动，三者均要求充分考虑自然生态系统的承载能力，尽可能地节约自然资源，不断提高能源资源利用效率，降低污染物排放量。对于物质转化的全过程，三者均需要采取战略性、综合性、预防性措施，在生产过程中少投入、少排放、高利用，达到废物最小化、资源化、无害化，降低经济活动对资源、环境的过度使用及对人类所造成的负面影响。

4.2.2　各有侧重点、突破口和发展目标

循环经济侧重于整个社会的物质循环，通过生产、流通、消费全过程的资源节约和充分利用，减少自然资源系统进入社会经济系统的物质流、能量流的通量强

度，其核心目标是物质的循环利用，降低资源消耗强度，实现社会经济发展与资源消耗的物质解耦或减量化。循环经济一头连着资源、一头连着环境，从客观结果上看，可以实现资源利用可循环、生态环境可承载、经济发展可持续。

低碳经济侧重于能源的高效利用与结构优化，通过低碳能源的技术创新和制度创新、人类消费及发展观念的根本性转变、以节能的方式提高能效、发展可再生能源和清洁能源、增加森林碳汇等措施，降低能耗强度和碳强度，其实质是解决能源安全和应对气候变化问题，核心目标是减少温室气体排放，提高碳生产力（单位碳排放的经济产出），保护人类生存的自然生态系统和气候条件，解决能源安全问题。

绿色经济侧重于人民生活福利水平的提高，通过应用资源节约及环境友好的技术和产品，以市场为导向高效地、文明地实现对自然资源的永续利用，使生态环境持续改善和生活质量持续提高，其核心目标是人造资本、自然资本、社会资本和人力资本的存量持续增加，提高“绿色GDP”，保障人与自然、环境的和谐共存，实现人与人之间的社会公平最大化。狭义地讲，绿色经济是以保护优先、环境友好的方式推动发展，处理好发展与保护的关系，形成节约资源和保护环境的产业结构、生产方式和生活方式，用较小的资源环境代价支撑经济社会的持续健康发展。

4.2.3 相互支撑，共同推进

绿色发展、循环发展和低碳发展相辅相成、相互促进，构成了一个有机整体。三者均要求节约资源，提高资源利用效率；保护环境，充分考虑生态系统的承载能力，减轻污染对人类健康的影响。发展绿色经济，同样可以起到减排二氧化碳的作用；发展循环经济，不仅能提高资源生产率，也是环境保护的重要措施；推进低碳经济的发展，也能减少污染物的排放。

循环经济、绿色经济和低碳经济是现代经济发展的全方位的深刻变革。这场变革对于包括中国在内的发展中国家而言，是经济发展模式的转变，不可能一蹴而就。我国现阶段采取的推行节能减排，大力发展绿色经济，加快推进循环经济和低碳经济等一系列举措，本质上都是实施可持续发展战略的体现，是生态文明的基础。加大循环经济发展力度，就是要在重点行业和重点城市建立循环经济的技术发展模式，支撑资源循环利用产业的规模发展。稳步推进低碳经济，就是要鼓励能源节约和采用清洁能源，积极加强国际合作，提高应对气候变化和能源安全供给的能力。在此基础上，构建减少污染、降低消耗、治理污染或改善生态的绿色技术和产品体系，加快和提高国民经济发展的质量和速度，大力发展绿色经济。

4.2.4 绿色低碳循环发展经济体系的主要特征

党的十八大和十八届三中、四中、五中全会以及党的十九大均对生态文明建设做出了明确部署和要求，绿色发展作为推进生态文明建设的基本途径，是推动中国经济社会持续健康发展的重要方向和目标。清华大学环境学院在参编的全国干部培训教材《建设现代化经济体系》一书中提出，绿色低碳循环发展的经济体系可以从开展绿色技术创新、完善绿色金融、发展绿色产业、促进绿色消费、加强生态环境治理等方面全面推动，应符合以下主要特征：

一是生态环保方面，我国传统的经济发展往往伴随着资源过度消耗、环境严重污染，形象地说就是"黑色经济"或"褐色经济"，绿色低碳循环发展就是要"去黑存绿增绿"，使生产和生活方式建立在资源能支撑、环境能容纳、生态受保护的基础之上，对经济存量实施绿色化改造，并不断培育壮大绿色发展新动能。

二是节约高效方面，绿色低碳循环发展要求落实节约优先战略，推动供需双向调节、差别化管理，全面大幅提高能源资源利用效率，强化资源的重复利用和循环利用，以最少的资源消耗支撑经济社会发展，提高生产效率、经济效率、资源和环境利用效率，实现效率最大化。

三是清洁低碳方面，绿色低碳循环发展要求在生产、流通、消费全生命周期实现清洁化，在产品生产、加工、运输、消费全过程均对人体、环境无损害或将损害降至较低水平。同时，尽可能减少对碳基燃料的依赖，推进能源生产与消费革命，持续提高清洁能源、可再生能源在能源消费中的比重，有效减少温室气体排放。

四是科学发展方面，绿色低碳循环发展要求发展要符合自然规律和经济社会规律，发展的速度、规模、结构、过程都要科学合理，对资源环境的利用要科学适度，经济社会发展与自然要和谐共生。

五是安全和经济方面，绿色低碳循环发展要求经济安全、社会安全、资源安全、生态安全、环境安全，经济社会发展过程中的资源、环境、生态风险可控。建设绿色低碳循环发展的经济体系必然涉及的结构调整、技术应用、产业业态、模式创新，要有与发展阶段相适应的投入产出比，经济效益、社会效益与环境效益相得益彰。

4.3 建立健全绿色低碳循环发展的经济体系

习近平总书记强调，“要建设资源节约、环境友好的绿色发展体系，实现绿色循环低碳发展、人与自然和谐共生，牢固树立和践行绿水青山就是金山银山理念，形成人与自然和谐发展的现代化建设新格局。”绿色低碳循环发展的经济体系是现代化经济体系的重要组成部分，其核心目标是形成人与自然和谐发展的现代化建设新格局。建设绿色低碳循环发展的经济体系是一项系统工程，需要统筹考虑、扎实推进，通过科学规划、制度保障实现可持续发展。应抓住经济全球化向纵深发展和第三次工业革命的机遇，发挥“后发优势”，以全球视野和超前思维迎接挑战，创新发展动力，完善制度，加大执行力度，实现经济社会的可持续发展。

4.3.1 完善生态文明法律法规，创新绿色发展体制机制

一是健全生态文明建设的法规体系，加强法治建设。修订现有法律法规，清理与生态文明建设冲突的法规和条款，解决不同法律之间相互冲突、脱节、重复、罚则偏软等问题。把我国改革发展过程中形成的有效措施和有益经验上升为法律。建立严格的监管制度，建立健全国家监察、地方监管、单位负责的权威、高效、协调的监管体系。加强法律监督、行政监察、舆论监督和公众监督。加大违法行为查处力度，解决有法不依、违法不究、执法不严以及“违法成本低、守法成本高”的问题。

二是加快推动体制机制创新。宏观经济管理部门应强化绿色职能、弱化经济职

能，将市场能办的事情还给市场、社会能办的事情还给社会团体，解决政府越位、缺位、错位问题，从重点管项目、管投资向强化绿色发展职能转变；深化投资体制改革，调整和规范中央与地方、地方各级政府间的关系，建立健全与事权相匹配的财政体制。

三是充分发挥市场机制，加快合同能源管理，水权、矿业权、排污权和碳排放权交易等试点工作，建立健全污染减排长效机制，完善环境资源价格形成机制，盘活污染物总量指标，促进经济与环境协调发展；建立健全配套政策和制度，加强政府和社会监管，达到市场手段的预期效果。

4.3.2　推进绿色技术和金融创新，建设绿色经济政策体系

绿色技术和绿色金融是驱动绿色发展得以实现的“双轮”。一方面，要构建市场导向的绿色技术创新体系。充分发挥市场在绿色技术创新、路线选择及创新资源配置中的决定性作用，强化企业绿色技术创新的主体地位，强化绿色技术创新人才培养。更好地发挥政府的引导、服务和支持作用，建设一批绿色技术创新公共平台，促进绿色科技资源共享；强化标准引领，推进绿色技术标准、绿色产业目录的制定与完善；健全完善政府绿色采购制度，引导和放大绿色创新技术成果运用空间。另一方面，要大力发展绿色金融体系。从硅谷的经验来看，金融对新兴技术产业的孕育、发展、壮大发挥了极为关键的外部作用。绿色金融是绿色技术创新和绿色产业发展的桥梁，要完善绿色信贷、绿色债券、绿色基金、绿色保险的相关政策，出台各项配套政策支持体系，统一绿色金融标准体系，建立多层次的绿色金融市场组织体系，丰富绿色金融产品体系，完善与规范绿色金融监管体系，建立绿色金融统计信息数据库，健全环境信息披露制度，优化绿色金融发展环境，明确和强化金融企业的环境责任，引导社会资金向绿色技术和绿色产业集聚，充分发挥金融服务绿色发展的作用。

绿色经济政策体系从根本上为我国经济社会发展的绿色转型提供了至关重要的基础保障。一是完善经济政策，积极实施促进主体功能区建设的财税、投资、金融、产业、土地等政策，加大对农产品主产区、中西部地区、贫困地区、重点生态

功能区、自然保护区等的公共财政转移支付力度，增强限制开发和禁止开发区域的政府公共服务保障能力。二是增加对绿色产业的政策扶持，支持鼓励类产业加快发展，控制限制类产业的生产能力，加快淘汰落后产能，积极推进国家重大生产力布局规划内的资源保障、项目实施，消除实践中存在的政策障碍。三是深化价格和收费政策改革，重点解决资源性产品的价格改革问题，建立反映市场供求关系、稀缺程度和环境损害成本的价格形成机制。推行用电阶梯价格，实行惩罚性价格。完善城镇生活污水、垃圾处理收费政策，保证环保设施正常运行。全面推行燃煤发电机组脱硫、脱硝电价政策。四是建立更加绿色友好的财税政策，针对符合绿色低碳循环发展理念的经济活动，实施“以奖促治”政策，继续实施节能节水环保设备、资源综合利用税收优惠政策。

4.3.3 推进能源生产和消费革命，构建低碳发展经济模式

能源生产和消费的变革是应对气候变化、实现低碳发展的根本举措。一要实施能源消耗总量和强度“双控”。继续深化重点领域节能，实施工业能效赶超行动，在重点耗能行业全面推行能效对标；实施建筑节能先进标准“领跑”行动，编制绿色建筑建设标准，推广节能绿色建材、装配式和钢结构建筑；在交通运输领域推广节能汽车、新能源汽车、液化天然气动力船舶等，推进交通运输智能化与绿色化的融合。持续完善能源消耗总量和强度“双控”政策，强化各项“双控”措施的具体落实。二要积极推进能源结构调整和优化。加快非化石能源发展，水电开发要统筹好与生态保护的关系，发展风能、太阳能要坚持分布式和集中式并举，严格实施开发建设与市场消纳相统筹，因地制宜地广泛开发生物质能，推广利用地热能、海洋能等其他可再生能源。逐步降低煤炭在能源消耗中的比重，增加清洁能源和可再生能源的比重，大力推动全国范围内的煤炭清洁高效利用，加快建设清洁的煤炭利用体系。三要促进节能与新能源的技术创新、升级和推广应用。推进能源技术与信息技术的集成整合，加强能源系统优化集成与优化配置。研发特种金属功能材料、高温超导材料、石墨烯等关键材料，发展海上能源开发利用平台、燃气轮机、智能电网输变电设备等关键装备，加快研发工业锅炉、电机系统、余能回收利用等领域的先

进节能技术装备，鼓励开发绿色照明、绿色家电、绿色建材，大力开发节能监测技术。

4.3.4 推进资源节约和循环利用，形成循环链接系统

资源节约和循环利用不仅要挖掘废物资源化的潜力，还要从资源利用方式和循环发展模式着手，构建企业—园区—行业不同层级的循环经济产业链条，完善城市循环发展体系并强化保障制度供给。

第一，构建循环型产业体系。实现企业循环式生产，推动企业实施全生命周期管理，选择重点产品开展"设计机构+生产企业+使用单位+处置企业"协同试点。推广减量化（Reduce）、再利用（Reuse）、资源化（Recycle）的"3R"生产法，研究发布重点行业循环型企业评价体系。按照"空间布局合理化、产业结构最优化、产业链接循环化、资源利用高效化、污染治理集中化、基础设施绿色化、运行管理规范化"的要求对园区进行规划、布局和改造，构建循环经济产业链，提高产业关联度和循环化程度。在冶金、化工、石化、建材等流程制造业间开展横向链接，推动不同行业的企业以物质流、能量流为媒介建立跨行业的循环经济产业链。

第二，完善城市循环发展体系。进一步挖掘"城市矿产"，推动废钢铁、废有色金属、废塑料、废橡胶等可再生资源的集中拆解处理、集中污染治理，合理延伸产业链。探索逆向物流回收、线上线下融合的回收网络等模式；开展太阳能光伏组件、动力蓄电池、碳纤维材料等新品种废弃物的回收利用示范。加快建设一批资源循环利用示范基地。加强城市低值废弃物的资源化利用，推动餐厨废弃物、城镇污泥的无害化处理和资源化利用，推动产业废弃物的循环利用，支持再制造产业化、规范化、规模化发展。推动生产系统和生活系统的循环链接，鼓励城市生活垃圾和污水处理厂的污泥能源化利用；推动生产系统协同处理城市及产业废弃物示范试点建设。推进循环经济示范城市（县）建设，以京津冀、长三角、珠三角、成渝、哈长等城市群为重点，构建区域资源循环利用体系。

第三，推行生产者责任延伸制度，建立工业企业资源利用及污染排放的信息公开制度，建立再生产品和再生原料推广使用制度，完善一次性消费品限制使用制

度，深化循环经济评价制度，强化循环经济标准和认证制度，推进绿色信用管理制度，完善循环发展的制度环境。

4.4 培育和壮大绿色低碳循环发展产业

党的十九大明确提出以“壮大节能环保产业、清洁生产产业、清洁能源产业”作为建立健全绿色低碳循环发展的经济体系的主要抓手。近年来，党中央、国务院高度重视这三大产业，出台了一系列政策措施，推动相关产业快速发展，产业结构持续优化，技术和服务模式创新加速，市场主体日趋多元，供给质量不断提高，呈现出勃勃生机。

4.4.1 国际经验和发展趋势

美日欧等工业化先行国家和地区在完成工业化和城镇化的进程中，先后经历了经济发展带来的环境公害、能源紧缺和气候变化风险等生态环境危机。在治理过程中，绿色产业逐步发展壮大，并从被动应对向主动布局转变，经历了从治标到治本、从末端到全过程、从单纯的污染治理到产业和能源的结构调整。借鉴和参考发达国家和地区绿色产业发展经验及国际发展趋势，对于探索壮大我国绿色产业的机制和路径、提升国际竞争力具有重要意义。美日欧等发达国家和地区仍是当前全球绿色产业市场的主导者，掌握了大量绿色科技的尖端核心技术专利，并试图通过绿色贸易壁垒和技术壁垒来主导全球新经济的游戏规则。

1.严格的法规制度体系创造了活跃的市场需求

一方面，发达国家开展节能环保改造、实施清洁生产、利用清洁能源这些措施有较强的外部性，通常具有经济效益差、社会效益好的特点，特别是在产业发展的初始阶段，企业自发开展的动力普遍不足，通过国家强有力的法律法规明确企业的节能环保义务，对其资源节约和污染物排放进行规范和约束，可以刺激形成绿色服务市场的强劲需求，从而有力地带动了绿色产业的发展。

美日欧等发达国家和地区构建了完善的生态环境治理法制体系，明确了社会各个主体的生态环境法律责任。如美国于1972年颁布了《清洁水法》，强制要求所有城市的污水达到二级处理排放标准，进而带动了全美水污染控制投入的大幅增长。1972—1989年，美国联邦政府对城市污水处理投资了560亿美元，加上地方政府的支出，总投资超过1 280亿美元；工业部门的污水处理从1973年投入的18亿美元增长到1986年的59亿美元，此间的总开支超过570亿美元。1970年，美国又颁布了《清洁空气法》（CAA）并历经了3次修订，使环境空气质量标准和污染源排放标准逐步加严，配套的监管制度和经济处罚措施的力度较大，有力地推动了美国清洁空气技术升级和产业规模化扩张。1975年以前，美国环保产业的产值年增速在5%以下，1975—1990年的年增速达到10%～15%，远超同期的GDP增速。德国1994年制定了世界首部《循环经济与废物管理法》，催生了本国废物管理和回收市场的繁荣与发展，2013年其废物管理和回收市场总额约为170亿欧元。欧盟的汽车排放法规也日益趋严，2015年以德国、法国、英国、荷兰等为代表的7个国家先后出台了禁售燃油车计划，最早将从2025年开始禁售燃油车。这些计划直接促进了这些国家新能源汽车行业的快速发展，欧洲新能源汽车销量年复合增长率[1]达109%。

另一方面，发达国家法律法规的落实有严谨的体系保障，法律标准详细、可操作性强，执法严格、处罚严厉，推动了政府和企业环境治理投入力度的加大。美国现有环境法律法规共120多部，涉及环境保护的各个领域，从污染物的界定到污染物的标准和执法程序都进行了极其详细的说明，可操作性强。例如，《清洁水法》全文400多页，详细规定了工业和市政污水排放的水质标准和执法措施，还规定了污水处理设施的资金使用。韩国政府于2003年制定的《废弃物再生促进法》规定了建设工程义务使用建筑垃圾再生产品的范围和数量，明确了未按规定使用建筑垃圾再生产品将受到相应处罚。欧美国家普遍对环境违法的处罚十分严厉，一次或两次重大的污染行为就可能让企业面临破产的风险。2007年10月，美国电力公司因生产造成的酸雨污染了环境，被美国国家环保局、8个州政府和10余家环保组织提起集

[1] 年复合增长率指在较长特定时期内的年度增长率，可摒除短期因素影响的大幅波动，更能反映未来的增长趋势。

体诉讼，法院对该企业开出了46亿美元的天价罚单。2016年10月，大众汽车被曝出排放数据造假，为此前后累计支付的罚款超过240亿美元。巨额的环境污染罚款形成了对污染企业的有效震慑，促进了污染企业的自我革新。

2.政府引导与市场机制有机结合形成良好的发展环境

在政策激励方面，各国政府利用财税、补贴、价格和绿色金融等各种政策手段，引导企业主体加大对绿色技术和装备的投入，倾斜性地支持绿色产业的发展。例如，美国政府对综合利用资源的企业减免所得税，对购买循环利用设备的企业免征销售税，对市政污水处理和固体废物处理工程等公共事业完全免税；2005年出台的《能源政策法案》向电动汽车和清洁煤技术提供了140亿美元的税收减免，向能源企业节能工程提供了146亿美元的减税额度；2009年提出的旨在应对金融危机的《美国复苏和再投资法案》为一系列新能源项目提供了规模空前的资助和税收优惠，据估算，其直接和间接的资助总额实际上超过1 000亿美元。此外，美国还采用低息贷款、债券、基金、股票等多种投融资政策解决环保企业融资难的问题，如加利福尼亚州建立的清洁水滚动基金在1987—2001年陆续为10 900个清洁水项目提供了343亿美元的低息贷款；饮用水和污水处理两个领域的项目建设资金约85%来自市政债券融资。日本的太阳能发电设备在20世纪90年代政府补贴政策的刺激下得到快速普及，第一阶段的补贴力度达到初装费用的45%，2012年实施的可再生能源补贴政策又带动了光伏产业新一轮的高速增长。德国对未处理利用的建筑垃圾按每吨500欧元的标准征收处理费。

在市场机制方面，政府鼓励应用第三方环境治理和绿色采购等商业化手段，为产业的健康发展构建了良好的市场环境。发达国家纷纷推行环境污染第三方治理模式，提高了污染治理效率并推动了环保产业的快速发展，同时还便于环保部门监督管理。例如，法国应用第三方治理模式推动水务运营的市场化，吸引了大量私人资本的涌入，催生了苏伊士和威立雅这两大营业收入达千亿元级规模的国际水务巨头企业。美国、加拿大、日本等发达国家通过制定法律规定政府优先采购环境认证产品，推动了绿色节能产品的开发与生产。例如，美国1993年决定只采购“能源之星”产品；日本自1994年鼓励绿色采购至今，全国有83%的公共和私人组织实施了绿色采购。

在产业主体方面，发达国家鼓励多元化主体参与绿色产业，利用龙头企业引领公用事业，支持小企业提供外部服务和其他细分领域以活跃市场。一些具有技术、资金、管理优势的大企业采用并购手段进行扩张，提高了行业的市场集中度，诞生了一批业务集中在固体废物、水务等公共领域，年营业收入达100亿～1 000亿元的国际环保巨头企业。欧洲把众筹集资平台广泛应用于可再生能源领域，使大型开发商、居民、私营基金都可以投资可再生能源项目，形成了强有力的项目生态系统。美国依靠开发商、税务投资人和用户推动分布式能源市场的发展，推行屋顶光伏发电以租代售模式，获得了巨大成功。2013年，太阳能成为美国第二大新增电力来源，占新增电力装机的29%。同时，活跃的中小企业也是绿色产业的重要组成主体。在德国工商注册的环保企业达1.1万多家，近80%是研发和知识密集型的中小企业。

3.科技创新是推动绿色产业发展的关键支撑

发达国家始终以市场导向的绿色技术创新为主线，加大研发投入，重视科研成果转化，为绿色产业的增长提供了持续动力。美国的环境技术研发经费一直维持在全社会研发总经费的9%左右，环保产业研发成果转化为专利或技术许可证的比例高达70%以上，强大的科技创新能力使美国成为目前世界上最大的环保技术大国。德国将技术创新和技术输出作为绿色环保产业的发展主线，其绿色产业有望在2020年超过传统的汽车和机械制造业。芬兰提出以环保产业立国的发展蓝图，现已拥有1 300多家环保企业，环保技术和研发能力跻身世界领先水平。

新兴技术的交叉融合不断激发绿色技术创新，开拓新的市场空间，带动了绿色产业的大发展。随着分子技术、生物技术、新材料技术、信息技术、云计算和大数据等在环保领域应用的不断拓展和深入，发达国家突破了一批环境质量改善的关键治理技术和管理技术，促进了环境质量监控、预警和环境风险防控技术的创新发展。例如，分子生物技术的应用极大地推进了环境监测、污染防治和生物修复等领域的产业发展；无人机平台技术、环境传感器技术、环境遥感技术的不断成熟奠定了构建“天空地”一体化环境监测网络体系的技术基础；物联网、云计算、人工智能等在创新发展中融合了能源技术，引发了构建全球能源互联网的创新探索，以“智能电网+特高压+清洁能源”为特征的全球能源互联网的发展推动了全球清洁能源的大规模开发和能源革命。

通过颁布绿色产业研发创新的刺激计划和行动路线图，发达国家为绿色技术的创新孵化创造了良好的政策环境。日本于2006年颁布了《环境研究和环境技术开发的推进战略》，2007年又制定了《21世纪环境立国战略》，将环保技术同电子技术和汽车技术并列为该国三大先进技术。欧盟提出“地平线2020”（Horizon 2020）科研创新计划，在2014—2020年通过支出153.5亿欧元的预算支持清洁能源、绿色交通、应对气候变化、环境保护、资源效率等与绿色产业相关的技术研发创新，占整个“地平线2020”计划总预算的20%。2018年5月，欧盟首脑非正式会议通过了《新的研究和创新议程——欧洲塑造未来的机遇》报告，提出把人工智能和循环经济作为欧洲保持世界领先竞争力的重点领域，未来要加大对这两个领域研究和创新的投资，争取新的国际竞争优势。美国国家环保局创立了环境技术验证（ETV）项目，通过公私合作来评价环境技术的性能，促进了环境新兴技术的产业化应用，大大加快了环境技术进入市场的速度。

4.全过程、综合性生产服务逐步成为绿色产业的主流发展业态

国际绿色产业的发展经历了从污染治理到源头预防、过程综合管控和区域整体协同的转变。20世纪五六十年代，发达国家的绿色产业起步于末端治理领域，到90年代达到成熟发展阶段。进入21世纪后，环境治理向产业链上下游延伸，绿色产业逐步扩展，覆盖了绿色生态设计、清洁生产、绿色产品、资源回收、逆向物流、新能源和应对气候变化等领域，实现了第二轮快速成长。例如，美国在20世纪90年代以后迎来了新能源开发、清洁生产等领域的快速崛起与增长；欧盟推行“防治结合、区域联动”的治理模式，使其成为发展绿色产业、推广绿色创新的重点方向。

单一服务商正逐渐向综合服务型企业转变。综合型服务商大量涌现，服务内容由设备供应、工程改造拓展为为用户提供诊断、设计、融资、建设、运营等“一站式”全方位服务。例如，美国的ABM工业公司由原来以设施管理服务为主拓展为向用户提供建筑节能降耗和工程改造，成为北美最大的综合设施服务提供商；TRC

公司由一家管理咨询公司拓展到业务覆盖环境、能源、基础设施等几大领域的管理咨询、工程设计和施工综合服务提供商。国际水务巨头威立雅、固体废物处置巨头WM、监测巨头丹纳赫都是在单一领域发展壮大后，通过收购兼并最终成为综合型环境服务提供商的。

5.广泛的社会参与成为绿色产业发展的重要催化剂

公众绿色意识的觉醒和对权利的诉求促使各国政府加强了环境信息公开，同时社会舆论监督对环境污染事件和企业行为形成了强约束，倒逼产业向绿色转型升级。国际上目前已经形成了较为完善的环境信息公开制度，通过专门立法规定环境信息公开主体及其义务和责任，采用主动公开、被动公开相结合的方式，让公众更多地成为环境决策和生态治理的参与者和监督方。发达国家从立法阶段就要求进行全民公示，允许普通民众对规章制度建言献策。例如，法国就国家应对气候变化立法进行了全民大讨论，在国家利益与国际责任冲突、短期利益与长期利益冲突的问题上凝聚了全国人民的共识；美国建立了完善的流域数据管理体系，用户可以从网上方便地查看全国所有监测断面的水质数据，以便及时了解自己居住区域的水质情况。

绿色消费理念和习惯深入人心，对绿色产业的发展形成正反馈。20世纪80年代末以来，全球绿色消费运动开始被国际社会所接受，成为公众广泛参与生态环境保护的方式，绿色消费观也应运而生。据调查，有82%的德国人和62%的荷兰人到超市购物时会优先考虑环境保护问题，66%的英国人愿意花更多的钱购买绿色产品，80%以上的欧美国家消费者愿意为环境清洁支付较高的费用，从而使绿色消费大有可为。

4.4.2 我国存在的问题及与国际先进水平的差距

1.我国部分前沿技术与国际先进水平存在差距

近10余年来，我国生态环境科技发展显著加速，与发达国家的整体水平差距明显缩小，技术产业化水平不断提升。随着“大气十条”“水十条”“土十条”的颁布及污染防治攻坚战的实施，我国成为全球生态环境技术发展和规模化技术应用最为快速的地区。2019年第六次国家技术预测的调查显示，与第五次国家技术预测（2016年）相比，整体技术差距由10～15年缩短为5～10年；领跑技术由10%增加到16%，并跑技术由35%增加到47%，跟跑技术由55%降至37%。技术产业化占比由第五次的37%提升到50%，其中，水、大气子领域的技术产业化比例最高，达70%～80%；生态子领域中有62%的技术处于中试阶段，而交叉方向技术则主要处于实验室阶段，达到58%。然而，我国绿色低碳循环发展的产业水平与国际先进水平仍然存在差距，总体资源利用效率低、核心装备依赖进口、产品多处于国际产业低端。工业领域节能减排技术大部分处于国际平均水平，甚至落后水平。科技开发明显低于产品、装备方面的开发，尤其在流程工业生产工艺优化和中低温余热余能回收利用、高温冶金炉渣和烟气显热回收利用、能量流网络及能源高效转换集成以及主要污染物削减等领域仍缺乏先进、有效的技术。高效再生和安全处置技术缺乏，各类资源的回收利用率低于发达国家水平，资源化过程中的材料利用率和经济价值不高。我国废旧电器的材料回收利用率不到40%，而发达国家则超过75%。废旧集成器件仍以整体破碎为主，造成金属树脂混杂度高，难以净彻分离和原级利用；70%以上的先进拆解装备仍需从发达国家或地区进口，技术装备整合及智能化集成能力薄弱；复杂废料协同处理与综合利用技术装备比较欠缺，多数仍停留在以回收少数贵金属为主，多金属综合回收和精深利用水平仍有较大提升空间；再制造技术以机械性能修复为主，难以适应大型装备工况环境复杂和机电一体化再制造升级的实际需要。

2.适合我国复杂产业要求的特色技术支撑不足

与世界一些国家相比，我国产业的体系和门类相对完善且规模较大，所需技术体系的复杂程度世界罕见，存在国外既有技术体系无法有效适用的领域，需要逐步建立覆盖我国产业体系、适应我国资源能源消费需求的绿色低碳循环技术体系。一是我国部分特色大宗工业固体废物利用率低，现有技术所得的综合利用产品品质差。近年来，我国工业尾矿产生量均在10亿t左右，综合利用率不足30%，而赤泥、碱渣、磷石膏、重金属尾矿等历史堆存量居高不下。粉煤灰综合利用以制备建筑材料为主，虽然利用率达到86%，但是其中的铝、钙等资源都没有得到合理利用，造成了资源的浪费。目前，我国堆存的磷石膏达3亿t以上，每年磷化工产生的磷石膏可达8 000万t，但利用量仅为2 000万t，利用率只有25%。二是我国城镇固体废物收集结构单一、源头分类水平低，智能化收运和回收利用技术局限于特定区域和种类，收运设备利用率低、二次污染严重。我国的生活垃圾仍然以混合收集为主，因其含水率和易降解有机物含量较高而限制了后续再生资源回收及能源化、资源化利用的效率和品质，垃圾资源化利用率整体上不到50%。建筑废弃物尚未具备精细化分离的技术支撑，资源化率不足10%。三是工业窑炉协同处置技术开始起步，但可处置的燃料/物料种类少，水泥窑协同处置城市生活垃圾等燃料替代率不足0.1%。

3.绿色低碳循环技术成果的产业转化和国际竞争力较低

技术成果转化率较低是目前阻碍我国绿色低碳循环技术发展的重要因素。我国每年有省部级以上的科技成果3万多项，其中能够大面积推广并产生规模效益的仅占10%～15%（发达国家科技成果的转化率约为40%）。我国每年的专利技术有7万多项，但专利实施率仅为10%左右。每年3万多项科技成果中能产生规模效益的仅为3 000～4 500项，7万多项专利技术中能够实施的约为7 000项，一些“国内首创”甚至“国际领先”的技术成果都被束之高阁。而国际上，美国、日本等发达国家的企业在技术专利数量上一直保持领先，其国内高校、科研院所、企业的技术研发能力在逐步增强，但我国拥有的核心技术与国外差距较大。2001—2012年，美国和日本的核心专利数量分别占世界的36.4%和34.7%，而我国仅为2.6%。我国环保装备制造业发展迅速，但行业创新和国际竞争力仍亟待加强。我国环保装备领域的专利成果数量连续多年位居世界第一，企业的技术创新能力逐步提升，部分大气污染防治装备已经达到国际领先水平，环境监测仪器仪表等技术水平和产业供给能力均实现了快速提升，但环保行业整体上创新能力仍然不强，专利技术成果转化率较低，产品低端同质化较为严重；核心元器件、原材料仍然存在“瓶颈”，制造加工的标准化、智能化水平偏低，如固体废物资源化领域有50%以上存在不同程度的核心技术装备和关键零部件依赖进口的问题。

4.以市场为导向的技术服务体系不完善

“十二五”期间，我国加大了对建设绿色低碳循环技术服务体系的支持，并取得了显著成效，但是由于政府与服务体系中其他要素的互动关系尚未确立，政府与市场的职责划分仍不清晰，依然存在诸多问题。一方面，缺乏权威的技术信息传播、推广渠道。虽然国家发展改革委、工业和信息化部、科学技术部等中央部委以及省级政府相关部门均发布过多批次的各类技术推荐目录，一些民间机构和网站也开展了技术推荐工作，但技术目录的导向作用未达预期，远不能满足技术市场的需求。同时，新的技术设备层出不穷，市场对先进技术设备的需求也不断增大，市场化技术信息服务平台有待进一步健全。另一方面，缺乏权威的技术评估和认证程序。以《节能低碳技术推广管理暂行办法》（发改环资〔2014〕19号）为例，虽然该管理办法在节能技术的遴选和评价方面做出了相关规定并研究设立了相关指标体系，但是其可操作性依然不强。由于系统规范的技术遴选、评估和退出机制尚未建立，技术认定和评价工作尚未高效开展，一些效果较差的技术和设备在部分地区鱼目混珠。

4.4.3 培养和壮大重点绿色低碳循环发展产业

当前，绿色低碳循环发展产业正在不断孕育新技术、催生新业态、创造新供给，支撑产业转型升级，优化产业结构，提供生态产品，催生新的经济增长点，促进经济绿色、高质量发展。据估算，我国绿色低碳循环产业的市场空间可达几十万亿元，全球绿色产业的市场空间将更加巨大，能够大力培育绿色新动能，推动新旧动能顺利转换。

节能环保产业方面，一是围绕工业锅炉系统、电机系统、余热余能回收利用、公共机构和市政节能以及大中型用能企业的综合节能改造、自备电厂淘汰或节能改造、中低温余热利用、智慧节能服务等发展节能产业；二是围绕污染防治攻坚战研发先进适用的环保技术装备并推进产业化应用，推行以环境污染第三方治理、环境基础设施特许经营为代表的环保服务业。

清洁生产产业方面，一是在化工、冶金、建材等资源能源消耗高的行业形成一批污染物减排、节能节水降耗的工艺改进技术；二是研发传统产业绿色转型核心装备以及小型化、智能化的物料原位再生回用设备等；三是按照“空间布局合理化、产业结构最优化、产业链接循环化、资源利用高效化、污染治理集中化、基础设施绿色化、运行管理规范化”的要求对园区进行规划布局，构建循环经济产业链，提高产业关联度和循环化程度。

清洁能源产业方面，要持续扩大水、核、风、光、气、地热等清洁能源的生产消费规模，加强开发建设与输送消纳的协同，严格落实可再生能源电力全额保障性收购制度，加强清洁能源输送通道建设，扩大跨省（区、市）的互联互通。

生态循环农业方面，一是建立以绿色生态和资源循环为导向的农业政策体系，稳步增加对生态循环农业的投入，推进农业环境问题的第三方治理、专业市场化治理；二是推进实现农业生产过程的投入品减量化、生产清洁化、废弃物资源化、产业模式生态化；三是开展畜禽粪污资源化利用、果菜茶有机肥替代化肥、秸秆处理、农膜回收和以长江为重点的水生生物保护的农业绿色发展行动。

参考文献

[1] Pearce D W，Turner R K. Economics of natural resources and the environment [M] . Baltimore：Johns Hopkins University Press，1990.

[2] Mcevoy D，Gibbs D C，Longhurst J W S. The employment implications of a low-carbon economy [J] . Sustainable Development，2000，8 (1)：27-38.

[3] Jordan A. A climate for policy change? the contested politics of a low carbon economy [J] . The Political Quarterly，2001，72 (2)：249-254.

[4] Department of Trade and Industry (DTI) . UK energy white paper：our energy future-creating a low carbon economy [M] . London：TSO，2003.

[5] Sir Nicholas Stern. Stern review report on the economics of climate change [J] . World Economics，2006，98 (2)：1-10.

[6] H M Government. The UK low carbon transition plan：national strategy for climate and energy [M] . London：TSO，2009.

第5章

产业生态化转型与生态经济发展

XINSHIDAI SHENGTAI WENMING CONGSHU

5.1 产业生态化转型的内涵与途径

文明作为社会发展形态的综合体，其核心是经济发展模式。因此，生态文明需要生态经济发展模式的支撑，需要传统产业向生态产业的转型升级。继西方在20世纪六七十年代开始探讨生态经济和产业生态转型后，我国老一辈生态学家马世骏先生和许涤新先生等在80年代也陆续提出了生态经济、经济生态学和生态产业等概念[1-3]。就产业发展而言，他们强调产业发展不应仅是以经济效率为导向，还要考虑生态规模约束和生态承载能力，在政策设计上则强调污染预防和产业生态系统的因地制宜。近年来发展活跃的产业生态学则强调从物质代谢的角度发掘产业发展背后的更多图景和规律[4]。例如，产业生态学指出，支持产业发展的物质资源有相当一部分并没有进入社会经济系统，而是以“隐流”或“生态包袱”的形式直接回到生态系统，但这些“生态包袱”却引发了严重的生态问题[5]。因此，产业系统的生态化重组和演进不能忽视这些“隐流”和“生态包袱”的存在。

就产业生态化转型的实践而言，随着我国“世界工厂”地位的崛起，早在20世纪90年代初国内就开启了产业生态化转型的尝试，在各个层面都涌现了大量的实践案例及模式，包括企业层面的清洁生产，园区层面的生态工业园区、绿色园区和循环化改造，城市层面的城市矿山，区域层面的循环经济示范区和生态文明示范区等[6-8]。这些实践亟须产业生态转型模式的系统整理和凝练，同时也需要在生态文明的新时代发展格局下进一步深化探索新的思路和途径，建立“以产业生态化和生态产业化为主体的生态经济体系”。

产业生态化转型的内涵是将传统产业升级为生态产业，同时在发展机制和政策设计上遏制传统工业发展的无节制性和固有缺陷。所谓生态产业，应该具有以下4个特征：

一是在发展规模上，不能逾越环境和生态承载能力。具体而言，即在区域尺度上，生态产业需要在水、能源和资源需求方面以供定需，在环境排放方面考虑环境容量的限制；在全球尺度上，不能逾越地球的“行星边界”，也不能将地球生态系统置于生态失衡的风险中。

二是在产业形态上，需要建构具有符合“生产者—消费者—分解者”结构及功能特征的产业生态系统。例如，丹麦卡伦堡历经半个世纪的发展建立了以煤电—石化—生物酶加工—建材等为核心的产业生态系统，我国广西壮族自治区贵港市围绕甘蔗制糖建立了包含制糖—造纸—热电—畜禽养殖—水处理等在内的产业生态系统。

三是在生产力创新上，需要以资源生产率提升为特征的技术群的支撑，其中包括能源工业的可再生能源技术、化学工业的分子制造技术、装备工业的增材制造技术等；同时，还需要遵循减量化、脱碳化和去毒化的趋势，将产业运行建立在可持续能源和资源的基础上。

四是在生产关系创新上，生态产业需要解决以资本主义为核心的传统工业发展的无节制问题，建立新的分配机制、金融机制和商业模式，破解工业发展无节制膨胀的锁定问题。

产业生态化转型主要包括产业生态化和生态产业化两大途径。一般而言，产业生态化转型需要做好顶层设计和科学规划，化解产业经济系统与生态系统的传统界限，融合重组传统的产业链与生态链，统筹产业、基础设施和各类生产要素的协同与匹配，关注新的产业活动领域、价值创造过程和商业生态模式，将产业发展导向绿色、低碳、循环的高质量发展。

5.2 我国工业的产业发展格局及生态化潜力

工业系统作为一个复杂的系统，其内部要素之间存在众多关联，既包括直接的物质能量投入产出关系，也包括大量间接的相互作用，如企业的共同劳动力、知识、市场需求等。根据Hidalgo等在《科学》杂志上发表的论文，不同工业部门在同一区域的集聚现象间接反映的这种关联可以通过不同产业在同一地区的共现概率[1]构造一个抽象的“生产空间”复杂网络[9]。

[1] $\Phi_{ij}=\min\{P(IND_i/IND_j), P(IND_j/IND_i)\}$。

本节利用1998—2010年中国工业企业数据库，估计了40个工业二位数行业部门在县级尺度上的共现概率，构造了中国工业的“生产空间”，如图5-1所示[10]。图中每个节点都代表一个二位数行业部门，节点之间的边反映了两个行业部门之间的关联性。对1998—2010年县级行业部门的变化情况进行统计检验可以发现，工业发展存在显著的路径依赖现象，即一个区域的新增行业部门更有可能来自“生产空间”网络中与已有行业部门更为邻近的位置。工业的“生产空间”格局为研究区域产业演化提供了观察和比较的基础，可以为产业发展路径的规划与优化提供合理参考。

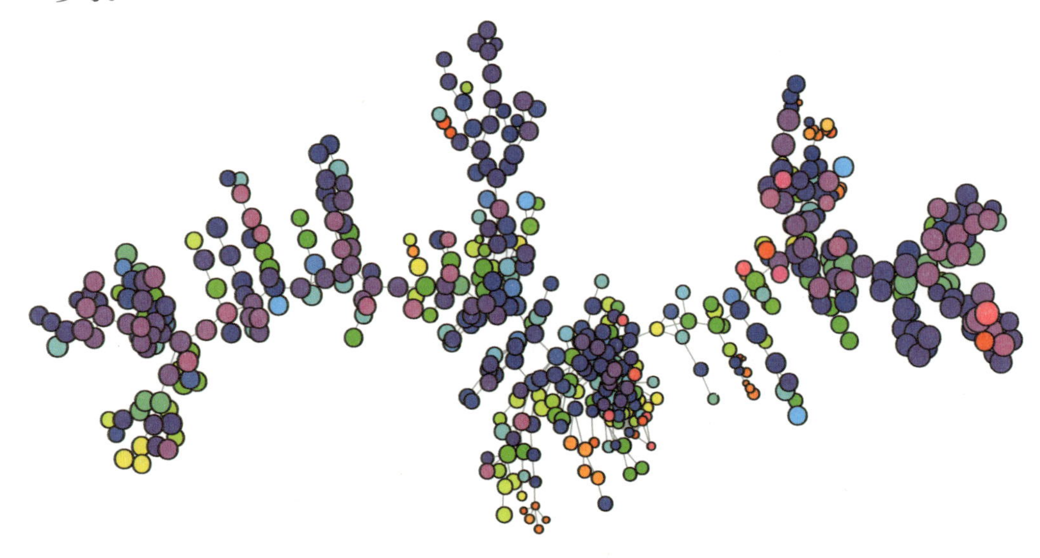

- 煤炭开采和洗选业
- 石油和天然气开采业
- 黑色金属矿采选业
- 有色金属矿采选业
- 非金属矿采选业
- 其他采矿业
- 农副食品加工业
- 食品制造业
- 饮料制造业
- 烟草制品业
- 纺织业
- 纺织服装、鞋、帽制造业
- 皮革、毛皮、羽毛（绒）及其制品
- 木材加工及木、竹、藤、棕、草制品业
- 家具制造业
- 造纸及纸制品业
- 印刷业和记录媒介的复制
- 文教体育用品制造业
- 石油加工、炼焦及核燃料加工业
- 化学原料及化学制品制造业
- 医药制造业
- 化学纤维制造业
- 橡胶制品业
- 塑料制品业
- 非金属矿物制品业
- 黑色金属冶炼及压延加工业
- 有色金属冶炼及压延加工业
- 金属制品业
- 通用设备制造业
- 专用设备制造业
- 交通运输设备制造业
- 电气机械及器材制造业
- 通信设备、计算机及其他电子设备制造业
- 仪器仪表及文化、办公用机械制造业
- 工艺品及其他制造业
- 废弃资源和废旧材料回收加工业
- 电力、热力的生产和供应业
- 燃气生产和供应业
- 水的生产和供应业

图5-1　中国工业“生产空间”复杂网络

在衡量一个地区的产业发展水平时，基于货币的核算指标（如工业产值或增加值）应用很广泛但也存在诸多弊病，基于产业部门类型的工业复杂性指标可以提供另一种视角的补充。根据Tacchella等[11]提出的工业复杂性计算方法，一个复杂的区域产业生态系统应当拥有多样化的工业部门，产出各种类型的工业产品；此外，最复杂的工业部门需要依赖大量其他工业部门的协同，因此只能存在于复杂性较高的区域之中。利用该方法可以计算出每个工业部门和每个区域的工业复杂性指标。对于我国而言，该方法识别出的最复杂的工业部门包括稀土元素采掘、核能发电、特种设备和仪器仪表制造等，最不复杂的部门包括水泥生产、煤炭洗选、谷物磨制等。地级市尺度上测算的中国工业复杂性地理空间分布如图5-2所示，工业复杂性高的区域主要分布在胡焕庸线以东，尤其是东部和南部沿海地区。

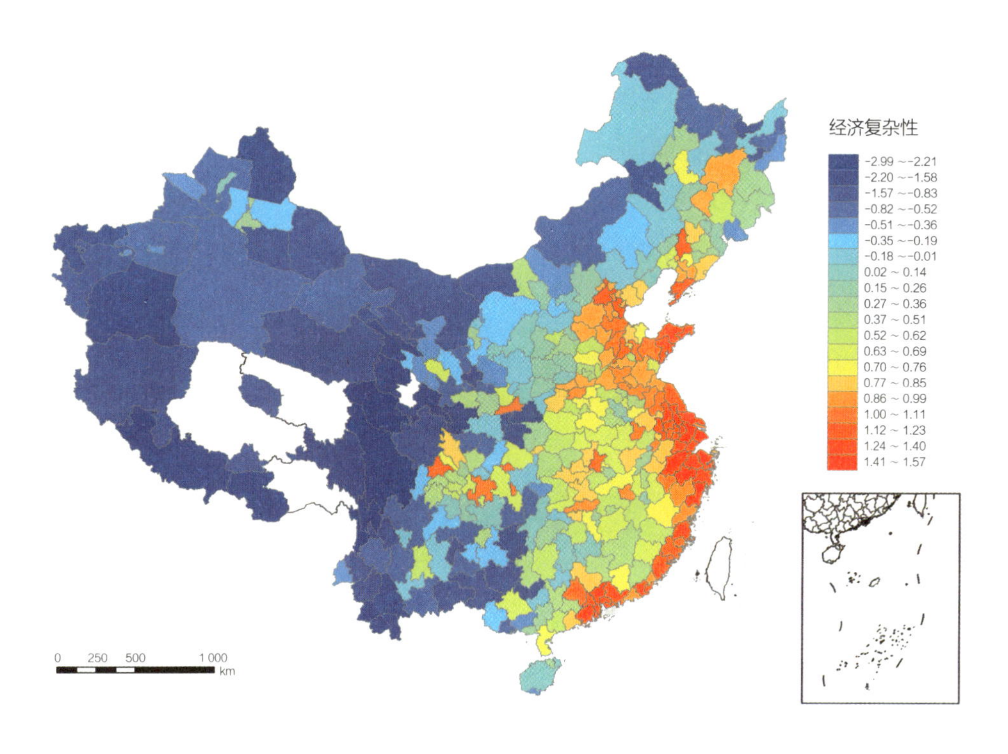

图5-2　中国工业复杂性格局（地级市尺度）

区域的工业格局直接影响着该区域的物质能源消耗与环境污染排放，是塑造环境格局的主要力量之一。同时，区域内相关产业部门的集聚为企业间交换副产品、废物以及实现基础设施的共同利用等产业共生奠定了基础，成为减少资源消耗和环境污染的一个重要途径。利用已有文献和Ecoinvent生命周期数据库可以识别近200种常见的工业部门间的产业共生关系，在此基础上，图5-3计算了市域尺度的潜在产业共生数量。中国现有生态工业示范园区大多分布在潜在产业共生数量较高的区域，该结果可以为未来的产业共生规划与示范提供有效的支持。

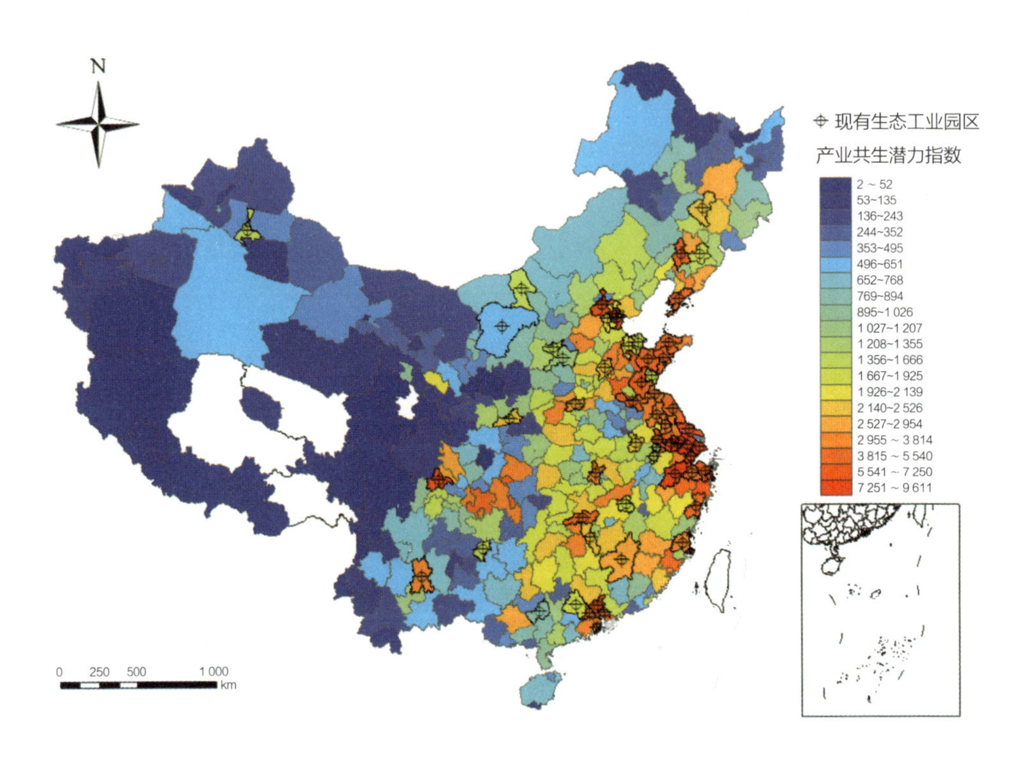

图5-3　中国市域尺度上潜在的产业共生数量

5.3 典型行业的生态化转型

5.3.1 造纸行业

造纸行业是能耗高、水污染严重的传统行业。从国家到地方都不同程度地对造纸行业的环境污染治理及清洁生产提出了要求，最初开始于末端治理，即对环境排放进行要求；2007年前后，国家出台了造纸行业清洁生产审核标准，从工艺角度对其进行环保优化；“十二五”和“十三五”期间，对造纸行业的污染排放、清洁生产等的规定高频出台，环保要求也越来越严，同时地方政府也依据本地条件出台了地方造纸行业污染物排放相关政策。

造纸行业承担着将自然界农林生态系统的纤维素资源进行工业化利用的任务。在原生浆制浆阶段，造纸行业以农业秸秆和林业木材为原材料提取纤维素以进行利用，因此制浆造纸是解决区域纤维素资源化利用的重要方式，是区域循环经济的有机组成部分。本地制浆结合外来商品浆造纸再进入社会经济系统使用，使一部分废纸作为废弃物进行填埋或焚烧，另一部分则用来制作废纸浆再用于造纸，从而再次进入社会经济系统循环，因此造纸行业也是废纸在社会经济系统循环再利用的重要方式，是循环经济的有机组成部分。典型的造纸行业产业共生体系如图5-4所示，其中主要的共生产业链为制浆→黑液→白泥→水泥；制浆→黑液→白泥→氧化钙→碱→制浆；制浆→黑液→白泥→碳酸钙填料→造纸；制浆→黑液有机质→燃烧→热电→制浆、造纸；制浆、造纸→白水、中段废水→沼气→热电→制浆、造纸；废纸→制浆→造纸等。

造纸行业所采取的主要生态化措施包括以下内容：

①产业/产品结构调整：一是鼓励原浆生产，强化造纸行业作为农业秸秆和林业废物纤维素利用的功能，在环保达标的情况下支持本地发展原生浆造纸；二是产品结构调整应因地制宜，服务下游的印刷包装物流产业，引导企业适当调整产品结构。

②加速技术进步与清洁生产：一是发展黑液高值资源化工艺，发展造纸黑液综合利用模式与方法，探究适合企业的黑液综合利用方式，探讨纤维素木质素分离技

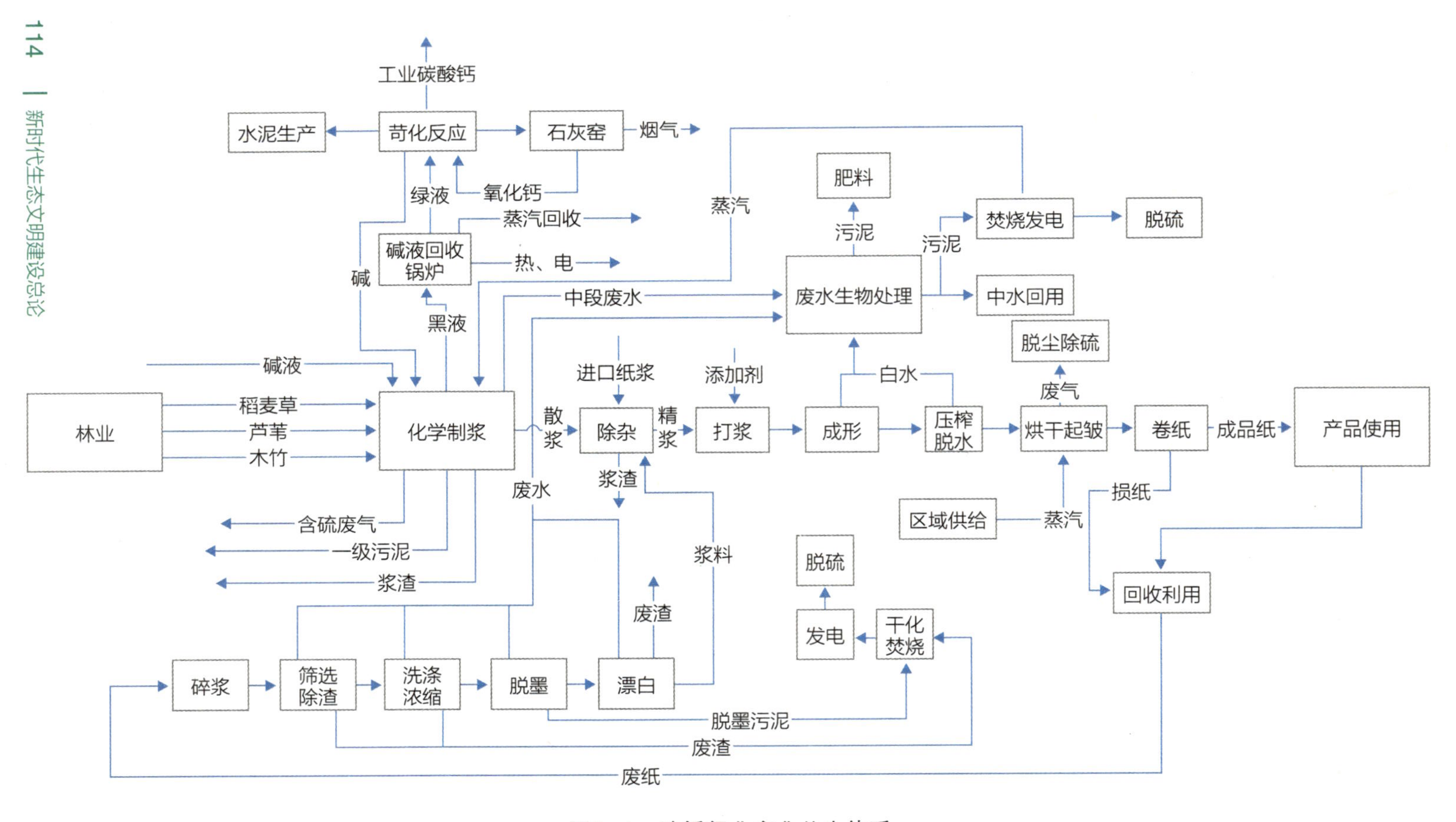

图5-4　造纸行业产业共生体系

术，推进造纸工艺的技术革新；二是提高能源使用效率，按照国家清洁生产评价指标体系设定能源消耗效率，以提高制浆及造纸环节的能源资源利用效率。

③强化末端治理与总量控制：提高造纸行业污染物排放标准，设定单位工业产值污染物排放强度。

④优化产业组织：一是进行产业组织调整，通过差别化电价和税收政策逐渐淘汰能耗高、排放高的产能落后企业；二是建立秸秆收储体系，由龙头企业牵头构建农户参与、政府推动、市场化运作、多种模式互为补充的秸秆收购模式，发展农作物联合收割、捡拾打捆、储存运输全程机械化，建立和完善秸秆田间处理体系，为草浆造纸企业提供优质原料；三是补贴秸秆造纸，根据《中国资源综合利用技术政策大纲》及其他有关文件，对制浆造纸企业以农作物秸秆为原料生产的产品给予税收优惠，税务部门采用增值税退税的方式支持现有草浆造纸企业在满足环保要求的条件下适当扩大麦浆造纸规模，构建草浆纸一体化造纸的循环经济模式，为本地农作物秸秆的资源化利用提供备选方案。

⑤促进产业共生：一是发展纸制品深加工产业，通过招商引资在园区引入印刷、包装等产业，发展纸质包装设计、装潢、制盒、印刷、制本等纸制品深加工产业；二是通过税费制度鼓励本地造纸企业开展印刷包装业务，延长造纸产业链，提升总体竞争力；三是以造纸企业为核心，引入纸加工企业，打造制浆、造纸、印刷、包装产业链，形成产业集群优势。

5.3.2 水泥行业

水泥行业是高能耗、高污染的传统行业。近年来，我国逐步制定了各工业行业的环境标准并推行了相应的环保政策，其中水泥行业尤甚。对于水泥行业环保标准的制定始于1985年，国家颁布了《水泥工业污染物排放标准》，此后分别于1996年、2004年以及2013年对该标准进行了相应的提升；1997年前后国家又针对水泥企业的能耗出台了相应规定，此后分别于2007年和2012年对该规定进行了提升；从2009年起，水泥行业开始清洁生产审核，从工艺角度对水泥行业进行环保优化，到2014年水泥行业的清洁生产评价指标体系正式建立。

在水泥行业自身发展方面，从产业生态系统的视角应将其定位为基础性工业与产业生态系统的“汇”，即发挥其基础建材与消纳废物的双重功能。具体而言，水泥行业在整个产业生态系统中处于一个十分特殊的位置，不仅是工程基础材料的“生产者”，又是许多工业废物和副产物的“分解者”及“使用者”，能够广泛地对各类工业废渣进行消纳，在产业系统中起到“汇”的作用，典型的水泥行业产业共生体系如图5-5所示。

在与水泥行业共生方面，采掘、电力为水泥的生产提供了重要的原材料和能源，同时水泥行业又消纳了大量的社会和工业废弃物，如脱硫石膏、粉煤灰、铁渣、钢渣、炉渣、污泥、塑料、废旧轮胎等。在消纳这些废弃物的同时，又生产出基础建设的水泥产品。

水泥行业所采取的主要生态化措施如下：

①产业/产品结构调整：一是淘汰落后产能。通过政策引导与市场化手段，全面淘汰落后产能。在过去淘汰落后产能工作的基础上，进一步提高淘汰落后产能的标准，对不能达到环保标准和能耗标准的设备进行淘汰或全面改造。对按时拆除纳入年度应淘汰落后水泥产能主体设备的企业，按相关政策给予补助，对未按时淘汰落后水泥产能的企业，质监部门不予换发新的生产许可证。二是控制熟料产量。从源头出发，限制熟料企业的年度矿山开采量，进而削减熟料产量，从而进一步控制水泥产量，缓解产能过剩情况。

②技术进步与清洁生产：一是进一步加强节能与环保改造工作，鼓励企业对现有水泥（熟料）生产线进行粉磨系统节能、变频调速等耗能设备技术的改造工作，并给予改造企业一定比例的资金支持；二是对于新型干法水泥生产企业，应推广高效减排技术与装备，全面完成脱硫脱硝设备安装与工程建设，实现熟料热耗及二氧化硫、氮氧化物等有害气体排放的大幅降低，削减大气污染物排放总量。

③强化末端治理与总量控制：一是进一步加大环保监督与惩罚力度，对水泥生产企业以及粉磨企业的单位产品开展年度或季度单位产品综合能耗审计与监督检查工作，依法处理违反强制性节能标准的行为，参照国家相关单位产品能源消耗限额标准执行差别电价、惩罚性电价政策；二是严格执行水泥行业大气污染物特别排放

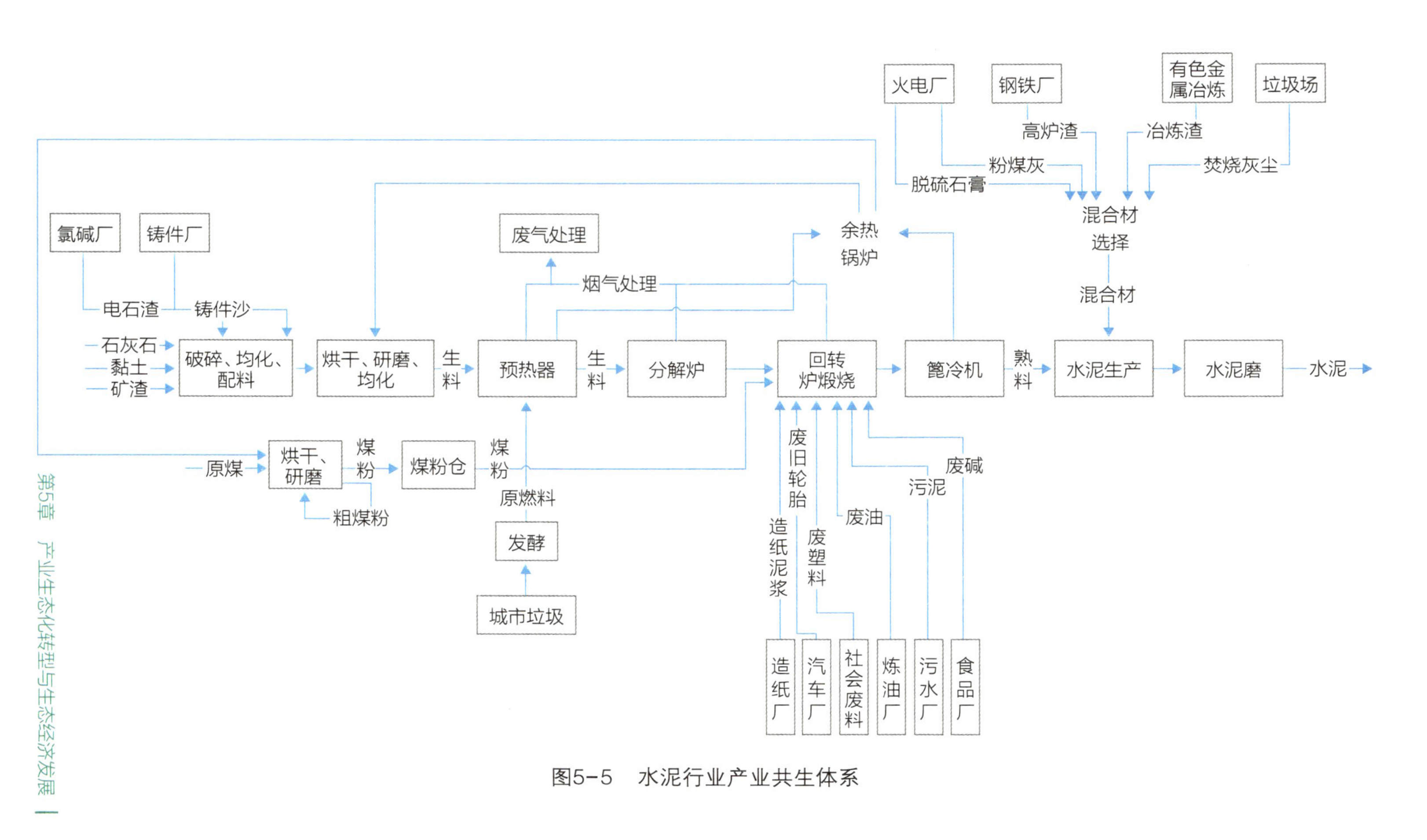

图5-5　水泥行业产业共生体系

限值，扩大水泥行业开展自行监测的企业范围，要求其进行24小时自行在线监测，并定期向社会公布企业污染物排放情况；三是对于污染物排放，尤其是总量排放达不到要求的企业，应采取停业整顿甚至关闭等严厉处罚。

④产业组织优化：一方面，产业整合和垂直一体化是水泥行业“后成长期”的必然选择。未来国内水泥行业的整合是大势所趋，应鼓励、主导企业加快兼并收购步伐，推进产业整合和垂直一体化。另一方面，要延伸龙头企业产业链条。引导大型水泥企业向预拌混凝土、预拌砂浆、水泥混凝土建筑构件和工程预制件、预应力混凝土管等方向延伸，向高端、高质、高附加值方向发展。在现有“熟料+水泥”模式的基础上，鼓励企业形成“熟料—水泥—水泥制品”一体化产业模式，重点开发标准化、模数化和通用化的预制混凝土构件生产系统，实现预制构件生产过程的能源节约化、大型混凝土构件的节段化和装饰混凝土构件的高品质化。积极拓展预制混凝土构件新的应用领域，以适应建筑产业现代化和新型城镇化建设的需要，最大限度地降低运输过程中造成的多余能耗与环境污染。

⑤产业共生措施：进一步推进利用现有水泥窑协同处置危险废物、城市生活垃圾和污泥等各类废弃物的项目，加快发展大宗固体废物综合利用生产水泥的新技术、新工艺和新装备。

5.4 典型工业园区的生态化转型

根据国家发展改革委等部门联合发布的目录，2018年我国国家级开发区有552家、省级开发区有1 991家，总数为2 543家，是全球拥有产业园区数量最多的国家。作为改革开放背景下的产物，工业园区从20世纪80年代起作为改革开放的“试验田”，到90年代作为外向型经济的“集中高地”，再到当前作为产业结构优化升级和区域经济发展的“助推器”，对我国的改革开放、体制创新、工业化、城镇化和生态化都产生了全面而深刻的影响，为我国成为世界工厂做出了巨大贡献[12]。

5.4.1　宁波经济技术开发区

宁波经济技术开发区依托港口和集各类开发区于一体的综合优势，已经建立起县域尺度上最为完备的制造业体系，形成了以石化、钢铁、汽车及汽配、能源、装备、造纸等为主体的临港产业集群和先进制造业集群，成为长三角和浙江省重要的制造业高地。宁波经济技术开发区围绕能源、石化、钢铁等支柱产业，着力引进补链企业，使全区的产业链、产品链和废物链体系逐步完善，整体提升了产业发展层次。宁波经济技术开发区主要有以下产业链：

一是石化循环产业链。宁波经济技术开发区始终坚持“装置大型化、产业一体化、建设园区化、技术高度化”的定位，以台塑石化、逸盛石化、新桥化工、宁波科元塑胶、海越新材料等为龙头企业，形成了以PTA、ABS、PVC等产品为源头，以能之光新材料等各类中下游企业为延伸的石化循环产业链。在产业链上既有垂直延伸性，又有横向扩散性；在物质关联上具有错综复杂的产业共生体系，能够实现生产装置互联、原料产品互供、副产品集中统一利用、输送管道互通、资源共享、上中下游协调联动发展。

二是钢铁循环产业链。宁波经济技术开发区依托北仑港这个国内规模最大的进口铁矿石中转基地以及宝钢国内领先的竞争力优势，建立了以宁波钢铁和宝新不锈钢等骨干企业为代表的钢铁产业链，以下游需求为导向，横向推进产品的多元化，加大钢铁工业与汽车工业、模具工业、船舶工业、建材工业和装备工业的配套联系。

三是能源生产产业链。宁波经济技术开发区建立了以火力发电为主体，风电、天然气发电为补充的能源产业体系，依托北仑电厂为区内95%以上的工业用户提供热蒸汽，形成了“电厂—粉煤灰、脱硫石膏—水泥、新型墙材”的产业循环链，同时利用电厂内污泥干化综合利用系统将来自岩东排水有限公司的湿污泥用于焚烧发电，通过宁波海螺水泥有限公司将电厂产生的固体废物和脱硫石膏制成建材。宁波经济技术开发区以北仑电厂为核心，实现海水循环冷却、发电余热回收、用粉煤灰作为水泥原料、用废弃脱硫石膏作为缓凝剂、用废渣制造新型建材的跨行业再利用循环链，每年产生的百万吨灰渣中有90%被宁波海螺水泥有限公司等20家企业用作新型建材原料，建造宁海西溪水库大坝的60%的材料来自北仑电厂的粉煤灰。

四是造纸循环经济产业链。宁波经济技术开发区形成了以宁波亚洲浆纸业有限公司为代表的以白板纸生产及加工为主的造纸业，将造纸流程由“资源—产品—废物”的单向直线型转变为“资源—产品—再生资源”的循环型，使造纸企业既是产品的制造者，又是清洁能源的转换者和社会废弃物的使用者，已形成了“废纸造纸—污泥焚烧余热发电—污水处理—中水回用—节能建材”这样的一整套循环发展新机制。

同时，宁波经济技术开发区还大力建设生态基础设施，积极探索区域循环经济发展模式，在重要资源和废弃物的循环利用领域取得了突破性进展，形成了开放式的“区域大循环”体系，重点构建了“三大循环网”：①水循环网，北仑区统筹规划水资源利用的各个环节，基本形成了“取引水→水厂、自备水站→生产生活用水→污水处理→再生回用→处理排放”的区域水资源循环系统，建成了浙江省最大的工业再生水工程——岩东再生水厂一期工程，铺设再生水管道12.6 km，日再生水生产能力达10万t，极大地提高了水资源的利用效率；②能源循环网，积极推进风力发电、太阳能发电、太阳能光热建筑一体化应用及生物质能等可再生绿色能源的开发利用，推动能源结构向清洁化方向转型；③废物循环网，积极推进工业固体废物及生活垃圾的收集、回收、处理和交易，形成了支撑区内废弃物、垃圾的无害化、资源化处理回用系统。

纵观宁波经济技术开发区制造业的发展历程，“十五”期间，完成了“点”上的产业集中，逸盛石化、台塑石化、宁波钢铁、亚洲浆纸和吉利汽车等龙头企业都是在这一时期落地的，建立了宁波经济技术开发区制造业体系的核心节点，也开启了“循环经济1.0”体系的建设；“十一五”期间，完成了由“点”到“链”的延伸与拓展，石化、钢铁、能源、汽车及装备业等主导产业围绕核心节点企业建立循环经济产业主链条，同时不同产业链条之间开始交联，“循环经济2.0”体系开始显现；“十二五”期间，沿着由“链”到“网”的方向推进，循环经济产业链条之间的交联更为紧密，能源、水、工业气体和废物循环等基础设施体系开始呈现网络化，同时产业链网和基础设施链网之间开始级联，立体化的“循环经济3.0”体系呈现；“十三五”期间，继续沿着由“链”到“网”的方向向纵深推进，循环经济体系由平面化走向立体化，同时智慧化在企业和园区两个尺度上都得到了重视和发展，展示出“循环经济4.0”体系的雏形。

5.4.2　苏州工业园区

1994年2月26日，中国和新加坡政府正式签署了《关于合作开发建设苏州工业园区的协议》，拉开了苏州工业园区开发建设的序幕。回顾其20多年的发展历程，苏州工业园区的建设和发展正是我国改革开放40多年的一个重要历史见证，其发展历程也是绿色发展理念逐步形成、绿色发展特色逐渐凸显、产业生态化日趋成熟的过程。

苏州工业园区的产业生态化经历了产业结构和治理结构等方面的系统变迁。园区早期发展的产业主要以劳动力密集型、资源能源密集型的纺织、造纸等行业为主。随着时间的推移，苏州工业园区的产业类型不断多样化，从污染密集型产业逐步过渡到以交通运输设备、专有设备制造、电气电子类设备为代表的清洁型产业，园区整体生产的复杂性和技术水平不断提升，园区产业正在充分利用行业间的产业链关系、劳动力需求和知识溢出效应降低引入新行业的成本，从而有助于提高区域产业效率和竞争力。目前，苏州工业园区形成了“2+3+1”的产业发展格局，即以电子信息、高端装备制造业为主导产业，生物医药、纳米技术、云计算为战略性新兴产业，大力培育和集聚包括金融、文化、外包、商贸、物流、会展、旅游等在内的服务产业。

经过20多年的发展，苏州工业园区在节能环保、低碳发展、生态建设方面成效显著，已经成为工业园区生态化转型的参与者、推动者和引领者。苏州工业园区产业生态化转型的主要做法及经验包括以下6个方面：

一是树立了世界级绿色园区的建设目标。苏州工业园区以打造中国开发区升级版、世界一流高科技产业园区、国际化开放合作示范区为建设目标，通过践行“创新、协调、绿色、开放、共享”的五大发展理念，全面推进区域经济、社会、政治、文化、生态的协调发展。

二是编制了“一张蓝图绘到底”的规划方案。规划引领对苏州工业园区的可持续发展作用明显，也成为最为突出的建设经验。园区自建立以来，始终坚持“规划先行”“先规划，后建设”的原则，先后制定了循环经济规划、生态文明规划、低碳经济规划等，为园区的绿色发展提供了顶层指导和全面部署。

三是打造了“产城融合”的一体化建设布局。苏州工业园区打破了区、镇规划局限，大胆地将周边乡镇定位成中新合作区的副中心，综合园区地貌、乡镇产业布局及教育、卫生、商业、文化等各方社会事业资源，将园区行政版图上的278 km^2统一按照城市标准与占地30%的中新合作区融为一体，从而为以工业集聚带动人口集聚、以人口集聚促进商业繁荣的“产城融合”发展模式奠定了良好的基础。

四是发展了循环型工业共生的产业体系。苏州工业园区按照生态补链原则引进了关联企业，构建了工业共生网络，促进了产业结构的生态化。通过强化园区招商体系中的“产业链招商、补链招商”理念，建设和引进了产业链接与延伸的关键项目。针对园区内电子信息、精密机械等产业密集的特点，按照“横向耦合、纵向延伸、循环链接”的原则，构建了多条以电子废弃物回收综合利用为主体的静脉产业链。

五是建设了绿色生态可持续的环境设施。借鉴新加坡“需求未到，基础设施先行”的理念，苏州工业园区通过超前建设高规划、高标准、高质量的基础设施来保障园区的运营，包括以“九通一平”为标准设计给排水系统、供热供冷设施、废弃物处理设施等环保基础设施，推行绿色建筑，建设智慧综合交通系统等，以保障区域一体化建设和可持续发展的推进。

六是建立了绿色智慧化的管理体系。苏州工业园区坚持生态红线区域保护、水环境管理、土地跟踪管理等标准化、制度化管理，通过绿色能力建设、重点企业绿色发展目标责任考核、鼓励企业参与绿色制造体系创建、绿色建筑推广、低碳社区试点带动了区域整体的绿色发展。通过构建能源、环保、交通等绿色智慧公共服务平台，加强了对绿色基础数据的收集和使用，利用“互联网+”、大数据、物联网等实现了园区绿色发展的智慧高效。构建了“政府—协会—企业”的扁平化绿色发展治理体系。园区的EHS协会、低碳协会、资源节约与能源管理协会等社会团体定期举办各类环保、安全、健康、节能方面的活动及培训，提供绿色发展的相关技术咨询服务，成为政府部门和企业之间推动绿色发展的有效服务平台和沟通桥梁。

5.5 产业生态化的挑战与对策

历经40多年压缩式的发展，我国已经成为名副其实的“世界工厂”，产业生态系统规模之巨大、形式之多样和变化之迅速是任何其他国家无法比拟的，这使我国工业演替的规模和环境规制的影响大大超出了以往微观管理的范畴。同时，信息技术的涌现和智能技术的普及也使宏观战略决策越来越困难。为此，我国要想成为绿色发展范式变革的引领者，就必须要清醒地意识到这次变革的重要性，在动态学习和适应中不断把握其特征和规律，促进产业生态化转型和高质量发展，赢得国际可持续竞争优势[13-15]。

5.5.1 产业生态化所面临的挑战

当前，产业生态化转型升级面临的挑战主要包括由工业产业本体复杂性带来的挑战（如产业生态系统的规模、嵌套与交联，全球化冲击下产业生态系统的自持性，智能化背景下产业系统与生态系统的融合）、由应对范式变化所采用方法复杂性带来的挑战（如商业保密数据上的产业共生与协同、产业生态系统的诊断与优化、基于大数据的整体决策）、由操作复杂性带来的挑战（如产业生态系统的鲁棒运行和生态创新）。

1.产业生态系统的规模、嵌套与交联

当前的工业体系已经是一个全球化的生产网络体系，历经了300年的发展已经演进成一个具有严格时序和定量依存关系的有机体。以我国为例，改革开放之初具有国际竞争力的产业主要是纺织服装业，随后白色家电、家居、电子产品、汽车和现代装备业逐渐进入国际市场并占据主流，如果其次序颠倒是不可想象的。绿色发展范式的变化要求产业实现生态化转型升级，但其升级路径在某种程度上是被锁定在一定的轨道和体系中的，要进行绿色产业跃迁一方面要重视这种路径的依赖性，另一方面要高度重视产业跃迁所需要的外部系统冲击，换句话说，对某些地方或某些产业的升级需要给予资金或政策的大力支持。

2.全球化冲击下产业生态系统的自持性

当前，产业竞争已经从单个企业的竞争发展到产业链之间的竞争，又进一步超越了企业和产业链的层面，上升到产业生态系统之间的竞争。然而，原材料、资本、知识、劳动力等生产要素以及产品本身都具有很大的全球流动性，在贸易争端等全球化冲击下，产业生态系统如何自持并持续发展是一个巨大的挑战。美国五大湖和英国中部制造业的空心化是源于全球化的挑战，日本、韩国和我国台湾地区电子产业的迁跃也是源于全球化，我国东部沿海纺织服装产业向内地和东南亚的转移还是源于全球化。这些产业的生态变迁不仅发生在原生产业领域，也发生在再生产业领域。例如，我国在前不久实施的废塑料进口禁令就导致我国沿海某些地区的再生塑料产业难以为继。

3.智能化背景下产业系统与生态系统的融合

随着大数据和人工智能技术的兴起，世界发达国家和我国都纷纷开始建设智慧工厂和智慧园区。以我国为例，就率先在化工领域开展了智慧化工园区的示范与推进工作，先后批准了上海化学工业区等19家园区进行智慧化工园区的创建工作，后又命名上海化学工业区等多家智慧化工园区为试点示范单位。然而，目前的智慧园区建设主要侧重于感知层、数据层的搭建和展示，对于模型层和决策层还有很长的路要走。同时，对于产业系统与自然生态系统的融合更没有深层次的探究，主要原因在于缺乏对产业发展导向的人工复合生态系统的理解。

4.商业保密数据上的产业共生与协同

绿色发展范式的转变需要多家企业、多个产业之间的共生与协同。然而，企业是处于竞争环境中的，其供应链信息、废弃物产生与排放信息以及污染防治成本等信息均具有商业价值，因此这在一定程度上阻碍了绿色发展范式的转变。例如，国际上有关生态工业园区建设的经验表明，相互信任和合作基础等都有利于促进产业共生网络的构建。换句话说，社会资本的积累会在一定程度上克服商业机密所带来的挑战。然而，对于大尺度产业发展空间而言，基于网络的社会资本积累本身就具有很大的挑战性。

5.产业生态系统的诊断与优化

大空间尺度和长时间跨度上的产业生态系统具有内在的演替规律及机制，但这并不影响我们对局部产业生态系统的有目的的调控。实际上，我国在生态工业示范园区、绿色示范园区和园区循环化改造中都强调了循环产业链的构建和优化，强调产业链延伸和补链项目的重要性。然而，对产业生态系统的诊断和优化是一项高度复杂的系统工程，需要系统理论、方法和工具的支持。如何开发有效的系统分析方法、工具和平台是一项挑战。

6.基于大数据的整体决策

在信息化和工业化深度融合的发展阶段，大数据、“互联网+”、智能制造等技术使基于共享的范围经济（长尾经济）的优越性越来越大，因此在我国制造业的转型升级中越来越重视“增量升值”的范围经济，并正在逐步用其取代规模经济，使其逐步成为工业的主流模式。例如，荷兰调查了77家中小企业之所以倾向于进驻生态工业园区，主要原因就在于它们可以获取更多的改进产品质量和开拓新市场的机会，而不是资源优化利用所导致的成本下降。随着企业层面上制造业大数据的积累，跨越企业层面的数据融合逐渐成为绿色发展范式转换的巨大挑战。

7.产业生态系统的鲁棒运行

鲁棒运行与产业生态系统的自持性是密切相关的，自持性是内在要求，而鲁棒运行则是操作上的挑战。所谓“鲁棒性”，是指控制系统在一定结构和大小的参数摄动下维持某种性能的特性。对于电网、交通等人工系统而言，鲁棒运行已经取得了长足进步并产生了许多成功案例。然而，对于与自然生态系统相融合的产业生态系统而言，其控制的结构和机理并不清晰。某些产业生态系统的生态环境后果可能需要长达数十年才得以显现，如塑料之所以在发明半个世纪之后才成为环境关注的热点，就是因为塑料废物的自然降解周期非常长（有些甚至长达数百年）。同时，产业生态系统往往具有非线性发展的特征，很可能出现“黑天鹅”或“灰犀牛”之类的事件。

8.产业生态系统的生态创新

绿色发展范式转换需要生态创新，但生态创新的挑战源于其内在的双重外部性。所谓双重外部性，是指生态创新不仅具有一般创新所固有的外部性，还具有环境这种公共品所带来的外部性。从创新企业视角而言，双重外部性就是传统的研发溢出问题和环境溢出问题。

5.5.2 产业生态化转型的对策建议

上述挑战表明，工业尤其是制造业的规模扩张和结构分化所引发的环境问题越来越复杂，单一层面的理念、知识、方法、工具等已不足以破解那些重大的难题，因而绿色发展范式变迁成为必然。现实中，传统的制造业发展模式在激烈竞争中获得发展的机会也越来越少，只有主动适应范式变革才能抢占更多的发展先机。

一是要顺应绿色发展范式转换对空间尺度的要求，以工业园区为重点，全方位地推进产业生态系统的绿色转型升级。以国家第一批建立的经济技术开发区之一福州经济技术开发区为例，可以观察到生态工业示范园区创建以来的绿色发展范式变迁。在过去的15年中，福州经济技术开发区经历了产业结构—行业结构—产品结构—技术结构多个尺度的全面升级。在产业结构方面，2004年开发区三次产业的比例为0.6：67.0：32.4，2007年工业所占的比例到达高点70.0%，2018年三次产业的比例调整为0.8：58.1：41.1，由此前的工业“单轮驱动”转变为先进制造业和现代服务业的“双轮驱动”，经济结构得到了很大的优化。在行业结构方面，开发区由最初的服装、机械等本土化产业转为光电信息产业，再转到新兴的更具爆发力的物联网产业，目前已经集聚了物联网企业156家（新认定了52家），拥有新大陆科技集团等上市企业18家，新三板挂牌企业18家。传统行业逐渐退出，新兴产业不断壮大，从而实现了园区整体行业的全面升级转型。在产品结构方面，开发区在2010年前后经历了由阴离子摄像管向液晶显示器的巨大转型，通过供应链配套产业体系的转型以及环保基础设施体系的升级，工业经济增长指标非但没有受到影响，反而带来了单位产值水耗和综合能耗等生态效率指标的大幅下降。因此，面对外部激烈的竞争环境和生态环境的压力，福州经济技术开发区基于自身特点，因地制宜地选择发展策略，走出了一条多尺度、全方位的产业生态化转型升级之路。

二是要顺应绿色发展范式转换对时间尺度的要求，以“两高一型”（高能耗、高污染、资源型）行业为重点有序推进产业的绿色转型升级。以山东省对造纸行业的转型升级为例，该省的造纸产量已连续近20年位居全国首位，约占全国的15%，但其化学需氧量（COD）的排放量仅占全国造纸行业总排放量的5%左右。这一经济与环境双赢效果的取得源于山东省对造纸行业的有序改造。山东省出台了《山东造纸产业转型升级实施方案》，按照“做强增量、调优存量、绿化环保、高效发展”的思路，以自主创新、技术改造、品牌战略、“两化”融合、集聚发展、清洁生产等为工作重点，促进造纸行业实现创新型、效益型、集约型、生态型发展。其中，逐步加严并贯彻实施污染排放标准、采用环保“倒逼”推进造纸行业转型升级是关键。2003年，山东省在全国率先发布了第一个地方行业标准——《造纸工业水污染物排放标准》（DB 37/336—2003）。该标准分3个阶段实施：第一阶段（自2003年5月1日起执行），草浆造纸外排废水COD含量为420 mg/L（当时的国家标准是450 mg/L），向行业发出一个标准即将加严的明确信号；第二阶段（自2007年1月1日起执行），草浆造纸外排废水COD含量为300 mg/L；第三阶段（自2010年1月1日起实施），草浆造纸外排废水COD含量为120 mg/L，不到当时国家标准的1/3。

三是要顺应绿色发展范式转换对协同管治体系的需求，以绿色良治为标杆来系统推进产业的绿色转型升级。绿色发展需要系统而深刻的管治转型，人们日益增长的美好生活需求需要绿色发展，政府就需要将经济发展建设目标与生态环境改善目标有机整合起来，这就需要探索绿色发展管治的新理念和新路径。在新理念方面，绿色发展范式必然是一个多尺度的、演化的和多重关系的发展系统，不能再从经济增长的单一视角来看待发展，要深入研究经济增长与资源环境脱钩的举措和办法，着力解决制约经济生态健康发展的重大问题，挖掘增长潜力，培育发展动力，厚植发展优势，拓宽发展空间，推动经济总量继续上台阶。在新路径方面，需要做好顶层设计和科学规划，化解经济系统与生态系统的传统界限，融合重组传统的产业链与生态链，统筹产业、基础设施和各类生产要素的协同与匹配，关注新的经济活动领域、价值创造过程和商业生态模式，让经济发展向智能化和生态化转型。

参考文献

[1] 马世骏 . 经济生态学原则在工农业建设中的应用 [J] . 农业经济问题，1983 (1)：3-5.

[2] 马世骏，王如松 . 社会 - 经济 - 自然复合生态系统 [J] . 生态学报，1984，4 (1)：1-9.

[3] 许涤新 . 生态经济学 [M] . 杭州：浙江人民出版社，1987.

[4] 石磊 . 工业生态学的内涵与发展 [J] . 生态学报，2008，28 (7)：3356-3364.

[5] Friedrich Schmidt-Bleek. 人类需要多大的世界：MIPS – 生态经济的有效尺度 [M] . 吴晓东，翁端，译 . 北京：清华大学出版社，2003.

[6] 钱易 . 清洁生产与可持续发展 [J] . 节能与环保，2002 (7)：10-13.

[7] 金涌，李有润，冯久田 . 生态工业：原理与应用 [M] . 北京：清华大学出版社，2003.

[8] 中国科学院可持续发展战略研究组 . 2011 中国可持续发展战略报告：实现绿色的经济转型 [M] . 北京：科学出版社，2011.

[9] Hidalgo C A，Klinger B，Barabasi A L，et al. The product space conditions the development of nations [J] . Science，2007，317：482-487.

[10] 李杨 . 产业生态系统的格局、过程与可持续性研究 [D] . 北京：清华大学，2019.

[11] Tacchella A，Mazzilli D，Pietronero L A. Dynamical systems approach to gross domestic product forecasting [J] . Nature Physics，2018，14 (8)：861-865.

[12] 石磊，刘果果，郭思平 . 中国产业共生发展模式的国际比较及对策 [J] . 生态学报，2012，32 (12)：3950-3957.

[13] 王如松 . 生态整合与文明发展 [J] . 生态学报，2013，33 (1)：1-11.

[14] 周宏春 . 生态文明呼唤经济转型 [N] . 中国经济时报，2013-02-21.

[15] 诸大建 . 作为可持续发展的科学与管理的生态经济学与主流经济学的区别和对中国科学发展的意义 [J] . 经济学动态，2009 (11)：47-53.

第6章

绿色生活和绿色消费

2017年5月，习近平总书记在中共中央政治局第四十一次集体学习时强调，推动形成绿色发展方式和生活方式是贯彻新发展理念的必然要求。生态文明建设同每个人息息相关，每个人都应该做践行者、推动者，在全社会形成共同参与的良好风尚。

6.1 消费与消费模式

广义的消费包括生产消费和生活消费，在我国《消费经济学大辞典》的定义中，二者有两个关键的共同特征：①消费的目的是满足人类的需要或欲望；②消费的过程是人们对劳动产品，包括劳务和精神产品的使用和消耗[1]。但随着全生命周期管理和循环再利用等理念和方法的出现，生产消费与生活消费（马克思称之为“与生产同一的消费”和“原来意义上的消费”[2]）之间的界限变得越来越模糊。比如谈及可持续消费时，有学者提出了这样的定义：“提供服务以及相关的产品以满足人类需求，提高生活质量，同时使自然资源和有毒材料的使用量最少，使产品或服务的生命周期中所产生的废物和污染物最少，从而不危及后代的需求。”[3]很显然，这一定义中的“消费”涵盖了生产消费和生活消费两个环节。从这一角度出发，在探讨可持续消费时，对清洁生产等概念也有所涉及。由于生产消费的相关概念和内容在本书其他章节已有探讨，故本章所指的“消费”范围仅限于狭义的生活消费，即个人或组织的终端消费活动。

随着社会分工的细化，消费逐渐成为人类社会经济活动的重要组成部分。在消费过程中，“商品借以成为使用价值”[4]，人类也得以满足生存和发展的需求，“人从出现在地球舞台的那一天起，每天都要消费，不管在他开始生产以前和在生产期间都一样”[5]。消费的对象不仅包括实物产品，还包括劳务、文教、娱乐、体育、医疗等非实体产品。马斯洛的需求层次理论将人的需求分为生理需求、安全需求、社交需求、尊重需求和自我实现需求，这五个需求层次的实现大部分需要诉诸消费。人们参与社会分工、孜孜不倦地劳动，其根本动力之一就是为了满足从物质到精神的多元消费需求。

在不同时期、不同区域、不同生产力水平下，个人与组织的消费内容、消费水平、消费结构和消费方式等都存在很大差别，有学者用“消费模式”对上述概念进行总括描述。消费模式受到多方面的影响。从经济学的角度而言，由于消费首先是一种经济活动，消费模式受到生产力水平、分配方式、交换方式、经济政策等方面的影响。随着社会分工的发展，通过交换实现消费的形式占据主流，因而消费同样具有社会意义。作为“社会人”的消费者，必然试图通过消费寻求社会认同和社会区分，如炫耀消费、模仿消费、人情消费等都体现了消费的社会属性。从社会学角度而言，消费模式必然受到社会关系、社会组织和社会系统特征的影响，当社会的主流消费层次脱离了满足生存需要时，这种影响就变得尤为显著。此外，消费模式还受到文化的影响。消费文化学认为，有意义的消费乃是一种系统化的符号操作行为[6]。作为消费对象的消费品，本身往往也是文化的承载物，凝结了超越实体的价值理念和象征意义，在这一意义下消费品的制造和销售就是文化生产和传播的过程。消费品是否受到消费者的青睐，一个重要的影响因素就是消费品中所凝结的文化表征是否为消费者所认同，是否符合消费者的价值判断，是否能够迎合他们所处社会的文化习俗。近年来兴起的“故宫热”就是文化影响消费模式的典型案例，而绿色消费、健康消费等所蕴含的文化思潮和价值判断也正在深刻影响着当代人的消费模式。

消费，一端联系着社会、经济、文化，另一端则联系着生产。“消费的需要决定着生产。”[7]企业想要盈利，它所生产的产品就势必要适应其销售对象的消费模式，换言之，消费模式对于生产具有重要的决定作用，而生产就意味着对自然资源的开发和利用。消费就是这样成为连接社会经济文化与自然资源环境的“桥梁”。“人类与自然的关系，从根本上讲，就是人类消费行为、消费方式与对自然的开发、利用、破坏的关系。”[8]

消费存在“弹性效应”，即提高生产效率的效果会被消费数量的增加所抵消；同时，也存在“下游效应”，即在系统最下游减少一个单位的产品消耗，就可以在系统上游减少数十倍甚至更多的资源投入。我们之所以关注和呼吁绿色消费，正是因为这种消费观念、消费方式能够从根本上减少自然资源的消耗和废弃物的排放，促进健康的人与自然关系的建立，而塑造这种消费观念、消费方式的重点就在于对影响消费模式形成的诸多社会、经济、文化因素的识别和改变。

6.2 不同历史时期的消费模式和消费理念

消费贯穿了人类的历史，也深刻地影响着人类的历史。人类的消费需求和欲望受生产力水平、社会制度、伦理文化等各方面的制约和影响，但却始终蓬勃不息，是促进科学技术进步的原动力之一。每一次革命性的科技创新都带来了生产力水平的大幅进步和社会文化的转变，继而带来了消费的转型升级，形成了新的消费模式、消费需求和消费欲望。数千年来人类社会的整体发展正是在这样的循环中逐步实现的。

在原始渔猎时期，消费主要由衣、食、住等物质消费构成，人类为满足基本的生存需求而挣扎斗争，消费极度匮乏。由于这些基本的生活和安全需求尚且无法得到满足，人们常常通过平均共享、节约积攒更多的消费品来增强集体抵抗风险的能力和个人的生存能力。珍视来之不易的物质财富、充分利用每一份资源、杜绝奢侈浪费是这一时期的主流消费观念。

进入农业文明时期以后，人类虽然依然“靠天吃饭”，但随着生产力的发展，大众的基本生存消费能够得以满足，社会剩余消费品在丰年积累，除衣、食、住、行等基本的物质消费供给外，教育、娱乐等精神消费品的供给也逐渐显现。此时，阶级开始出现，贫富分化日渐悬殊。统治阶级敛聚财富，穷奢极欲，“蜀山兀，阿房出。覆压三百余里，隔离天日……鼎铛玉石，金块珠砾，弃掷逦迤”；由贵族、地主、宗教领袖等组成的富裕阶级成为更为庞大的消费群体，是社会物质消费和精神消费的引领者。《荷马史诗》中描述了有闲阶级使用美观的金银器皿品尝美酒、面包和肉食的场景，“在他们吃饱喝足之后，又开始盘算怎样获得更大的快乐。那必定是唱歌跳舞了。”与其同时代的我国《诗经》也描绘了“鼓钟钦钦，鼓瑟鼓琴，笙磬同音”的宏大娱乐消费场景。与统治阶级骄奢淫逸的消费相对的是占据人口基数绝大部分的普通大众的艰难生活，“庶人之富者累巨万，而贫者食糟糠。”

在农业文明时期，主流的消费观念总体而言是以倡导“黜奢崇俭”为主，这是多方面作用的结果。统治阶级治理的核心命题是保障治下民众的基本生存消费需求，由于总体供给有限，统治者一方面鼓励“节其流，开其源，潢然使天下有余”，另一方面大力推崇儒家“礼”的思想以维持等级消费。孔子见到“八佾舞于庭，是可忍也，孰不可忍也”，把超过礼制标准的消费定义为奢侈。同时，由于担心刺激消费影响社会文化风气，“散敦厚之朴，成贪鄙文化”，从而贬低和严格限制了商贾的社会地位，从汉代起就开始“禁贾人衣锦绮、操兵、乘马”。消费从源头和渠道上都受到了抑制。宗教同样是节约的倡导者和践行者，佛家要求“三衣一钵，粪扫衣百衲衣，施主一粒米大于须弥山”，道家认为修行者当“见素抱朴、少私而寡欲”，伊斯兰教的《古兰经》写道“你们应当吃，应当喝，但不要浪费，真主确是不喜欢浪费的”，基督教推崇“禁欲主义”，认为“一个人的消费少于他的同伴是突出的美德，消费少是高尚的生活方式”。墨家则主张财富应该使用在“有用”的地方，宫室、衣服、饮食、舟车只要适用就够了，凡不利于实用、不能给百姓带来利益的应一概取消。

我们应当辩证地看待农业文明时期“黜奢崇俭”的主流消费观。这一消费观念形成的大背景是社会消费供给不足、消费水平低下，是基于“历览前贤国与家，成由勤俭败由奢”的历史判断，主要目的是维护统治秩序的稳定。厉行节约应当倡导，但过犹不及，在生产力普遍低下、人与自然矛盾并不突出的农业社会，否定消费、抑制消费也从客观上阻碍了社会发展和技术进步。今天我们提倡绿色消费，坚持“黜奢崇俭”是关键和重点，但这是资源矛盾约束下的主动选择，是对大量生产、大量消费的消费主义的矫正，而非供给有限造成的无奈之举。绿色消费所提倡的“黜奢崇俭”，更多的是取其适度、理性、不浪费的积极意义，不应该简单地理解为重拾农业文明时代的消费观念和消费模式。

进入工业文明时代，随着生产力的爆发式增长，社会经济文化有了长足的发展，人类的消费观念和消费模式也发生了天翻地覆的变化。消费理念变化的端倪出现在文艺复兴时期，马丁·路德及其追随者在其宗教改革中重新定义了教派的禁欲主义，肯定人的真实需求，倡导合理消费，反对奢侈、浪费和不劳而获，这种观点符合人本主义的潮流，具有积极的进步意义，但也拉开了消费观由俭入奢的序幕。随着工业革命的爆发，大机器工业推动了劳动生产率的迅速提升，一方面社会分工日益细化，商品生产和消费截然分离，满足人的需求的消费品更多地以商品的形式出现。为了获取更多的剩余价值，刺激消费、促进生产最大化成为资本的必然选择。另一方面，大工业的生产模式直接促进了商品成本和价格的下降，使人类社会首次出现了供过于求的过剩局面，也带来了更多的个人财富，人们从客观上具备了大量消费的能力。在这两方面的共同推动和享乐主义、凯恩斯主义的催化下，消费主义大行其道。这一时期的消费剧变，正如后世所描述的那样，"我们庞大而多产的经济要求我们把消费作为一种生活方式，把商品的购买与使用变成一种仪式，从中寻求我们的精神满足和自我满足。我们需要消费东西，用前所未有的速度把东西烧掉、穿掉、换掉和扔掉"[9]。

消费主义引发的不仅仅是消费量的迅速增长，而是整个消费模式的重构。生态学马克思主义者将这一时期的消费归纳为"异化消费"。这时所异化的是消费目的、消费行为和消费环境。在这一时期，消费成为幸福的同义词，决定消费的不再是需求，而是占有的欲望，无休止的欲望又随着消费品的不断获得而不断膨胀，永远得不到满足，陷入了"为了消费而消费"的心理怪圈。在这一时期，消费品的符号价值替代了它的实际使用价值和消费者的客观需求，成为如何消费的决定性因素。"使用这些更加精美的物品既然是富裕的证明，（那么）这种消费行为就是光荣的行为；相反地，不能按照适当数量和适当的品质来进行消费，（则）意味着屈服和卑贱。"[10]占有更多、更好的消费品成为衡量一个人是否成功的标志，这是一种普遍的社会共识。对于富裕者而言，消费成为彰显自身社会地位、炫耀财富的手段；对于其他人而言，为了"从众"或满足虚荣而不得不花费更多。在过度消费、无节制消费甚至是超出消费者自身条件和能力、透支未来的超前消费不但不会被批判反而会得到褒奖和溢美的社会中，被禁欲主义和"黜奢崇俭"的消费观念禁锢了数千年的人的欲望被释放出来，个人的消费理性迅速被吞没，工业化国家陷入长期的消费狂欢中，并且深信"消费拉动经济增长、经济增长带来更多消费"的模式是人类社会发展的永动机。

如果说工业文明时期人类妄图“征服自然”是生态环境危机的症结和根本原因，那么消费主义就是生态环境危机的外在和直接原因。有学者认为，“消费问题是环境危机问题的核心，人类对生物圈的影响正在产生着对于环境的压力，并威胁着地球支持生命的能力。从本质上说，这种影响是通过人们使用或耗费能源和原材料而产生的。”[11]为了满足迅速增长的消费需求，人类加大了对资源的掠夺。进入20世纪，世界能源消费量不足10亿tce，到1950年就已达到25亿tce；地球森林面积历史上曾高达76亿hm^2，到1975年已减少至26亿hm^2[12]；作为物质需求指标的金属总消耗量也迅速增长，1870—1970年的100年间，世界钢铁、铜、铅、锌、铝的消耗量分别增长了200%、2 700%、6 100%、1 100%、3 000%[13]。生产和消费产生的废弃物大量随意排放，导致“八大公害事件”等环境事件频发，严重危及人类的生存与发展。此外，消费不平衡问题同样突出。有研究表明，以2009年为例，人口只占全球14.77%的28个发达经济体消耗了全球48.54%的能耗、38.88%的金属矿产品，引致全球44.53%的二氧化碳排放和28.8%的硫化物排放[14]。

日益突出的生态环境危机引发了有识之士的忧虑。20世纪下半叶，大量探讨人口、资源、环境问题的著作被发表，绿色运动蓬勃发展。消费问题作为资源、环境问题的直接肇因也受到了广泛的关注。20世纪70年代，被称为美国“消费者运动之父”的拉尔夫·纳德及其领导的团队关注了汽车污染、食品安全、空气污染、水污染等消费品污染问题和环境问题；“地球之友”发起了拒绝消费含鲸鱼原料产品、抵制含氟氯烃产品等运动；1988年，约翰·埃里奇顿和居里亚·赫尔兹出版了《绿色消费者指南》一书，建议消费者通过选购行动鼓励厂商和零售商生产和销售符合环境保护要求的绿色产品。书中指出“如果你需要绿色产品，你就等于帮助制造商和零售商创造了新的机会，鼓励它们特别针对绿色消费者来投资，以制造新产品和提供新服务”[15]。这本书所倡导的理念形成了产品环境标志政策的雏形。

1992年联合国发布的《21世纪议程》列出专章讨论消费问题。在第四章“改变消费形态”中指出，“全球环境不断恶化的主要原因是不可持续的消费和生产模式，尤其是工业化国家的这类模式”，并进一步提出要提供“自然资源和有毒材料的使用量最少，使服务或产品的生命周期中所产生的废弃物和污染物最少”的服务及产品，以满足人类的基本需求，提高生活质量。1994年，联合国在挪威召开了第一次“可持续消费专题研讨会”，将可持续消费定义为“提供服务以及相关的产品以满足人类需求，提高生活质量，同时使自然资源和有毒材料的使用量最少，使产品或服务的生命周期中所产生的废弃物和污染物最少，从而不危及后代的需求”。2015年，“里约+20”峰会通过了《可持续消费和生产模式十年方案框架》。在《变革我们的世界：2030年可持续发展议程》所确立的可持续发展目标中，第12个目标即为“采取可持续的消费和生产模式”。这一目标又包含11个具体目标，涉及自然资源利用效率、粮食节约、化学品管理、可持续旅游、技术发展等多个方面，并在国家政策工具应用和绿色采购、企业可持续报告、公众教育等方面提出了意见和建议。

在联合国框架下，许多国家和地区都制定并实施了可持续消费战略和行动计划，如欧盟制定了《欧盟可持续消费、生产和产业行动计划》，重点关注改善产品的环境绩效以及增加对可持续产品的需求；美国注重新型粮食种植和分配网络建设，以减少生产和供应环节的粮食损失，同时在倡导集约发展、鼓励采用非机动车出行、绿色建筑认证标准等领域采取了相应的政策措施；拉丁美洲及加勒比海地区成立了“可持续消费与生产领域政府专家区域委员会”，将可持续消费和生产的理念融入国家发展政策制定、民众生活方式培养、中小企业激励、公共采购等环节中[16]。

可持续消费理念被提出后，学界围绕其开展了大量的研究，提出了承载能力、稳态经济、生态空间、生态足迹、生态行囊、绿色核算、生态效率等一系列概念，形成了可持续消费研究的重要理论基础，产品生命周期、外部不经济性内部化、家庭代谢分析方法等理论和方法也与可持续消费直接挂钩。在可持续消费评价指标方面，联合国可持续发展委员会提出了“消费和生产方式变化核心指标体系”，列出度量可持续消费模式变化的25个指标；经济合作与发展组织（OECD）则提出“可持续消费指标框架”，关注“具有环境意义的消费趋势和消费模式”“（消费）与环境的相互作用”“（促进可持续消费的）经济和政策方面”[17]。

可持续消费理念的提出和实践展现了人类对消费主义的反思，体现了摒弃不可持续的消费模式、缓和人与自然关系的决心，具有十分重要的历史和现实意义。然而遗憾的是，迄今为止可持续消费的实践效果低于预期。20多年来，全球消费量不减反增，推动可持续消费仍以政府间组织、非政府组织和部分政府为主[18]，获得的成效大多集中在政府间协议、政府行为和相关产业发展上。无论是2002年的约翰内斯堡会议，还是2015年的“里约+20”峰会，均认为不可持续的生产和消费模式没有从根本上得到改变。

诚然，要改变长期形成的消费模式绝非一朝一夕的事，但事实上最根本的问题还在于消费模式的改变仅通过政府间组织的推动其作用是非常有限的。有学者把可持续消费划分为弱可持续消费和强可持续消费，前者强调通过提高生产技术、提供绿色产品来实现可持续消费，重在对生产者的调控；后者强调通过调控消费者本身的环境意识改变消费行为，减少社会经济系统的资源能源消耗，从而激发一种可持续的供给和生产体系。政府间组织和相关国家在推动弱可持续消费方面取得了一定的成效，但在推动强可持续消费方面却举步维艰。究其原因，阻力来自3个方面：①消费者将消费视为个人权利，在消费选择时仅把“可持续”视为影响因素之一（大多数的时候并不是最重要的影响因素），即使决心贯彻可持续消费，也更愿意采取相对简单的购买“绿色产品”的方式，而非减少消费量的方式；②企业往往重视利润，转型生产“绿色产品”来迎合市场或许有利可图，但减少生产量和销售量却必然带来利润缩减，两相比较之下其选择不言而喻；③政府的决定受到公众和企业的影响，同时还要考虑本国的文化特点、经济发展、贸易逆差和供给安全等多方面的因素，又会陷入国家间的博弈之中，大力推进强可持续消费并非其最优选项。这三个方面的阻力决定了起协调作用而无决策权的政府间组织在推进强可持续消费方面难有作为[19]。

实现强可持续消费最有力的推动者是各国政府，最有效的手段是构建符合可持续发展要求的主流消费伦理。消费伦理是受社会风尚影响，指导和调节人们消费活动的价值取向、伦理原则和道德规范的总和。倡导节俭与适度相结合、物质需要与精神需要相协调的绿色消费伦理，对实现强可持续消费起着决定性作用。有志于从根本上推进可持续消费的政府，可以根据本国经济、社会、文化的特点来决策哪些领域具备实施强可持续消费的条件，采取何种方式能够更有效地促进形成绿色消费伦理，进而影响消费者的消费决定并进一步推动产业转型。例如，《中国落实2030年可持续发展议程国别方案》中明确提出，要“弘扬中华民族节俭美德，推广可持续消费文化。推行可持续消费立法和绿色标准制定工作，通过价格、税收、收费等手段鼓励、引导消费者进行可持续消费”，其首要的着眼点正是放在通过文化力量和政策力量来影响消费者的消费决策上。习近平总书记指出：“推动形成绿色发展方式和生活方式，是发展观的一场深刻革命。厉行勤俭节约，也需要在思想观念上来一次破旧立新的变革，树立新的价值观、生活观和消费观。‘光盘行动’在一些地方遭遇波折、浪费现象有所抬头背后，往往存在重虚荣、讲攀比的‘面子文化’，忽视环境和资源的不当认识，盲目跟风的从众心理。”这一论断深刻地剖析了我国不可持续消费存在的文化根源，指明了从消费者侧推进强可持续消费的根本途径。我国提出的绿色消费理念与政府间组织所倡导的可持续消费形成了良好的呼应，是政府与政府间组织密切合作、从不同层次和路径落实可持续消费理念的典型范例。

6.3 绿色消费模式下的适度消费

如前文所述，推进绿色消费的着眼点在于对消费者消费理念和消费选择的影响，核心目标是减少消费所引起的物质和能量投入、由消费引起的废弃物排放，要实现这个核心目标的关键在于对消费量度的把握。合理的“度”在哪里？是建立绿色消费新理念需要回答的关键问题。

亚里士多德认为，“过度与不及是过恶的特征，适度是德行的特征。”孔子同样提倡“过犹不及”的中庸思想。当面临一个量度问题时，“适度”往往是最好的答案。如何理解消费中的“适度”问题？有学者归纳了适度消费的4个特性[20]：①经济学意义上的适度消费是指为了保持社会再生产和经济运行的平稳，消费要与当期的经济发展水平相适应，过多会造成经济过热、通货膨胀，过少则造成生产过剩、经济萧条；②生态意义上的适度消费综合考虑了社会发展的需求和自然环境的承受力，是有利于自然生态、社会经济和人三者协同发展的消费量度；③伦理意义上的适度消费强调消费的社会性，为了同时实现“维持个体的生存和种族繁衍”两个人类自身的根本目标，不应把消费单纯地视为个人权利而不加限制，必须要强调消费公平，即对他人的公平、对后代的公平[21]；④从人文角度而言，适度消费是对极端压抑的人的需求的禁欲主义和异化人性的消费主义的摒弃。

上述4个方面的特性从不同角度为消费划定了适宜的范围，但更偏重宏观意义上的消费量度。相对于宏观消费而言，讨论微观的个人消费量度问题对于绿色消费理念的培养更具有实际操作意义。关于个人消费的量度，可持续消费有一条关键原则，即满足需求而非欲望[22]。这一原则精辟地划分了个人消费中“少”与“多”、“俭”与“奢”的界限。这里谈到的“需求”当然不只是维持人基本生理机能的需求。马克思主义的需求层次理论将人的需求分为生存需要、享受需要和发展需要，其中保证人的存活延续的基本物质需要、有利于改善人的生存状态的享受需要、为了实现人的才能自由全面发展而产生的需要都是正当需求。满足正当需求的消费应该得到支持，除此之外的消费则需要被抑制。这里值得一提的是享受需要，马克思反对摒弃一切维持生存之外的物质消费的“禁欲主义”，认为社会生产力的进步带来的便利和人的生存状态的改善是正当福利，正如今天我们不应当要求每个人出行都必须像远古时代那样步行，选择适当的交通工具出行是应当支持的正当需求。但满足享受需要的消费不应该明显高于社会的一般福利水平，应“以社会的尺度，而不是以满足它们的物品去衡量”[23]，选择公共交通出行是应该被支持的享受需要，而选择大排量的私家车出行则超出了需求的范畴。享受需要本身是一种福利而非硬性规定，如果人们出于身体健康等因素考虑更倾向于步行或自行车出行，自然也是并无不可的。

欲望消费是适度消费的上限，欲望消费应该受到引导和抑制。黑格尔认为物质欲望源于自我意识的不满足，“自我”通过与“非我”的对比建立对自身价值的认识，当“自我”在这种对比中“处于下风”时，人们总是倾向于将“非我”化为“自我”的一部分，消除其外在性，以此求得暂时的满足。由此可见，抑制欲望消费，一方面是在“自我”价值判断的天平上加上生态约束和伦理道德的砝码，具体的方式如通过资源环境价格内部化提高欲望消费的成本，或是通过社会道德约束抑制欲望消费的发生；另一方面则是促进“非我”与实物脱钩，引导人们从物欲追求转向精神追求，使人“成为自己本身的主人”而非物的奴隶。精神消费品和服务消费品的生产并非完全与资源消耗和废弃物排放脱钩，它们往往面向更多的受众，其消耗和排放远低于被个体占有的物质消费品生产，而且消费类型的丰富更有利于人的自由全面发展。

总体来说，绿色消费模式下的适度消费至少包含3个方面的含义：①尊重人的客观消费需求，尊重已达到的社会福利水平，支持满足合理需求的消费；②抑制欲望消费，倡导人们的消费欲望受到环境伦理道德的指引而得到正确的控制；③提高消费的“费效比”，其方式不仅指“黜奢崇俭”般地减少消费量，也不仅是消费健康环保、节能节水、节地节材的产品，还泛指优先消费那些更少的资源消耗、更低的废弃物排放的产品，如更多地进行服务消费和精神消费等。

6.4 绿色消费与经济发展

消费、投资和出口是拉动国民经济增长的“三驾马车”。除了自身对GDP的直接拉动作用，消费需求还派生了投资需求。根据宏观经济学的乘数理论，消费需求的较小增长将导致投资需求的巨大增长，促进GDP的更多增长。经济管理者向来高度重视消费对国家经济增长的带动作用，早在春秋时期管仲就提出“饮食者也，侈乐者也，民之所愿也，足其所欲，赡其所愿，则能用之耳……富者靡之，贫者为之，此百姓之息生百振而食非”，倡导通过加强消费和财富流通促进国民富足。20世纪30年代，为走出世界经济“大萧条”，凯恩斯提出“消费乃是一切经济活动的唯一目的、唯一对象”[24]，积极运用财政政策和货币政策引导消费、刺激消费，在当时为激发经济活力发挥了积极的作用，但也直接引发了消费主义的泛滥。在我国，改革开放的前20年国家主要依靠出口和市场投资拉动经济增长，2008年国际金融危机以后开始注重公共投资与消费，在此期间大众消费如住房、汽车消费也为经济增长做出了巨大贡献。2017年，我国资本形成总额对GDP的贡献率为32.1%，创2000年以来新低，消费已取代投资成为拉动经济增长的主要动力。而与世界主要经济体70%以上的最终消费率[1]相比，我国的最终消费率长期徘徊在低位，2017年为53.6%[25]，有较大的提升潜力。在世界经济低迷、国内经济增速放缓、资本形成贡献率下降的当下，扩大内需、通过促进大众消费拉动经济增长成为保持国民经济良性发展的必然选择。这不禁让人产生疑问：绿色消费和拉动内需是否矛盾？

回答这个问题首先要区分经济增长和经济发展。在早期的西方经济理论中经济增长和经济发展并无区分，有经济学家认为“我们将互相替代地使用‘增长’和‘发展’两个词”[26]，把二者都视作国家财富的积累和GDP的增长。然而这种片面追求国民经济增长的方式引发了诸多恶果，伴随经济持续增长的是全球范围的生态环境危机。理论界开始反思这种经济增长方式，有研究者提出“忽视人对自然界的依赖性及无视自然资源特性的思想是以市场经济为主要研究对象的现代经济体系所固有的缺陷”[27]，资源和环境作为生产要素和外在约束被纳入经济理论中，新经济增长理论、稳态经济、可持续发展等一系列新的理论被提出，经济增长和经济发展逐渐被区分看待，如研究可持续发展的学者提出，“经济增长仅仅指一个国家或地区在一定时期包括产品和劳务在内的产出的增长。经济发展则意味着随着产出的增长而出现的经济、社会和政治的变化，这些变化包括投入结构、产出结构、产业比重、分配状况、消费模式、社会福利等在内的变化。”[28]当需要以扩大内需为主拉动经济发展时，大众消费模式的选择对经济发展的“质”和“量”都将产生决定性的影响。

2017年，我国居民恩格尔系数为29.3%，首次低于30%，进入联合国划分的20%～30%的富足区间。按照经验，这一阶段居民的非生活必需品消费将大幅增长。当前，被寄予提振经济厚望的大众消费正站在一个分岔路口：一条路是加大政策刺激，搞“大水漫灌”，走发达工业国家“大房大车”的老路；另一条路则是

[1] 最终消费率指一个国家或地区在一定时期内的最终消费占当年GDP的比率。

探索符合国情的绿色消费之路，即面向大众有效需求，促进传统产业绿色转型和价值链延伸，创新消费供给，促进服务经济和虚拟经济的发展，引导大众消费与资源消耗和污染排放逐步解耦。那么，选择哪条路能够支撑我国国民经济的可持续健康发展呢？发达工业国家曾经走过的消费主义的老路已被证明“此路不通”。有资料指出，“如果全世界的人都按这一（美国的）标准消费，就会需要相当于4个地球的生产用地。如果世界各国都按美国的数量向大气排放污染物，那我们还缺少9个地球才能安全吸收由此产生的温室气体。”[29]作为一个世界人口大国，无论是从资源禀赋、环境容量、国家安全而言，还是从国家民族永续、人类族群发展而言，我国都没有条件，也不应该重走工业化国家“大房大车”的老路，面对世界性资源、环境紧约束的现实情况，生态文明体系下的绿色消费模式将是唯一可行的选择。绿色消费与拉动内需和经济发展并不矛盾，因为我们要拉动的需求只能是实现美好生活的合理需求，只能是更少资源消耗、更少排放的需求。与拉动内需同时推行的经济政策，无论是供给侧结构性改革、内涵式发展，还是绿色发展、绿色消费，都准确无误地指向这一点。

另一种疑虑在于：绿色消费模式能否替代“大房大车”式的消费主义模式发挥国家经济发展的基础支撑作用？回答这个问题首先要谈到有效需求的问题。基于国民大众的消费能力和消费需求而形成的需求是有效需求（有效需求也能够被创新的供给创造出来），它是经济增长的主要动力。2015年普林斯顿大学教授安格斯·迪顿获得诺贝尔经济学奖——他致力于研究个人消费决策和经济整体表现之间的联系——这个奖项侧面反映了经济学界正在逐渐形成的一个共识：与政策刺激形成的“虚假需求”相比，发掘大众的有效需求才是提振经济的治本之策。那么，当前我国的有效消费需求在哪里呢？

从20世纪70年代起美国就率先实现了从商品生产向服务型经济的转型，以医疗、教育和娱乐为核心驱动经济发展。早在1982年，美国家庭的服务消费支出已占总支出的49.8%，日本为50.2%，英国为42.6%，而我国居民家庭的服务消费支出所占的比重很低，直至2017年仍然不到10%，可挖掘的空间很大。显而易见，当前我国的有效消费需求正向服务型经济、传统产业的价值链延伸，消费不足的症结在供给侧——能够满足大众需求的有效供给不足，能够创造需求的创新供给不足。在医疗方面，生育服务、整形美容、运动医疗、预防医疗、临终关怀等医疗服务能够在创造巨大的消费市场的同时极大地缓解当前医疗资源的供需矛盾。在线教育、企业教育、终身学习等新需求将创造庞大的教育市场。娱乐产业已成为韩国的支柱产业，但在我国仍处于发展阶段，包括影视、动漫、游戏、体育等娱乐产业方兴未艾。据估计，中国的文化消费市场缺口超过3万亿元[30]。我国已进入老龄化社会，“银发经济”成为市场追逐的热点，但以满足老年人安全、社交、尊重和自我实现等心理需求为主的服务消费的供给仍然严重不足。生态旅游业成为旅游新热点，受到消费者的热烈追捧。即便是对于衣、食、住、行这类传统实物产业而言，能否满足基本需求早已不是唯一的判断标准，价值认同、精神契合、服务体验良好成为消费选择中更具决定性的因素，产业价值链的创造和延伸也成为更为关键的价值之源。我们强调供给侧结构性改革，就是要通过创造有效供给、创新供给来满足大众有效需求的升级转型，同时实现经济发展、生态环境友好两大目标，以满足人民群众对美好生活的向往。

在当前这一关键节点上，如果政府对相关产业善加扶持，对居民消费观合理引导，同时企业主动创新供给，则精神消费有望引领消费增长，附加值高的追求生活价值的消费有望取代附加值低的纯物欲消费而成为消费主流。在消费品中凝聚的虚拟价值越高、价值链越长，对资源环境的影响就越小，越符合绿色消费的要求。因此，发展服务经济、虚拟经济，以及发展传统产业的价值延伸和绿色转型，正是现阶段我国扩大内需和倡导绿色消费的交集所在。

总之，人们所向往的美好生活是财富之源，通过大力发展服务产业、延伸传统产业价值链、创新创造虚拟价值可以引导这种对美好生活的需求逐渐与资源和能源消耗、废弃物排放脱钩，这既是当前促进绿色消费的主要方向，也是扩大内需、推动产业结构转型升级、促进经济良性发展的根本途径。倡导绿色消费非但不会对国民经济发展造成不良影响，还是我国国民经济长远、健康、可持续发展的关键所在。

6.5 走符合国情的绿色消费之路，推进我国生态文明建设

我国的资源总量大，但人均资源和环境容量不足，如人均耕地拥有量不足世界人均拥有量的40%，人均水资源拥有量仅为世界人均拥有量的25.5%。此外，我国的资源禀赋“偏科”严重、先天不足，很多资源无法满足发展的需要，如作为现代工业“血液”的石油在我国的人均拥有量仅为世界人均拥有量的8.3%，天然气则仅为4.1%。当前我国正面临着地大物博与人均结构性资源匮乏并存、经济增长方式粗放、能源利用率低的严峻现状，因而提倡绿色发展尤为重要。我国在消费领域也有着自身的鲜明特点：一方面，历来存在“黜奢崇俭”的传统，居民偏爱储蓄，总体而言，即使在GDP跃居世界第二的今天，人均消费量仍远低于发达工业国家；另一方面，过度消费、炫耀性消费等现象大量存在，盲目追求“贪大求洋”，绿色生活方式还没有成为社会风尚，绿色消费意识还比较薄弱[31]。因此，探索一条符合我国基本国情的绿色消费之路是推进我国生态文明建设的一项重要而紧迫的内容。

我国政府高度重视并长期坚持推进绿色消费。1994年发布的《中国21世纪议程》指出：中国只能根据自己的国情，逐步形成一套低消耗的生产体系和适度消费的生活体系，使人们的生活以一种积极、合理的消费模式步入小康社会。2011年发布的《中华人民共和国国民经济和社会发展第十二个五年规划纲要》提出，要“倡导文明、节约、绿色、低碳的消费理念，推动形成与我国国情相适应的绿色生活方式和消费模式”。2012年，中共中央政治局会议审议通过了《十八届中央政治局关于改进工作作风、密切联系群众的八项规定》（以下简称“中央八项规定”），强调要厉行勤俭节约，狠刹享乐主义和奢靡之风。党的十八大以来，以习近平同志为核心的党中央大力推进生态文明建设，推动形成绿色的发展方式和生活方式。党的十九大报告更是明确提出，要“形成绿色发展方式和生活方式，坚定走生产发展、生活富裕、生态良好的文明发展道路”。经过长期的不懈推进，绿色消费理念在我国已形成广泛共识，社会各界也开展了卓有成效的实践，但行之有效的绿色消费模式仍在探索之中。当前，杜绝腐败浪费、探索大众有效需求、调整产业结构发

展、鼓励推进适度消费理念、强化生态文明宣传和价值塑造是我国推进绿色消费模式构建的重点任务，为落实上述任务，政府、企业和公民分别肩负着不可推卸的责任。

政府一方面应在构建绿色消费模式中发挥宏观引导、制度规范和示范带头的作用。充分利用经济杠杆宏观引导产业结构转型和公民合理消费，深入推进资源确权，建立资源价值体系，研究完善生态环境补偿费、消费税、奢侈税征收机制，强化环保税的核定征收，促进资源、环境价值内部化；以降耗减排为标准，加大供给侧结构性改革的力度，继续深入推进产业结构优化调整，淘汰落后产能和过剩供给，促进传统产业绿色转型和产品价值链延伸，鼓励低耗低排产业，特别是居民需求旺盛的医疗、教育、娱乐、养老、生态旅游等行业的发展，鼓励提高消费品虚拟价值。强化制度建设和制度执行，坚持推进环境标志、节能标志制度，完善准入机制，严格准入管理，加大优惠推广力度；强化市场监管，打击以次充好、劣质低价的商品，营造良好的消费环境；规范政府采购，树立绿色政绩观，发挥政府部门和公共机构的示范带头作用。培养具备生态责任的主流消费群体，努力提高城乡居民收入水平，调整分配关系、缩小收入差距，完善社会保障体系，提升大众消费能力；持续推进落实“中央八项规定”要求，坚决遏制政府机构和国有企事业单位腐败消费、奢侈消费、形式主义消费，充分发挥党政机关和公共机构的示范带头作用；强化理念宣传，大力弘扬节俭美德，促进适度消费观念的构建，引导公民正确认识和抵制消费主义和享乐主义，树立生态伦理观，营造绿色生活道德新风尚。

另一方面，应积极推进与绿色产品、绿色消费相关的制度体系建设。据统计，截至2019年年底，国家和部委层级共发布了101项与推进居民绿色消费相关的政策。其中，中共中央、国务院发布的有关推进绿色消费的通知、意见和方案共计26项，如《中共中央　国务院关于完善促进消费体制机制　进一步激发居民消费潜力的若干意见》等，不断完善绿色消费的顶层设计。各部委发布的相关政策共计75项，涵盖与居民消费密切相关的宏观经济政策、绿色产品、绿色认证、绿色评价等诸多方面的内容[32]。2016年，十部委联合发布了《关于促进绿色消费的指导意见》，系统提出加强宣传教育，大力推动消费理念绿色化；规范消费行为，打造绿色消费主体；严格市场准入，推广绿色消费产品；完善政策体系，营造绿色消费环境等政策举措，初步形成了我国政府引导绿色消费的政策框架。此外，近年来我国推进的促进服务消费市场发展、实物类消费市场结构升级和服务标准升级等工作也在客观上有利于促进消费增长与物耗、能耗、污染增长解耦。总体而言，我国与绿色消费相关的制度体系正在不断完善。在各项政策的有力推动下，我国居民的绿色消费意识有所增强，市场供应主体和消费群体不断发展壮大。但同时也应该看到，当前我国绿色消费的政策体系还不完善。2020年，《关于加快建立绿色生产和消费法规政策体系的意见》（发改环资〔2020〕379号）经中央全面深化改革委员会审议通过。该意见指出，“绿色生产和消费领域法规政策仍不健全，还存在激励约束不足、操作性不强等问题”，同时提出扩大绿色产品消费、推进绿色生活方式的若干工作任务，强调强化财税金融价格政策、推进政府采购、完善绿色产品认证标识、加强污染治理和资源化利用，为健全完善绿色消费制度体系指明了方向。除此之外，建议进一步强化绿色消费宣传教育的政策要求和配套支持，促进绿色消费和其他消费政策整合衔接，加强政策执行，为全面推进绿色生活、绿色消费提供强有力的制度保障。

作为消费品的提供者，企业承担着促进产品生态化、创新供给的主动责任。传统行业应大力推进技术革新，通过开展全生命周期管理、落实清洁生产等方式强化生产的全过程管理；加强产品生态设计，努力降低产品在生产、流通、消费和回收利用全过程的资源、能源消耗和环境污染；创新产品供给，推进产品减物质化、废弃物排放减量化；提高产品附加值，树立品牌形象、提高品牌价值，延伸产品服务链、价值链，提供良好的消费体验，努力推进从“薄利多销”到“物超所值”的盈利模式转变；坚持履行企业社会责任，与政府一道共同营造和维护良好的市场竞争秩序，利用自身渠道强化生态宣传，培养具备生态责任和绿色消费意识的消费者群体。

消费者既是消费行为的主体，也是构建绿色消费模式的关键责任人。要主动树立适度消费观，把握自身需求消费与欲望消费的界限，既要立场鲜明地反对和摒弃过度消费、炫耀性消费、奢侈消费、攀比消费，又不刻意抑制合理消费，以防造成

“绿色消费等于禁欲主义”的反面影响；理解消费主义和享乐主义泛滥的危害，通过提升自身思想素质抵御拜物主义等不良思想的侵袭；优化消费结构，在满足自身合理物质需求的前提下更多地开展精神消费、服务消费，通过追求自身的自由全面发展减少纯物欲消费；树立生态伦理和环保意识，正确认识消费权利，主动履行消费责任，加强对消费品的辨识能力，主动拒绝消费资源浪费型、环境污染型产品，通过消费行为鼓励和支持低耗能、低排放的绿色产业发展。

参考文献

[1] 林白鹏，臧旭恒．消费经济学大辞典［M］．北京：经济科学出版社，2000：3.

[2]［德］马克思，恩格斯．马克思恩格斯全集：第12卷［M］．中共中央马克思恩格斯列宁斯大林著作编译局，译．北京：人民出版社，1972：741-742.

[3] 孙启宏，王金南．可持续消费［M］．贵阳：贵州科技出版社，2001：14.

[4]［德］马克思，恩格斯．马克思恩格斯全集：第13卷［M］．中共中央马克思恩格斯列宁斯大林著作编译局，译．北京：人民出版社，1972：25.

[5]［德］马克思．资本论：第3卷［M］．中共中央马克思恩格斯列宁斯大林著作编译局，译．北京：人民出版社，1975：191.

[6] 罗钢，王中忱．消费文化读本［M］．北京：中国社会科学出版社，2003：27.

[7]［德］马克思，恩格斯．马克思恩格斯选集：第2卷［M］．中共中央著作编译局，译．北京：人民出版社，1972：108.

[8] 绿色工作室．绿色消费［M］．北京：民族出版社，1999：1.

[9]［美］艾伦·杜宁．多少算够——消费社会与地球的未来［M］．毕聿，译．长春：吉林人民出版社，1997：18.

[10]［美］托斯丹·凡勃伦．有闲阶级论［M］．蔡受百，译．北京：商务印书馆，1988：56.

[11] 施里达斯·拉夫尔．我们的家园——地球［M］．夏堃堡，等，译．北京：中国环境科学出版社，1993：13.

[12] 柴云．联合国三次人类环境会议比较［D］．苏州：苏州大学，2009：10.

[13] 佚名．世界人口和金属消耗的增长［J］．矿产综合利用，1986（2）：92.

[14] 张文城，彭水军 . 南北国家的消费侧与生产侧资源环境负荷比较分析 [J] . 世界经济，2014，37 (8)：126-150.
[15] 孙启宏，王金南 . 可持续消费 [M] . 贵阳：贵州科技出版社，2001：4.
[16] 李霞，彭宁，周晔 . 国际可持续消费实践与政策启示 [J] . 中国人口·资源与环境，2014，24 (5)：46-50.
[17] 孙启宏，王金南 . 可持续消费 [M] . 贵阳：贵州科技出版社，2001：89-94.
[18] 许进杰 . 生态文明消费模式研究——基于资源性供给紧约束的视角 [M] . 长春：吉林出版集团股份有限公司，2016：135.
[19] Fuchs D A，Lorek S. Sustainable consumption governance：a history of promises and failures [J] .Journal of Consumer Policy，2005，28：261-288.
[20] 朱构峨 . 适度消费的哲学研究 [D] . 北京：中共中央党校，2012：17-18.
[21] 杨供法，徐立新 . 论"适度消费"的伦理维度 [J] . 郑州航空工业管理学院学报，2001 (1)：40-43.
[22] 孙启宏，王金南 . 可持续消费 [M] . 贵阳：贵州科技出版社，2001：18.
[23] [德] 马克思，恩格斯 . 马克思恩格斯选集：第 1 卷 [M] . 中共中央著作编译局，译 . 北京：人民出版社，1995：350.
[24] [英] 约翰·梅纳德凯恩斯 . 就业、利息和货币通论 [M] . 徐毓楠，译 . 北京：商务印书馆，1963：90.
[25] 国家发展和改革委员会 .2017 年中国居民消费发展报告 [M] . 北京：人民出版社，2018：156.
[26] [澳] 海因兹·阿恩特 . 经济发展思想史 [M] . 唐宇华，吴良健，译 . 北京：商务印书馆，1997：52.
[27] 周海林 . 可持续发展原理 [M] . 北京：商务印书馆，2004：21.
[28] 王军 . 可持续发展 [M] . 北京：中国发展出版社，1997：27.
[29] 陈百明，等 . 谁在养活美国 [M] . 北京：商务印书馆，1998：249.
[30] 林左鸣 . 新消费升级 [M] . 北京：中信出版社，2016：102.
[31] 国家发展和改革委员会 .2017 年中国居民消费发展报告 [M] . 北京：人民出版社，2018：38.
[32] 崔小冬，等 . 中国绿色消费的政策和实践研究 [J] . 中国环境管理，2020，12 (1)：58-65.

第7章

打好污染防治攻坚战

我国生态文明建设和生态环境保护正处于关键期、攻坚期、窗口期，生态环境质量持续好转，但成效并不稳固，重污染天气、黑臭水体、垃圾围城、农村环境污染等问题正成为影响百姓生活环境、引发社会风险的重要方面。解决这些突出环境问题需要不畏难、不犹豫、不退缩，集中优势兵力，采取更有效的政策举措，坚决打好污染防治攻坚战。

习近平总书记在党的十九大报告中指出“要坚决打好防范化解重大风险、精准脱贫、污染防治的攻坚战，使全面建成小康社会得到人民认可、经得起历史检验”，体现了党中央、国务院推进我国生态文明、建设美丽中国、全面建成小康社会的坚强意志和坚定决心。2018年5月，全国生态环境保护大会的胜利召开为全面加强生态环境保护、坚决打好污染防治攻坚战提供了思想指引和强大动力。2018年6月，中共中央、国务院印发了《关于全面加强生态环境保护　坚决打好污染防治攻坚战的意见》（以下简称《意见》），对打好污染防治攻坚战进行了全面部署与安排。打好污染防治攻坚战，要以落实党的十九大精神、全国生态环境保护大会精神要求为重点，坚持一切从实际出发、紧盯目标、稳扎稳打、分步推进，打好三大保卫战、七大标志性战役，实施四大专项行动[1]，推动生态文明建设迈上新台阶，确保生态环境质量总体改善，使全面建成小康社会的目标得以实现。

7.1 污染防治攻坚战的必要性与实施条件

党的十八大以来，各地区、各部门认真贯彻落实党中央、国务院的决策部署，生态文明建设和生态环境保护制度体系加快形成，全面节约资源有效推进，大气、

---

[1] 三大保卫战，指蓝天、碧水、净土保卫战；七大标志性战役，指打赢蓝天保卫战，打好柴油货车污染治理、城市黑臭水体治理、渤海综合治理、长江保护修复、水源地保护、农业农村污染治理标志性重大战役；四大专项行动，指落实《禁止洋垃圾入境推进固体废物进口管理制度改革实施方案》、打击固体废物及危险废物非法转移和倾倒、垃圾焚烧发电行业达标排放、“绿盾”国家级自然保护区监督检查4项专项行动。

水、土壤污染防治行动计划深入实施，生态系统保护和修复重大工程进展顺利，核与辐射安全得到有效保障，生态文明建设成效显著，美丽中国建设迈出重要步伐，生态环境质量持续好转。与此同时，我国生态文明建设和生态环境保护也面临不少困难和挑战，存在许多不足，成为经济社会可持续发展的“瓶颈”制约和全面建成小康社会的明显短板。进入新时代，解决人民日益增长的美好生活需要和不平衡不充分的发展之间的矛盾给生态环境保护提出了许多新要求，必须不畏难、不犹豫、不退缩，集中优势兵力，采取更有效的政策举措，坚决打好污染防治攻坚战。

7.1.1 污染防治攻坚战是时代赋予的重大使命

1.人民群众反映强烈的突出生态环境问题必须集中攻坚

尽管近年来我国的生态环境状况明显改善，但环境污染依然严重。2018年，全国338个地级及以上城市中环境空气质量达标的仅占35.8%，重点时段重污染天气仍然高发、频发，成渝地区秋冬季中度及重度污染持续时间长。部分区域、流域水污染仍然较重，各地黑臭水体整治进展不均衡，污水收集能力存在明显短板。

主要污染物排放总量处于高位，生态文明建设负重前行。当前我国二氧化硫、氮氧化物等主要大气污染物排放总量居世界前列，分别都处于年排放量1 500万t左右的高位[1]，单位国土面积的污染物排放总量超过美国、欧盟2～4倍。水资源、土地资源消耗强度大，资源环境承载能力已经接近或达到上限。

环境压力居高不下，生态环境风险防范不容忽视。耕地涉及镉等重金属污染，导致农产品重金属超标问题突出，铅、锌、铜等有色金属采选及冶炼集中区域土壤重金属污染严重，污染地块再利用环境风险较大，垃圾处置能力和水平还需提高。部分企业布局在江河沿岸，与饮用水水源犬牙交错，新兴污染物、特征污染物给人体健康与生态安全带来风险隐患。这些问题棘手难办，触及的利益错综复杂，在特定时期不痛下决心、集中攻坚，难以有效解决。

2.人民群众日益增长的优美生态环境需要必须加快满足

随着经济的发展和生活水平的提升，人们的基本诉求也发生了深刻变化，40年前人们要“温饱”，现在更注重“环保”；40年前人们在意“生存”，现在更追求“生活”和“生态”，“盼环保”“求生态”“环境美”已成为人民幸福生活的新内涵。然而，重污染天气、垃圾围城、农村环境问题尚未得到妥善解决，严重影响着人们的生产和生活。优美生态环境需要与优质生态产品供给不足之间的矛盾，已经成为我国社会主要矛盾的重要方面。可以说，我国生态文明建设已进入提供更多优质生态产品以满足人民日益增长的优美生态环境需要的攻坚期，也到了有条件、有能力解决生态环境突出问题的窗口期。“利民之事，丝发必兴；厉民之事，毫末必去。”对此，应集中优势兵力，动员各方力量，通过打几场标志性的重大战役，既解决老百姓身边的突出生态环境问题，又树立生态建设的公信力，不断增强人民群众的获得感，不断加强新时代中国特色社会主义建设。

3.经济高质量发展阶段必须跨过污染防治攻坚克难的关口

当前，我国已进入中国特色社会主义的新时代，经济已由高速增长阶段向高质量发展阶段转变；同时，经济总量增长与污染物排放总量增加尚未彻底脱钩，正处于高水平生态环境保护与高质量经济发展的胶着期、探索期、推进期。环境不能作为无价、低价的生产要素被忽视，也不能仅仅将其作为支撑发展的一个条件，而应把生态环境资源作为稀缺的资源要素，予以高标准保护、大力度修复。只有通过打攻坚战的方式，坚决扭转粗放型发展的惯性模式，改变过去高投入、高消耗、高污染的粗放型发展方式，把发展的基点放到创新上来，让绿色发展理念重塑发展方式，才能从根本上改善生态环境，取得有效益、有质量、可持续的发展实绩，才能爬过这个坡、迈过这道坎。

4.实现全面小康社会目标的生态环境短板必须加快补齐

从2000年建设小康社会到2020年全面建成小康社会，在这20年里，全党、全国努力的方向就在于“全面”二字。习近平总书记用两句话深刻阐述了“全面建成小康社会”的内涵，即“小康全面不全面，生态环境质量是关键”，“全面小康，覆盖的领域要全面，是五位一体全面进步，不能长的很长、短的很短。”当前，生态环境是全面小康的突出短板，我们必须拿出“啃硬骨头”的决心和韧劲，激发久久为功的责任心和使命感，举全党、全国之力，集中力量，加快补齐，这直接关乎第一个百年奋斗目标的实现，是摆在我们面前必须攻坚完成的一项历史任务和时代使命。

7.1.2 当前已基本具备攻坚作战的条件与能力

我国的生态环境保护已经到了有条件不破坏、有能力修复的阶段，打好污染防治攻坚战面临难得的机遇。一是以习近平同志为核心的党中央高度重视，尤其是习近平总书记率先垂范、亲力亲为，走到哪里就把对生态环境保护的关切和叮嘱讲到哪里，为打好污染防治攻坚战提供了重要的思想指引和政治保障。二是全党、全国贯彻绿色发展理念的自觉性和主动性显著增强，加大污染治理力度的群众基础更加坚实，为打好污染防治攻坚战创造了很好的条件。三是我国已进入后工业化和高质量发展的阶段，更加重视发展的质量和效益，不再追求发展的速度，绿色低碳循环发展深入推进，为改善生态环境创造了有利的宏观经济环境。四是改革开放以来40多年的不断发展与积累，为解决当前的环境问题提供了更好、更充裕的物质、技术和人才基础。五是生态文明体制改革的红利正在逐步释放，为生态环境保护增添了强大动力。

7.2 污染防治攻坚战的核心构成

立足于2020年全面建成小康社会和以人民为中心的执政理念的要求，污染防治攻坚战是民心所向、时不我待。《意见》系统解读了污染防治攻坚战的目标与重点任务：在目标方面，统筹现行国家级生态环境保护规划及行动计划等指标，做到兼顾短期与中长期目标融合，确保目标科学合理、可行可达；在重点任务方面，污染防治攻坚战确定了三大保卫战、七大标志性战役、四大专项行动，强调聚焦，避免面面俱到。

7.2.1 污染防治攻坚战的总体目标

1.攻坚战的作战路线及时间表

污染防治既是攻坚战又是持久战，《意见》为此制定了2020年的短期目标、2035年的中长期目标以及21世纪中叶的远期目标。污染防治攻坚战以党中央、国务院的决策部署为统领，以改善生态环境质量为核心，目前已取得关键进展。截至2019年，污染防治攻坚战的各项目标指标均达到或超过了目标要求，在现有措施力度不减的情况下，结合三大保卫战相关任务措施的进展，2020年的总体目标也得以实现，并且为实现中长期目标奠定了坚实的基础。通过加快构建生态文明体系，全面提升生态文明建设水平，我国将于21世纪中叶在生态环境领域实现国家治理体系和治理能力的现代化。污染防治攻坚战的时间及目标见表7-1。

表7-1　污染防治攻坚战的时间及目标

时间	目标
2020年	生态环境质量总体改善，主要污染物排放总量大幅减少，环境风险得到有效管控，生态环境保护水平同全面建成小康社会目标相适应
2035年	节约资源和保护生态环境的空间格局、产业结构、生产方式、生活方式总体形成，生态环境质量实现根本好转，美丽中国目标基本实现
21世纪中叶	生态文明全面提升，实现生态环境领域国家治理体系和治理能力现代化

2.攻坚战的主要指标强调延续稳定

污染防治攻坚战涉及空气质量、水环境质量、土壤环境质量、生态状况、主要污染物排放总量减少这五大类13项具体指标（表7-2），是在统筹《“十三五”生态环境保护规划》《大气污染防治行动计划》《水污染防治行动计划》《土壤污染防治行动计划》等规划基础上的科学决策，强调使重点问题切实得到解决、使重点任务扎扎实实地完成，保持了连续性与稳定性，是全国各地必须确保完成的底线。

表7-2　污染防治攻坚战的具体指标

单位：%

指　　标		2020年
1.空气质量	地级及以上城市空气质量优良天数比率	>80
	$PM_{2.5}$未达标地级及以上城市浓度下降	（18）以上
2.水环境质量	全国地表水Ⅰ～Ⅲ类水体比例	>70
	劣Ⅴ类水体比例	<5
	近岸海域水质优良（一、二类）比例	70左右
3.土壤环境质量	受污染耕地安全利用率	90左右
	污染地块安全利用率	90以上
4.生态状况	森林覆盖率	23.04以上
	生态保护红线面积占比	25左右
5.主要污染物排放总量减少	COD	（10）以上
	氨氮	（10）以上
	二氧化硫	（15）以上
	氮氧化物	（15）以上

注:（　）内为5年累计数。

3.积极稳妥地制定作战目标

各地在依据国家污染防治攻坚战的目标指标制定本区域目标时，要遵循以下四项原则：一是坚持远近结合，当前应坚持污染防治攻坚战力度不放松、目标不动摇，使我国生态环境质量总体改善，不断加强生态文明建设与体制机制改革，纵深推进治理体系和治理能力现代化，确保实现2035年的中长期目标与21世纪中叶的远期目标；二是坚持坚守底线，国家明确的具体指标必须达到，进展快、效果好的地方要巩固提升，进展慢、效果差的地方要迎头赶上，扎扎实实围绕目标解决问题；三是坚持全面统筹，污染防治和生态保护要统筹，沿海地区要做好陆地和海洋统筹，各地域、各领域都要加强统筹；四是坚持尽力而为，既要全力攻坚，加快改善生态环境质量，又要保持定力和恒心，久久为功。

7.2.2 污染防治攻坚战的重点任务

1.三大保卫战

（1）坚决打赢蓝天保卫战

空气是维持生命的重要因素之一，保卫蓝天就是守望幸福。蓝天保卫战以国务院出台的《打赢蓝天保卫战三年行动计划》（国发〔2018〕22号）为指导，在工作领域上突出四个重点：以京津冀及周边地区大气传输通道上“2+26”城市[1]、长三角地区、汾渭平原等区域为重点；以超标最严重的$PM_{2.5}$为重点指标；以工业、散煤、重型柴油货车、扬尘等为重点领域；以重污染天气发生频率最高的秋冬季和初春时节为重点时段。在任务措施方面要坚持四个结构调整，即大力调整优化产业结构、能源结构、运输结构和用地结构。在支撑方面要强化四项重点工作，即环保执法督察、区域间联防联控、科技创新、宣传引导。最终实现四个明显，即明显降低$PM_{2.5}$浓度，明显减少重污染天数，明显改善大气环境质量，明显增强人民的蓝天幸福感。

（2）着力打好碧水保卫战

水是生命之源，是人类赖以生存和发展不可缺少的最重要的物质资源之一。以改善水环境质量为核心，按照“节水优先、空间均衡、系统治理、两手发力”的原则，贯彻“安全、清洁、健康”的方针，强化源头控制、水陆统筹、河海兼顾，对江河湖海实施分流域、分区域、分阶段的科学治理，系统推进水污染防治、水生态保护和水资源管理。今后一段时间内，要在全面实施《水污染防治行动计划》的基础上，以水源地保护、城市黑臭水体治理、长江保护修复、渤海综合治理和农业农村污染治理攻坚战为抓手，着力打好碧水保卫战，解决人民群众反映强烈的突出水

[1] “2+26”城市指北京、天津、石家庄、唐山、保定、廊坊、沧州、衡水、邯郸、邢台、太原、阳泉、长治、晋城、济南、淄博、聊城、德州、滨州、济宁、菏泽、郑州、新乡、鹤壁、安阳、焦作、濮阳、开封。

环境问题。

（3）扎实推进净土保卫战

亿民赖此土，万物生斯壤。土壤是经济社会可持续发展的物质基础，关系人民群众的身体健康，关系美丽中国建设。净土保卫战应以习近平总书记在全国生态环境保护大会上的重要讲话精神为指引，全面落实《土壤污染防治行动计划》，突出重点区域、行业和污染物，强化土壤污染管控和修复，有效防范风险，构建政府主导、企业担责、公众参与、社会监督的土壤污染防治体系，严控新增污染，逐步减少存量。此外，还应实施地下水污染防控和修复试点，完成加油站地下油罐防渗改造，争取如期实现全国土壤污染防治目标。

2.七大标志性战役

（1）打赢蓝天保卫战

要以空气质量明显改善为刚性要求，强化联防联控，基本消除重污染天气，还老百姓蓝天白云、繁星闪烁。一是强化“散乱污”企业综合整治，做到分类处置、动态管理，根本性地改变脏乱差的生产环境；二是推进重点行业污染治理升级改造，如钢铁、火电行业超低排放改造；三是加快推进北方地区清洁取暖，坚持因地制宜、以供定需、以气定改的原则，循序渐进，确保民生用气稳定供应，加强监督检查，严厉打击劣质煤销售；四是加大燃煤锅炉整治力度；五是从施工工地、道路扬尘、渣土车3个方面加强扬尘综合治理。

（2）打好柴油货车污染治理战役

柴油车尤其是柴油货车已经成为机动车污染防治乃至一些地区大气污染防治的重中之重。强化柴油货车污染治理，一要优化调整货物运输结构，降低公路货运总量；二要开展柴油货车超标排放专项整治，确保柴油货车污染排放总量明显下降；三要强化源头监管，加强新车生产、销售、注册登记等环节的监督抽查，加大路检路查力度；四要加强非道路移动源，如工程机械、农业机械、林业机械等的污染防治，对违法行为依法实施顶格处罚；五要加快老旧工程机械淘汰力度，大力推进叉车、牵引车采用新能源或清洁能源。

（3）打好城市黑臭水体治理战役

水体黑臭是老百姓的一大烦恼，黑臭的本质是排入水体的污染负荷过高，根源在于城市环境基础设施滞后。加快实施城市黑臭水体治理，一要加强控源截污，从生产、生活污水入手，确保其稳定达标排放；二要强化内源治理，合理制定并实施清淤疏浚方案，加强水体及其岸线垃圾治理；三要加强水体生态修复，落实海绵城市建设理念，营造岸绿景美的生态景观；四要活水保质，合理利用生态补水，合理配备水资源，逐步恢复水体生态基流；五要建立长效机制，落实河、湖长制。

（4）打好渤海综合治理战役

渤海是我国唯一的半封闭型内海，水体交换与自净能力比较差。实施《渤海综合治理攻坚战行动计划》（环海洋〔2019〕5号），要以环渤海三省一市的“1+12”城市[1]为重点，以改善渤海生态环境治理为核心，以实现“清洁渤海、生态渤海、安全渤海”为战略目标，以陆源污染治理行动、海域污染治理行动、生态保护修复行动、环境风险防范行动为引领，开展渤海生态环境综合治理。从减少陆源污染排放、开展海域污染源整治、强化生态保护修复、加强环境风险防范4个方面入手，打好渤海治理攻坚战。

（5）打好长江保护修复战役

按照习近平总书记“共抓大保护，不搞大开发”的生态环保理念，把修复长江生态环境摆在压倒性位置，开展工业、农业、生活、航运污染“四源同治”。一要强化生态环境空间管控，严守生态保护红线；二要综合整治排污口，推进水陆统一监管；三要加强企业污染治理，规范工业园区环境管理；四要加强航运污染防治，防范船舶港口环境风险；五要优化水资源配置，有效保障生态用水需求；六要加强生态系统保护修复，提升生态环境承载能力；七要实施重大专项行动，着力解决突出环境问题。

[1] “1+12”城市指天津和其他12个沿海地级及以上城市（包括大连、营口、盘锦、锦州、葫芦岛、秦皇岛、唐山、沧州、滨州、东营、潍坊、烟台）。

（6）打好水源地保护战役

饮水安全关系到民生，更牵动人心。应深入实施《全国集中式饮用水水源地环境保护专项行动方案》（环环监〔2018〕25号），在2019年年底前所有县级及以上城市完成水源地环境保护专项整治。一是落实饮用水水源地“划、立、治”三项重点任务，即划定饮用水水源保护区、设立保护区边界标志、整治保护区内环境违法问题，依法划定饮用水水源保护区；二是完善机制、统筹协调，加强水源水、出厂水、管网水、末梢水的全过程管理；三是深化地下水污染防治；四是定期开展监（检）测、评估集中式饮用水水源、供水单位供水和用户水龙头水质状况。

（7）打好农业农村污染治理攻坚战

要以建设美丽宜居村庄为导向，持续开展农村人居环境整治行动，实现全国行政村环境整治全覆盖。一是推进农村人居环境整治，抓好农村生活垃圾、污水治理和“厕所革命”，打造美丽乡村；二是保护乡村山水田园景观，优化乡村景观格局，推进农村基础设施建设，大力提升农村建筑风貌，推进乡土文化遗产保护；三是加强农业生产面源污染防治，从化肥、农药、农膜减量化入手，开展秸秆资源化利用；四是健全农村环境监管长效机制，引导农民积极主动参与农村环境保护。

3.四大专项行动

针对当前自然保护区生态破坏、洋垃圾进口污染等突出环境问题，开展“绿盾”国家级自然保护区监督检查专项行动、落实《禁止洋垃圾入境推进固体废物进口管理制度改革实施方案》（国办发〔2017〕70号）、打击固体废物及危险废物非法转移和倾倒、垃圾焚烧发电行业达标排放四大专项行动（表7-3），以此作为打好污染防治攻坚战的有力抓手。

表7-3　四大专项行动介绍

专项行动	具体内容
“绿盾”国家级自然保护区监督检查	以中央办公厅、国务院办公厅关于祁连山通报精神为指导，原环境保护部联合原国土资源部、水利部、原农业部、原国家林业局、中国科学院、原国家海洋局等部门开展“绿盾”国家级自然保护区监督检查专项行动。2017—2019年，累计发现342个国家级自然保护区存在的重点问题共5 740个，已完成整改3 986个
落实《禁止洋垃圾入境推进固体废物进口管理制度改革实施方案》	开展了打击进口废物加工利用企业环境违法行为专项行动，对违法企业实施处罚，形成了极大震慑。2017—2019年分别实现限制类固体废物全年进口量同比下降11.8%、51.5%、40.4%
打击固体废物及危险废物非法转移和倾倒	聚焦长江经济带开展“清废行动”，2018年挂牌督办的1 308个突出问题中有1 304个完成整改， 2019年发现的1 254个问题中有1 163个完成整改
垃圾焚烧发电行业达标排放	组织编制《生活垃圾焚烧发电厂自动监测数据用于环境管理的规定（试行）》，对垃圾焚烧发电厂开展专项整治行动，截至2019年，存在问题的垃圾焚烧发电厂全部完成整改

7.3 污染防治攻坚战面临的挑战

我国的环境问题呈复合型、压缩型，多阶段、多领域、多类型问题累积叠加。相比国际上的一些发达国家，我国是在较低的人均收入水平下解决更为复杂的环境问题，环境压力更大，解决起来更困难。打好打赢污染防治攻坚战并非易事，需要面对国内外环境与非环境要素的多重挑战。

7.3.1 环境要素挑战

我国环境状况的整体改善任重道远。从大气污染治理来看，在能源结构尚未实现较大改善的情况下，化石能源消耗所排放的温室气体和污染气体仍将威胁大气安全。新能源汽车的大规模生产和普及使用也将经历10年左右的时间，因而城市大气质量的全面好转难度较大。从水体污染治理来看，城市雨污分流尚未完全到位，海绵城市和地下综合管廊建设才刚刚开始，城市污水处理和循环利用仍未妥善解决。广大乡村由于居住分散，污水集中处理难度较大。更为严峻的是，化肥、农药使用形成的面源污染需要系统治理，任务十分艰巨。另外，我国农村土壤污染也较为严重，直接影响食品安全。同时，荒漠化、石漠化和水土流失的治理任务仍然较为艰巨，森林、草原、河流、湖泊、湿地、耕地等生态系统亟待修复和休养生息。

7.3.2 非环境要素挑战

一是我国所处发展阶段带来的挑战。目前，我国正处于工业化中后期，许多重化工业还将继续发展，资源、能源消耗比较多，环境污染压力较大。同时，我国的城市化正处于加速阶段的中期，未来10多年还将高速推进，因而会大量消耗资源，增加环境污染。二是发展模式转变难带来的挑战。过去40多年来形成的高投入、高消耗、高排放、高污染的粗放型发展模式存在“路径依赖”，具有“锁定效应”。发展模式之所以难以改变，深层次的原因是政府职能转变困难。三是资源禀赋和能源结构带来的挑战。我国是一个“富煤、少气、缺油”的国家，是全球主要的煤炭生产国，在能源消费中，化石能源约占90%，其中煤炭约占65%以上，电力生产2/3以上依靠燃煤发电，而煤炭恰恰又是二氧化碳排放的主要来源。四是人口众多带来的挑战。中国是近14亿人口的世界第一人口大国，每个人都是碳排放源，每个人都要消耗资源，每个人都要影响环境。

7.4 打好污染防治攻坚战的总体策略

污染防治攻坚战是一项涉及面广、综合性强、艰巨复杂的系统工程，2019年3月，原生态环境部部长李干杰提出，要从系统工程和全局角度寻求新的治理之道，建立良好的情绪与心态，坚定总体立场和态度，突出重点、狠抓落实。总结起来即“四五六七”。

"四"就是要有效克服自满松懈、畏难退缩、简单浮躁、与己无关这四种不良的情绪和心态。

"五"就是要始终保持"五个坚定不移"，即坚定不移深入贯彻习近平生态文明思想，坚定不移全面落实全国生态环境保护大会精神和党中央、国务院相关决策部署，坚定不移打好污染防治攻坚战，坚定不移推进生态环境治理体系和治理能力现代化，坚定不移加快打造生态环境保护铁军。

"六"就是要认真落实"六个做到"，即做到稳中求进、统筹兼顾、综合施策、两手发力、点面结合、求真务实。这"六个做到"既是推动污染防治攻坚战的总体立场，也是具体的工作策略和方法。

"七"就是聚焦打好七场标志性战役，确保污染治理的成效显现出来。

7.5 各部门、各地方积极打好污染防治攻坚战

7.5.1 各部门合力推进污染防治攻坚的局面基本形成

《意见》发布以来，最高人民检察院、国家发展改革委、科学技术部、交通运输部、农业农村部、文化和旅游部、工业和信息化部、自然资源部、生态环境部、住房和城乡建设部等多个部门独立或联合印发了推进污染防治攻坚战的实施方案和计划，协同打好污染防治攻坚战（表7-4）。财政部进一步加大资金支持力度以推进污染防治攻坚战的顺利实施，2018年、2019年中央财政安排大气、水、土壤三项污染防治资金合计1 000余亿元，投入力度前所未有。

表7-4　有关部门针对《意见》落实文件出台情况（按印发时间排序）

序号	出台文件	文号	印发部门	印发时间
1	《"绿盾2018"自然保护区监督检查专项行动实施方案》	环生态函〔2018〕43号	环境保护部等7个部门	2018年3月6日

续表

序号	出台文件	文号	印发部门	印发时间
2	《全国集中式饮用水水源地环境保护专项行动方案》	环环监〔2018〕25号	环境保护部和水利部	2018年3月9日
3	《关于全面落实〈禁止洋垃圾入境推进固体废物进口管理制度改革实施方案〉2018—2020年行动方案》	—	生态环境部	2018年3月26日审议通过
4	《垃圾焚烧发电行业达标排放专项整治行动方案》	—	生态环境部	2018年3月26日审议通过
5	《关于聚焦长江经济带坚决遏制固体废物非法转移和倾倒专项行动方案》	—	生态环境部	2018年4月9日审议通过
6	《关于创新和完善促进绿色发展价格机制的意见》	发改价格规〔2018〕943号	国家发展改革委	2018年6月21日
7	《打赢蓝天保卫战三年行动计划》	国发〔2018〕22号	国务院	2018年6月27日
8	《交通运输部关于全面加强生态环境保护坚决打好污染防治攻坚战的实施意见》	交规划发〔2018〕81号	交通运输部	2018年7月10日
9	《关于充分发挥检察职能作用助力打好污染防治攻坚战的通知》	—	最高人民检察院	2018年7月22日
10	《坚决打好工业和通信业污染防治攻坚战三年行动计划的通知》	工信部节〔2018〕136号	工业和信息化部	2018年7月23日

续表

序号	出台文件	文号	印发部门	印发时间
11	《生态环境部贯彻落实〈全国人民代表大会常务委员会关于全面加强生态环境保护　依法推动打好污染防治攻坚战的决议〉实施方案》	环厅〔2018〕70号	生态环境部	2018年7月30日
12	《推进运输结构调整三年行动计划（2018—2020年）》	国办发〔2018〕91号	国务院办公厅	2018年9月17日
13	《关于科技创新支撑生态环境保护和打好污染防治攻坚战的实施意见》	—	科学技术部	2018年9月
14	《关于保持基础设施领域补短板力度的指导意见》	国办发〔2018〕101号	国务院办公厅	2018年10月11日
15	《城市黑臭水体治理攻坚战实施方案》	建城〔2018〕104号	住房和城乡建设部、生态环境部	2018年10月15日
16	《打好污染防治攻坚战宣传工作方案（2018—2020年）》	—	生态环境部	2018年10月15日
17	《农业农村污染治理攻坚战行动计划》	环土壤〔2018〕143号	生态环境部、农业农村部	2018年11月6日
18	《贯彻落实〈中共中央国务院关于全面加强生态环境保护　坚决打好污染防治攻坚战的意见〉任务分工方案》	—	中央办公厅	2018年11月

续表

序号	出台文件	文号	印发部门	印发时间
19	《渤海综合治理攻坚战行动计划》	环海洋〔2018〕158号	生态环境部、国家发展改革委、自然资源部	2018年11月30日
20	《国家级文化生态保护区管理办法》	文化和旅游部第一号令	文化和旅游部	2018年12月10日
21	《〈中共中央　国务院关于全面加强生态环境保护　坚决打好污染防治攻坚战的意见〉部内任务分工方案》	环办综合函〔2018〕1589号	生态环境部	2018年12月29日
22	《柴油货车污染治理攻坚战行动计划》	环大气〔2018〕179号	生态环境部、国家发展改革委等11个部门	2018年12月30日

7.5.2　各省（自治区、直辖市）因地制宜地出台实施意见并部署作战计划

根据各地生态环境厅（局）官网信息公开情况，我国31个省（自治区、直辖市）和新疆生产建设兵团，除个别省份外，均以地方党委、政府的名义制定或印发了省级层面的打好污染防治攻坚战的实施意见或行动方案（图7-1）。部分地区亮点突出，既注重构建生态文明建设基本理论、基本制度、实践路径、基本目标的“四梁八柱”，又针对污染防治问题精准施策，“量身定制”地方污染防治攻坚和美丽中国建设的配套机制政策。《意见》发布后，天津市迅速响应，印发实施“1+8”三年作战计划，明确污染防治攻坚战的时间表和路线图；市级部门编制发布了47个专项工作方案合力攻坚，截至2019年，城市建成区基本消除黑臭水体，大气、水环境质量均达到近年来最好水平。浙江省作为全国首个部省共建的美丽中

国示范区，制定了《关于高标准打好污染防治攻坚战　高质量建设美丽浙江的意见》，同步推进污染防治攻坚战与美丽浙江建设，通过“五水共治”、“清三河”（全力清理垃圾河、黑河、臭河）、“剿灭劣Ⅴ类水”以及创建“美丽河湖”等行动，2018年全省达到或优于Ⅲ类水质断面的比例大于90%、劣Ⅴ类断面全面消除，水环境质量显著改善。通过淘汰落后和过剩产能、强化绿色科技创新引领、积极推进区域绿色协调发展、推进重大工程项目落地实施等，浙江省污染物排放量显著降低，提前完成了2020年污染防治攻坚战设定的COD、氨氮、二氧化硫、氮氧化物排放量的削减目标。

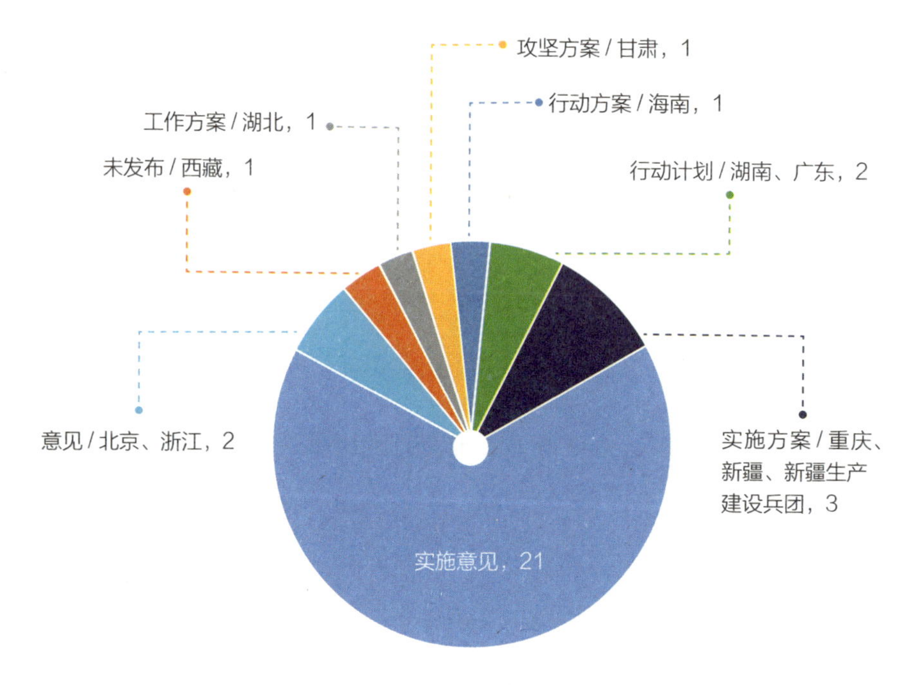

图7-1　各省（自治区、直辖市）印发文件标题统计（个）

参考文献

[1] 国家统计局，生态环境部 .2018 中国环境统计年鉴 [M] . 北京：中国统计出版社，2019.

第8章

绿水青山就是金山银山的理论认知与实践路径

习近平总书记关于绿水青山就是金山银山的论述深刻揭示了绿水青山就是金山银山的本质属性，阐明了生态文明建设与经济社会发展之间的辩证关系，提出了实现保护与发展相互协调的方法论，彰显了保护生态环境就是保护生产力、改善生态环境就是发展生产力的重要理念，找到了实现绿色发展的有效途径。践行绿水青山就是金山银山的发展理念必须保护恢复绿水青山，充分利用绿水青山的商品属性和经济价值，让绿水青山释放更多的生态红利。

8.1 绿水青山就是金山银山的认知迭代

伴随中国改革开放40多年的进程，在经济社会发展的不同时间节点，生态环境形势、环境保护政策和制度建设呈现出不同的特征，反映了对生态环境保护与经济增长关系的认知变化[1]。绿水青山就是金山银山的科学论断是习近平总书记在时代变化大背景中经过感性的认识、实践的探索和理性的思考孕育形成并不断深化的，意在解决经济发展与环境保护的冲突与矛盾，已成为习近平生态文明思想的核心内容，其形成脉络可以用表8-1表示。

表8-1　绿水青山就是金山银山理念的形成与发展

时期	阶段	主要观点/政策文件	时代背景
正定时期（1980—1985年）	探索阶段	强调要处理好经济与生态的关系；“宁可不要钱，也不要污染”	对“先污染、后治理”的道路始终保持警惕
福建时期（1985—2002年）	探索阶段	提出建设生态省；“把美好家园奉献给人民群众，把青山绿水留给子孙后代”“资源开发不是单纯讲经济效益的，而是要达到社会、经济、生态三者效益的协调”	经济增长逐渐缺失环境保护的刚性约束，环境与发展的矛盾突出

续表

时期	阶段	主要观点/政策文件	时代背景
浙江时期（2002—2007年）	形成阶段	深刻阐述了发展与保护的关系，提出绿水青山就是金山银山的著名论断	环境治理水平、力度加强，但未能扭转环境质量恶化的局面，不断逼近承载能力极限
上海时期/国家副主席时期（2007—2012年）	完善阶段	强调要走绿色发展之路；“崇明的发展理念很好。要按照建设生态岛的思路，认认真真做下去，只要认准了方向，就不要动摇”；强调良好生态环境是最普惠的民生福祉，深切关注人民群众对美好生态环境的需求	节能减排作为约束性指标纳入国民经济和社会发展规划
总书记时期（2012年至今）	发展阶段	绿水青山就是金山银山作为重要理念写入《关于加快推进生态文明建设的意见》《中国共产党章程》《宪法》，成为习近平生态文明思想的指导原则之一	生态环境质量持续好转，出现了稳中向好的态势，但成效并不稳固；把生态文明建设作为“五位一体”总体布局的重要组成部分

资料来源：作者整理，2020。

对于绿水青山与金山银山之间的关系，习近平总书记曾用三个阶段来概括：第一个阶段是用绿水青山去换金山银山，不考虑或者很少考虑环境的承载能力，一味地索取资源；第二个阶段是既要金山银山，也要保住绿水青山，这时经济发展与资源匮乏、环境恶化之间的矛盾凸显，人们意识到环境是我们生存发展的根本，留得青山在，才能有柴烧；第三个阶段是认识到绿水青山可以源源不断地带来金山银山，其本身就是金山银山，我们种的常青树就是“摇钱树”，生态优势可以变成经济优势，形成了一种浑然一体、和谐统一的关系。[1] 2013年9月7日，习近平主席在哈萨克斯坦纳扎尔巴耶夫大学发表重要演讲并回答学生提问时指出，“中国明确把生态环境保护摆在更加突出的位置。我们既要绿水青山，也要金山银山。宁要绿水青山，不要金山银山，而且绿水青山就是金山银山。”[2]

2012年11月，党的十八大把生态文明建设纳入“五位一体”总体战略布局，提出在五大建设中，生态文明建设应放在突出地位，并融入经济建设、政治建设、文化建设和社会建设的各方面和全过程。之后，习近平总书记在不同场合论述了生态文明建设的重要性，多次强调绿水青山就是金山银山的理念。2015年3月，国务院通过《关于加快推进生态文明建设的意见》，正式把“坚持绿水青山就是金山银山”写入中央文件，并上升为治国理政的基本方略和重要国策。2017年10月，“必须树立和践行绿水青山就是金山银山的理念”被写入党的十九大报告；“增强绿水青山就是金山银山的意识”被写入新修订的《中国共产党章程》，与“坚持节约资源和保护环境的基本国策”一并成为新时代中国特色社会主义生态文明建设的思想和基本方略。2018年5月，在全国生态环境保护大会上绿水青山就是金山银山被列入习近平生态文明思想六项原则[2]之一。至此，绿水青山就是金山银山的理论体系逐渐完善，并从治国理政的基本方略上升为重要国策，成为指导我国加快生态文明建设的重要指导思想和党中央治国理政思想的重要组成部分，为我们从根本上科学认知生态文明、践行生态文明提供了价值遵循和实践范式。

绿水青山就是金山银山从直观意义上理解，其中的“绿水青山”代表良好的生态环境，“金山银山”代表经济发展所带来的丰富的物质财富。如何正确处理二者的关系，实际上就是如何正确看待和处理经济发展与环境保护的关系。

---

[1] 本段论述来自2006年3月8日习近平同志在中国人民大学的一次演讲。

[2] 这六项原则是坚持人与自然和谐共生的原则、坚持绿水青山就是金山银山的原则、坚持良好生态环境是最普惠的民生福祉的原则、坚持山水林田湖草是命运共同体的原则、坚持用最严格制度最严密法治保护生态环境的原则、坚持共谋全球生态文明建设的原则。

8.1.1 既要绿水青山，又要金山银山

发展是硬道理，离开了发展，什么事情都无从谈起。饱受磨难的近现代中国的经济社会发展尤是如此。改革开放以来，我国工业化、城镇化进程突飞猛进，经济社会发展、综合国力和国际影响力实现了历史性跨越。中国人民以自己的勤劳、坚韧、智慧创造了世界经济发展史上令人赞叹的“中国奇迹”。2019年，我国人均GDP达到1万美元，迈入中等收入国家行列。

当前，我国社会的主要矛盾已经转化为人民日益增长的美好生活需要和不平衡不充分的发展之间的矛盾。当前我们进行生态文明建设，目标就是实现人与自然的和谐发展，要的是发展中的保护，既不是要回到原始的生产生活方式，也不是继续工业文明追求利润最大化的发展模式，而是要达到包括生态价值在内的经济、生态、社会价值的最大化，要求遵循自然规律，尊重自然、顺应自然、保护自然，以资源环境承载能力为基础，建设生产发展、生活富裕、生态良好的文明社会和中国特色社会主义，谋求的是可持续发展。

“生态兴则文明兴，生态衰则文明衰。”“既要绿水青山，又要金山银山”的论断是对发展内涵的再认识，亦是对旧有的粗放式发展方式的反思，明确了发展是第一要务，强调在建设和发展的目标上要做好自然生态与经济发展的协同，两手都要抓，两手都要硬，坚定了中国要走绿色发展道路的选择。

8.1.2 宁要绿水青山，不要金山银山

发展必须是遵循自然规律的可持续发展，这是人类从无数经验教训中得出的必然结论，是我国在进一步深化改革中的必然选择。在人与自然的关系上，自然界是人类生存和发展的基础，但在开发自然、利用自然的过程中，人类不能凌驾于自然之上，如果我们不遵循自然规律，大肆掠夺自然资源甚至破坏生态环境，自然界就会对我们进行报复。习近平总书记反复强调指出，“人因自然而生，人与自然是一种共生关系，对自然的伤害最终会伤及人类自身。只有尊重自然规律，才能有效防止在开发利用自然上走弯路。”[3]

过去几十年里，在工业文明的发展范式下，人类对大自然过分开发利用，使自然资源的消耗速度大大超过了其自身的修复速度，而人类活动产生的大量生产生活垃圾以及有毒有害物质超过了环境的消纳能力，即我们现在所说的生态环境容量。人类逐渐认识到，一旦经济发展与生态保护发生矛盾冲突，就必须毫不犹豫地把保护生态放在首位，而绝不可以再走用绿水青山去换金山银山的老路。习近平总书记指出，“如果仅仅靠山吃山很快就坐吃山空了。这里的生态遭到破坏，对国家全局会产生影响。”[4]“生态等到污染了、破坏了再来建设，那就迟了。对于那些破坏生态环境的行为，绝不能手软，不能搞下不为例，要防止形成破窗效应。”[5]

总之，“宁要绿水青山，不要金山银山”的论断充分表明了党中央对加强环境保护的坚定意志和坚强决心，强调把生态建设和环境保护放在优先位置，强调在保住绿水青山的基础上实现可持续发展，尊重自然、顺应自然、保护自然，经济发展以遵循自然发展规律为前提。

8.1.3 绿水青山就是金山银山

绿水青山作为自然生态系统，其本身就是宇宙“财富”的重要组成部分和源泉所在，如空气、水等，过去我们认为它们取之不尽、用之不竭，事实上，如果人类不尊重它们、不保护它们，破坏了它们的自然生态和自然生命价值，就会“失之难存”。自然财富的流失，不仅连带影响经济财富的再创造，也会损害人类的健康并制约可持续发展。绿水青山是自然生态，是生命的底色，决定着我们的生活品质，是我们生活中的“金山银山”。同时，绿水青山作为自然生态环境，可以直接为人类生产活动提供场地和生产生活资料，如土地、森林、矿物、石油等，其本身就是人类的生产资料。绿水青山还可以转化为经济资源，如一些地区在发展过程中把生态环境优势转化为生态农业、生态工业、生态旅游等生态经济优势。这样，绿水青山也就可以直接转变成金山银山。可见，绿水青山本身就是金山银山。

在工业文明时代，受对自然规律认识所限，人类突出强调的是对自然的掠夺、征服和战胜，在经济社会发展的同时也伴随着环境污染、资源短缺、物种灭绝、气候变暖等全球性的生态灾害和危机。过去曾经存在两种错误观念：一是认为发展必然导致环境的破坏，构成了“唯GDP论”的思想基础；二是认为注重保护就要以牺牲甚至放弃发展为代价，成为懒政惰政的借口。在这个问题上，存在竭泽而渔式的单纯增长和缘木求鱼式的单纯保护两种片面的做法。这两种做法都不可取。发展观是观发展的标准，有什么样的发展观，就有什么样的民生观、消费观、治理观和政绩观。坚持绿色发展观，意味着既要认可绿水青山就是金山银山，也要积极促使绿水青山变为金山银山。

“绿水青山既是自然财富、生态财富，又是社会财富、经济财富。保护生态环境就是保护自然价值和增值自然资本，就是保护经济社会发展潜力和后劲，使绿水青山持续发挥生态效益和经济社会效益。”从发展观的角度来看，实现绿水青山就是得到金山银山，其实质就是要实现经济生态化和生态经济化、产业的生态化和生态的产业化。一方面，要保护生态和修复环境，经济增长不能再以资源大量消耗和环境毁坏为代价，要引导生态驱动型、生态友好型产业的发展，即经济的生态化；另一方面，要把优质的生态环境转化成居民的货币收入，根据资源的稀缺性赋予它合理的市场价格，尊重和体现环境的生态价值，进行有价有偿的交易和使用，即生态的经济化。经济生态化和产业的生态化发展需要我们树立正确的价值观，以结构调整为抓手，转方式、调结构、改导向、提质量；生态经济化或生态产业化的推进需要我们推动产权制度化，实施水权、矿权、林权、渔权、能权等自然资源产权的有偿使用和交易制度，实施生态权、排污权等环境资源产权的有偿使用和交易制度，实施碳权、碳汇等气候资源的有偿使用和交易制度等。

总而言之，“绿水青山就是金山银山”的科学论断阐明了发展与保护的辩证统一关系，厘清了环境保护与经济发展的中长期路径，明确了生态资源的交易属性与价值功能，这是对发展思路、发展方向、发展着力点的认识飞跃和重大变革，是发展观创新的最新成果和显著标志，为生态文明建设指明了方向。绿水青山就是金山银山同保护生态环境就是保护生产力、改善生态环境就是发展生产力高度一致。把绿水青山（即生态环境）内化为生产力的要素之一，对社会主义生产力理论具有开创意义。

8.2 绿水青山就是金山银山的核心内涵

改革开放40多年来，我国经济高速增长，一跃成为世界第二大经济体，与此同时也产生了诸多社会问题和严重的环境问题、生态安全问题，给可持续发展带来隐患。绿水青山就是金山银山作为习近平生态文明思想的核心理念，是发展观的一场深刻思想革命，已成为新时代推进生态文明建设、统筹环境保护与经济发展关系的战略思维。

8.2.1 绿水青山与金山银山代表两种财富观

绿水青山有着强大的生态功能和丰富的自然资源，是人类生存的根本保障，是人类发展的物质基础，在推动绿色发展方面发挥着不可替代的作用。绿水青山就是金山银山生动形象地描绘了我国生态文明建设的价值取向，具有深刻的经济学内涵。单从字面上看，绿水青山指的是清洁空气、清新水源、宜人气候等良好生态环境；金山银山则是物质财富的具体象征。绿水青山就是金山银山的真正含义在于在不破坏生态环境的基本前提下，实现经济发展和环境保护的双赢局面。

从经济学角度来讲，绿水青山和金山银山分别代表了两种财富，即自然资源财富和物质财富。关于二者的关系，人们有四种认识[6]。

第一种是在经济发展较为落后的初期阶段，靠山吃山、靠水吃水，有的地方甚至为了金山银山而破坏绿水青山，用绿水青山去换金山银山。只要经济发展，产生GDP，就不去过多考虑资源环境承载能力。此时，在人们的心目中自然财富的效用价值小于物质财富的效用价值。以浙江省安吉余村为例，20世纪90年代，靠大规模开山采矿，村集体年收入常年稳定在300多万元，一度成为全县首富村，但是过度开采不仅破坏了生态环境，还使整个村庄常年灰蒙蒙的，而且矿产资源会逐步耗尽，使经济发展不可持续。

第二种是随着经济的迅猛发展，人们开始注意到环境保护的重要性，开始被动地治理生态破坏和环境污染，但并没有从全局的高度认识这个问题。当生态破坏和环境污染到了不可逆转的阶段，人们开始对绿水青山产生强烈诉求，宁要绿水青山，不要金山银山，这时自然资源财富的效用价值大于物质财富的效用价值。

专栏8-1 太湖蓝藻暴发导致饮用水危机

2007年5月29日，一场突如其来的饮用水危机在江苏省无锡市发生，其罪魁祸首就是太湖蓝藻。2007年5月28日17时，太湖无锡水域水体大面积发黑、发臭，溶解氧从2.2 mg/L下降到0（正常情况下大于4 mg/L），氨氮从1.98 mg/L上升到12.7 mg/L，超标25倍。从5月29日开始，无锡市大批城区居民家中的自来水水质骤然恶化，气味难闻，无法正常饮用，还一度出现了众多市民抢购纯净水的现象。绝大部分超市的纯净水断货，饮用水一度成为无锡市面上最为抢手的商品，买不到纯净水的市民开始购买果汁饮料。同时，街头的桶装纯净水价格也由原来的每桶8元涨到了每桶15元。

（资料来源：李金林等，2008）

第三种是既要金山银山，又要绿水青山，表明人们既需要将自然资源转化为自然资产、自然资本，也需要人造的物质财富，自然财富的效用价值和物质财富的效用价值不是替代关系，而是可以共存的。绿水青山既是自然财富，又是社会财富、经济财富。保护生态环境就是保护生产力，改善生态环境就是发展生产力。

第四种是绿水青山就是金山银山，表明自然资源财富可以转换为人造的物质财富，但不表示自然财富的价值等于物质财富的价值。绿水青山可以源源不断地带来财富，蓝天白云、青山绿水是长远发展的最大本钱，生态优势可以变成经济优势、发展优势，这是一种更高的境界。

前两种情况说明自然财富和物质财富存在替代取舍的关系，后两种情况说明自然财富和物质财富是共生关系。需要注意的是，人造物质财富随着时间的推移会发生折损和贬值，而自然资源财富在保护得当或没有人为破坏的情况下，在一定时候和条件下其经济价值会逐渐增加。正是基于这种认识，追求可增值的自然资产、促进人类文明从工业文明向生态文明转型成为发展的趋势。

8.2.2　绿水青山转化为金山银山需要条件

绿水青山是人类社会生存和发展所必需的物质资源，是产生经济价值的根本物质保障。但要想从根本上实现绿水青山向金山银山的转化，仅有良好的生态环境远远不够，还需要物质资本、人力资本和社会资本之间的相互配合、共同作用[7]。

自然资本可以被定义为一切土地、空气、水源、生物等生态系统产品与服务的总和。这些自然资本不仅为人类提供食物、能源等物质产品，也提供了维持生态系统稳定等服务。自然资本的存在是人类经济活动的根本物质前提。在自然资本日益匮乏的当代，重视自然资本、发掘自然资本、主动供给自然资本是未来经济增长的动力之一。

物质资本是维持人类经济社会活动所必需的生产资料，包括机械设备、建筑厂房、交通通信等设施。物质资本的形成为经济社会的发展提供了客观的物质条件。实现绿水青山向金山银山的转化不能脱离物质资本的积累，但在物质资本积累的过程中也要避免破坏生态环境、形成锁定效应。

人力资本是现代经济增长中最重要的原动力，表现为劳动者自身所有的资本——科学知识、文化水平、技术能力、身体健康状况等。绿水青山向金山银山的转化离不开劳动的参与，同时人力资本形成过程中所创造出来的知识、科技、管理经验也能极大地提高转化效率。

社会资本是指社会成员之间的社会认同、社会联系、社会互惠、社会信任、社会共识、社会道德、社会整合，是人与人之间交往过程中所形成的一系列制度的集合。一个社会只有实现有机整合，经济社会发展才可以真正迸发出勃勃生机。社会资本能够有效地将整个社会凝聚起来，认可绿水青山的价值，为绿水青山向金山银山的转化提供制度保障。

由此可见，自然资本不是实现绿水青山向金山银山转化的唯一要素和决定性要素。实现这一转化的关键还要看自然资本与物质资本、人力资本、社会资本之间的协调关系。利用生态环境优势可以引来资本、项目和技术，还可以引来人才和高质量的人口。在现代经济社会发展实践中，人力资本和社会资本的作用越来越大，特别是人力资本，优质的人力资本可以为社会发展提供先进的思维方式、科学技术和管理经验，也有助于物质资本和社会资本的快速积累，为绿水青山向金山银山的转化提供智力支持。

8.2.3 绿水青山向金山银山的价值转化

绿水青山是自然资源和生态环境的综合体，金山银山则是人类物质财富的集合体，它们分别体现了资源环境的生态属性和经济属性，是推动人类社会可持续发展的两个重要因素。因此，绿水青山就是金山银山的本质是如何使生态产品转化为生态资产，如何评估生态资产的生态价值，如何使生态价值带来经济价值。

绿水青山具有以下价值：一是为物质产品的生产提供原材料的生产要素，如土地、森林、矿产资源等，这种产品化程度已经成熟的绿水青山可以直接在产品市场中进行销售；二是通过排他的生态消费品媒介将优质的自然资本转化为生态消费品的生产要素，从而直接进入市场体系，通过价格衡量，借助市场经济手段实现价值；三是无法直接创造金山银山的公共性生态产品，如生态保护区、国家公园等，其价值难以直接通过市场手段进行核算，必须借助影子价格法、条件价值评估法等价值评估手段进行核算。

《生态文明体制改革总体方案》中提出的自然资源资产产权、资源总量管理、资源有偿使用和生态补偿等制度设计，为搭建绿水青山向金山银山的价值转化通道指明了方向：①明确了自然资源产权，产权明晰是市场交易的根本前提；②借助现代化的价值核算手段科学测算了生态系统的货币价值；③探索生态产品价值实现机制，找到生态农产品、生态旅游产品等“桥梁媒介”，实现生态价值向经济价值的转化；④对不能体现市场经济价值的生态服务进行补偿，再通过制度保障、技术保障实现生态价值提升，从而提高社会的整体福祉。价值转化的具体途径如下：

一是要建立绿水青山的价值评估核算机制，将生态产品价值进行货币化计量，为实现生态产品价值提供客观参考依据，解决生态产品值多少钱的问题。货币化的核算要建立在实物量的基础之上，根据其使用价值和稀缺程度进行定价。在此基础上编制自然资产负债表，摸清生态家底，完成生态产品“算成钱”的步骤。

专栏8-2 绿水青山的生态价值核算

从生态学的专业角度来理解，“绿水青山”就是高质量的森林、湖泊、草地、沼泽、河流以及海洋等自然生态系统的统称。在核算生态系统提供的物质产品与服务的价值时，主要核算直接使用价值和间接使用价值。我们将生态系统提供的产品与服务的使用价值称为生态系统生产总值（简称GEP）。GEP包括三个方面的价值：一是生态系统提供的物质产品，如水资源、木材、中草药、牛肉、羊肉、生物能源等；二是生态调节服务价值，如水源涵养、土壤保持、固碳、提供氧气、调蓄洪水、调节气候等；三是生态文化服务，如生态旅游、景观价值等。在核算生态价值的过程中，应首先核算生态物质产品和生态服务的功能量；其次对生态产品与服务进行定价，计算每项产品与服务的经济价值；最后将一个地区的所有生态产品与服务的价值进行汇总，得到该地区生态产品与服务的总价值，也就是这个地区的GEP。GEP核算让生态产品的价值实现有了参照系，打通了资产融资的担保难题，同时也为干部生态绩效考核提供了重要依据。

（资料来源：媒体对欧阳志云的采访报道）

二是要健全绿水青山的市场交易机制。近年来，我国碳排放权交易市场、水权交易市场等生态资产市场的发展呈现良好态势。事实证明，市场这只“无形的手”有能力实现绿水青山这种资源的有效配置。为此，应当进一步加快培育生态产品市场交易体系，充分发挥市场在资源配置中的决定性作用，实现生态产业化和产业生态化经营，探索作为生产要素的生态产品的市场化进程，实现绿水青山的市场价值。

专栏8-3　重庆市森林覆盖率指标交易

为筑牢长江上游重要生态屏障、加快建设山清水秀美丽之地、推动城乡自然资本增值，重庆市于2018年印发了《重庆市国土绿化提升行动实施方案（2018—2020年）》，提出到2022年全市森林覆盖率从45.4%提升至55%，2018—2020年计划完成营造林1 700万亩。为了促使各区（县）切实履行职责，重庆市将森林覆盖率作为约束性指标对每个区（县）进行统一考核，明确各地政府的主体责任。同时，考虑到各区（县）的自然条件不同、发展定位各异及部分区县国土绿化空间有限等实际问题，重庆市还印发了《重庆市实施横向生态补偿　提高森林覆盖率工作方案（试行）》，对完成森林覆盖率目标确有困难的地区，允许其购买森林面积指标用于本地区森林覆盖率目标值的计算，让保护生态的地区得补偿、不吃亏，探索建立了基于森林覆盖率指标交易的生态产品价值实现机制，形成了区域间生态保护与经济社会发展的良性循环。

2019年3月，位于重庆市主城区、绿化空间有限的江北区，为实现森林覆盖率55%的目标，与渝东南的国家级贫困县酉阳县签订了全国首个“森林覆盖率交易协议”。江北区向酉阳县购买7.5万亩森林面积指标，交易金额为1.875亿元，按照3∶3∶4的比例分3年向酉阳县支付指标购买资金，专项用于酉阳县森林资源的保护发展工作。

重庆市通过建立以森林覆盖率为管控目标的生态保护激励机制和补偿机制，让保护生态者不吃亏、能受益，推动了生态效益与经济效益的有机统一，实现了生态服务受益地区与重点生态功能地区的双赢，激励各方更加主动地保护生态环境，提高了生态产品的供给能力，推动构建生态优先、绿色发展的生态保护长效机制。

［资料来源：自然资源部《生态产品价值实现典型案例》（第一批），2020年］

三是要完善生态产品价值补偿机制。在缺少政府干预的情况下，生态补偿由于利益主体数量庞大而难以达成最终协议，因此需要政府这只“看得见的手”建立一系列生态补偿制度，通过财政资金专项转移支付的方式购买生态产品，激发生产和保护生态产品的积极性。按照“谁保护、谁受益”的原则建立系统完善的生态补偿机制，使生产绿水青山和创造金山银山的两大分工群体的利益趋于公平合理，激发人民群众的生产积极性。

8.3 绿水青山向金山银山转化的载体

良好生态环境是最普惠的民生福祉。践行绿水青山就是金山银山的理论、释放生态红利是新时代生态文明建设的必然要求，也是实现经济高质量发展和解决当前社会主要矛盾的必然要求。生态红利，是指生态产品以及具有生态属性和品质的产品与服务的生产和提供所带来的就业增量、经济增长和民生福祉提高，以及所形成的可持续的生态友好的社会收益。生态红利主要源自因生态资产的保值增值和生态负债的减少而提升的生产力所形成的社会收益[8]。生态资产保值增值所形成的增长点包括自然生态产品和服务（如天蓝、地绿、水净、生物多样性）的数量与品质的供给增加，以及由此提升的民生福祉（健康、旅游）和社会收益。因此，践行绿水青山就是金山银山、释放生态红利的关键在于增强生态产品的供给能力，探索生态产品价值的实现机制。

8.3.1 实现生态产品价值是当前生态文明建设的重要任务

近年来，“生态产品”这一名词频频出现在各级党委和政府的政策性文件以及相关媒体报道中。党的十八大报告指出，要实施重大生态修复工程，增强生态产品生产能力，推进荒漠化、石漠化、水土流失综合治理，扩大森林、湖泊、湿地面积，保护生物多样性[9]。党的十九大报告进一步指出，我们要建设的现代化是人与自然和谐共生的现代化，既要创造更多物质财富和精神财富以满足人民日益增长的美好生活需要，也要提供更多优质生态产品以满足人民日益增长的优美生态环境需要[10]。2018年5月，习近平总书记出席全国生态环境保护大会时指出，生态文明建设正处于压力叠加、负重前行的关键期，已进入提供更多优质生态产品以满足人民日益增长的优美生态环境需要的攻坚期，也到了有条件、有能力解决生态环境突出问题的窗口期。我们要积极回应人民群众所想、所盼、所急，大力推进生态文明建设，提供更多优质生态产品，不断满足人民群众日益增长的优美生态环境需要[11]。这些论断足以表明，增强生态产品供给能力、探索生态产品价值实现机制已成为新时代中国特色社会主义生态文明建设的重要任务。

8.3.2 实现生态产品价值是实现经济高质量发展的必然要求

改革开放40多年来，我国经济建设取得了巨大成就，但也积累了不少环境问题。发达国家一两百年出现的环境问题，在我国40多年来的快速发展中集中显现，呈现出明显的结构型、压缩型、复合型特点，老的环境问题尚未解决，新的环境问题接踵而至。生态资源与环境约束日趋紧张，生态产品正在成为新的稀缺性资源。当前，我国经济已由高速增长阶段转向高质量发展阶段，需要跨越一些常规性和非常规性关口。实现经济高质量发展既要创新发展思路、转变发展方式，也要培育新的经济增长动能。以生态产品为依托、探索绿色发展道路是实现经济高质量发展的必然要求。2005年，时任浙江省委书记的习近平同志在浙江湖州安吉余村首次提出了绿水青山就是金山银山，深刻阐明了经济发展与环境保护之间的辩证统一关系，揭示了绿水青山转化为金山银山的内在规律，为高质量发展指明了方向。绿水青山就是金山银山的理念是习近平生态文明思想的重要组成部分，生态产品及其价值实现理念是核心基石，为其提供了实实在在的实践抓手和价值载体。实践表明，推动高质量发展必须坚持以习近平生态文明思想为指导，立足实际、主动作为，持续推动绿水青山向金山银山转化，着力构建节约资源和保护环境的空间格局、产业结构和生产方式，努力走出一条生态美、产业绿、百姓富的高质量发展之路。提高生态产品供给水平、探索生态产品价值实现机制是创新发展理念、培育新的增长动能的有益尝试，是实现经济高质量发展、构建高质量现代化经济体系的必然要求。生态产品的价值实现过程既是绿水青山和金山银山双赢的过程，又是从工具理性回归价值理性的过程，是经济高质量发展的应有之义。

8.3.3 实现生态产品价值是实现经济与环境协调发展的主要手段

党的十九大报告对新时代中国社会的主要矛盾做出重要判断："中国特色社会主义进入新时代，我国社会主要矛盾已经转化为人民日益增长的美好生活需要和不平衡不充分的发展之间的矛盾。"[10]正确认识和把握这个新的重大政治论断，对深刻理解我国发展新的历史方位、加强新时代中国特色社会主义生态文明建设具有重要意义。随着中国特色社会主义进入新时代，人民群众不仅对美好生活的愿望日益增强，对物质文化生活提出了更高要求，而且对优美生态的需要也在与日俱增。这必然要求坚持人与自然和谐共生的发展理念，实现经济发展与环境保护的"共赢"局面。各级政府要坚定地走生产发展、生活富裕、生态良好的文明发展道路，建设美丽中国，提供更多优质生态产品，以满足人民群众日益增长的优美生态环境需要。环境就是民生，良好的生态环境是最公平的公共产品，是最普惠的民生福祉。生态环境被看作一种能满足人民美好生活需要的优质产品，如此一来，良好的生态环境就由古典经济学家眼中单纯的生产原料、劳动对象转变为提升人民群众获得感的增长点、经济社会持续健康发展的支撑点、展现我国良好形象的发力点。

8.4 绿水青山向金山银山转化的实现路径

生态产品的价值实现既是使用价值与价值在买卖双方之间反方向的转移，也是一个完整的生产、分配、交换和消费的过程。通过探索生态产品价值的实现机制，有助于实现绿水青山和金山银山的辩证统一，进一步缩小区域之间、城乡之间的发展差距。由于各地区的气候、水文、地质等自然条件存在差异，生态资源禀赋存在差异，生态产品价值的实现路径也就不尽相同，在探索这一实现路径的过程中也就存在一定的差异性。

8.4.1 根据自然禀赋实施差异化政策

生态产品大多具有公共产品和经营产品的双重属性，因而可以分为经营性生态产品和公共性生态产品两种类型。经营性生态产品具有与传统农产品、工业产品基本相同的属性特点，公共性生态产品除具有公共产品皆有的非排他性、非竞争性等特点外，往往还具有多重伴生性、自然流转性和生产者不明等特性[12]。因此，生态产品的价值实现与一般商品或者公共物品存在较大差异。

由于绿水青山向金山银山转化的机制没有贯通，可借鉴的成功案例不多，所以在一些地方，对于生态产品的价值实现存在怀疑甚至存在认识上的误区。例如，只看到了生态产品的公共性属性，而忽视了其经营性属性，将生态产品的价值实现简单地等同为上级政府的转移支付；更有甚者，把绿水青山与金山银山对立起来，认为保护绿水青山就是不能发展经济，将保护生态环境作为经济发展不力的“挡箭牌”，长期封育违反了生态规律，易造成生态产品供给不足。与之相反的情况是过分强调生态产品的经营性属性，过度进行生态产业开发，破坏了生态环境。总而言之，生态产品的价值实现应根据资源禀赋差异，明确生态产品供给的属性定位，平衡好公共性生态产品和经营性生态产品的关系。

在生态系统严重失衡的地区，生态产品供给相对不足，需要考虑提高生态产品的供给能力，打通社会财富向生态财富转化的价值实现路径，为经济社会发展提供一般性的生产条件。这里存在以下两种情形：

第一种情形是在经济社会发展过程中积累了足够多的社会财富，能够为生产生态产品提供充足的物质保障，如京津冀地区的生态保护和雾霾治理工程。对于京津冀地区的居民来说，蓝天白云、繁星闪烁、清水绿岸、鱼翔浅底、吃得放心、住得放心、鸟语花香、田园风光等就是优质的生态产品，但由于这一地区生态本底较差，需要尽快消除生态负债，扭转生态环境恶化的局面。近年来，京津冀雾霾治理成效显著，老百姓对于蓝天白云有更多的获得感，但从新冠肺炎疫情期间重污染天气的出现所引起的社会关注来看，雾霾治理依然任重道远。

第二种情形是经济社会发展过程中所积累的社会财富不足以满足生产生态产品的需要，仅凭借该地区内部的物质财富不足以从根本上解决生态产品供给不足的问题，此时需要借助外部力量，通常由上级政府牵头统筹安排，为生产生态产品提供资金、技术上的支持，如由中央政府统筹协调在三江源地区开展的国家公园试点工作。生态产品价值实现的目的是进一步提升该地区生态系统的稳定性，保障地区生态安全。

当生态系统处于平衡状态时，可以进一步考虑挖掘生态资源所蕴含的自然生产力，探索生态产品价值实现机制，实现生态财富向社会财富的转化，这里依然存在以下两种情形：

第一种情形是生态产品具有明显的竞争优势，开发风险较小，收益可观。对于此类生态产品，应在保障生态系统安全的情形下，合理规划布局相关产业，将其转化为实实在在的经济收入。例如，依托海洋资源、热带旅游资源等具有明显竞争优势的生态资源，在海南省开发生态旅游业、热带经济作物等相关产业，对繁荣当地经济和社会具有重大意义。

第二种情形是产品同质性较高，当地基础设施薄弱，开发存在一定的经济风险。对于此类生态产品，一方面应合理布局产业，开发具有地方特色和比较优势的产业；另一方面应对内加强交通、通信等基础设施的建设力度，破解价值实现过程中的体制机制障碍，对外扩大宣传，推广自身品牌，提高产品知名度。以浙江省丽水市为例，近年来，该市依托“丽水山耕”这一品牌积极布局生态农业、生态旅游业等相关产业，实现了绿水青山和金山银山的双赢。

8.4.2 创新绿水青山向金山银山转化的举措

探索生态产品的价值实现路径既有共性又有个性，需要根据地区实际情况制定相应对策。

1.补强基础设施

生态产品主产区大多分布在偏远的贫困地区，以政府为主体加大基础能力建设投入是生态产品价值实现的重要保障。加快基础设施建设力度有助于拉近绿水青山与经济发达地区的距离，有助于引导人才、技术、产业的流入，推动产品“走出去”，打造具有地域特色的品牌，让生态产品真正走向市场，这也是缩小区域发展不平衡的重要手段，可以实现公共服务均等化，促进社会公平。

2.发挥比较优势

特殊的地理、气候、水文特征铸就了一个地区特有的自然禀赋和风土人情。探索绿水青山向金山银山的转化要尽可能地围绕具有地区特色的比较优势做文章，根据自身特点因地制宜地发展特色优势绿色产业，充分依托优势生态资源，并将其转化为经济发展的动力；通过专业化分工提升生产效率，依托绿水青山这一具有地方特色的比较优势构建多层次、高质量的产业链，从而实现向金山银山的转化。

3.延长产业链条

传统的生态产品主要以农、林、牧、渔产品为主。这些产品直接在市场上销售，附加价值小、产品同质问题严重，难以卖出好价钱，并且受其生产方式的限制，产品生产周期长、抗风险能力差，在市场竞争中难以占据优势。为此，必须通过延长产业链条的方式进行资源整合，实现第一产业、第二产业、第三产业联动，以提高生态产品附加值。在传统农、林、牧、渔产业的基础上挖掘生态旅游、休闲康养、文化创意等产业的开发潜力，实现整个产业布局的合理化与规范化。

4.形成品牌效应

近年来，在各地党委和政府的大力倡导下，探索生态产品价值实现机制的实践活动逐渐增多。仅有有形的生产要素投入并不够，还应当重视生态产品的“无形资产”建设，打造具有地域特色、有效对接市场需求的品牌，避免同质化竞争和拥挤效应。通过品牌效应在消费者心中建立对产品的认知和态度，从而形成消费习惯、消费记忆，提高消费者的重复购买概率。同时，优质品牌本身也是生态产品的“无形资产”，有助于进一步提高产品溢价。

5.借助外部力量

实现绿水青山向金山银山的转化是一项艰巨的工作，需要多主体、各部门的通力合作。应当充分发挥政府这只“看得见的手”和市场这只“看不见的手”的各自优势，提高转化过程中的资源配置效率。近年来，一些地方借助知名企业集团雄厚的资金实力、先进的技术以及成熟的商业开发模式，开创了绿水青山向金山银山转化的路径。

专栏8-4　打造“丽水山耕”，实现生态产品价值

浙江省丽水市是“九山半水半分田”的山区，是一个农、林、牧、渔各业全面发展的综合性农区，独特的生态优势、丰富的物产形成了丽水市的特色生态农业体系。当地的立地条件造就了丽水市明显的水平地域性和垂直差异性气候，为农业发展的多样性及多层次、多品种的生态农业创造了有利条件。丽水市创立了全国首个地市级覆盖全区域、全品牌、全产业链的“丽水山耕”农业区域公用品牌，培育了菌、茶、果、蔬、药、畜牧、油茶、笋竹和渔业九大主导产业，实现了山区经济的差异化发展，促进了生态优势向经济优势的转变。截至2018年年底，该市建设“丽水山耕”合作基地1 122个，累计销售额达135.2亿元，产品平均溢价率30%以上，位列2018年中国区域农业品牌影响力排行榜区域农业形象品牌类榜首。

8.4.3 绿水青山向金山银山转化的政策机制

构建产权清晰、多元参与、激励约束并重、系统完整的生态文明制度体系是促进绿水青山就是金山银山价值实现的制度保证。

产权问题是市场交易的核心问题，明确产权是一切市场行为的先决条件。近年来，随着制度和科学技术的进步，我国的基础设施建设不断完善，明确产权所需要的成本也在不断降低，这使发挥市场在资源配置中的决定作用、进一步创新商业模式成为可能。明确的产权有助于使生态资源作为生产要素而形成自然资本。当前，自然资源所有权与经营权并未实现有效分离，要素市场潜力没有得到有效激发，大量优质的生态资本尚未被唤醒。因此，应通过进一步的简政放权激发要素市场活力，保护产权和投资者的利益，做到物尽其用。

专栏8-5 借力开发，合作共赢

长白山是吉林省的旅游名片，但长期以来游客在长白山旅游时往往走马观花，停留时间比较短，再加上“长白山等于天池”“长白山冬季封山”这种人们印象中的认知和现实的市场状态，非常不利于长白山旅游业的发展。长白山风景独特、四季分明，但是产业发展较慢，丰富的自然资源、人文资源和红色旅游资源正等待项目投资者发掘。自2013年起，鲁能集团与长白山管委会密切合作，着力打造长白山·鲁能胜地，通过深入挖掘长白山的生态文化旅游特点，致力于推广生态共生、人与自然和谐共处的旅游开发模式，打造集休闲、娱乐、生态保护、文化旅游于一体的世界级生态旅游度假示范区。实践证明，鲁能集团的介入，提升了长白山的旅游品质，促进了区域发展，实现了合作共赢。

（资料来源：根据相关新闻报道材料整理）

自然资源是有价值的，并且价值量相当可观。然而，目前国内除了个别地区已经形成了良好的商业模式和成熟的品牌，大部分地区的生态产品价值转化机制还不成熟，市场依然处于“蓝海市场”（产业发展不成熟，存在未知的市场空间）阶段。特别是许多优质的生态资源还是公共的生态产品，难以直接形成价值，必须以生产要素的形式投入客观载体（如文化、旅游）的生产过程中。因此，创新商业模式极为关键。目前，生态产品价值实现的商业模式依然较为单一，如果能够找到有效对接市场需求的商业模式必然会极大地促进生态产品的价值实现。

在绿水青山向金山银山的转化过程中，政府的作用毋庸置疑，因为《宪法》规定了自然资源的公有制属性。不仅如此，在制度建设、顶层设计、执法巡查、平台构建、生态补偿等领域，政府的作用尤为明显。政府严格的环境规制能够有效遏制负外部性行为，并对正外部性行为进行嘉奖，使企业的私人成本与社会成本相一致。此外，政府还可以通过前瞻性布局，有目的、有意识地倡导绿色生产意识，并通过制度建设提高各级政府官员对生态文明建设的重视程度，从而使各部门齐管共抓，发挥政策合力。

生态环境领域建设具有明显的公共属性。那些承担着重大生态职能的生态保护区、国家公园等生态脆弱地区或开发收益较低的地区，不宜大规模地进行包括开发生态产品在内的经济活动。对于此类地区，要通过建立生态补偿机制，加强财政转移支付在生态环境领域内的补偿力度，特别是要积极探索跨区域、跨流域的横向生态补偿机制。

生态产品价值实现是我国生态文明建设的一项创新性战略举措，是一项涉及经济、社会、政治等相关领域的系统性工程，关键在于唤醒广大人民群众的生态意识，将生态文明建设落实为全民自觉行动，这是实现绿水青山向金山银山转化的根本保证。为此，必须进一步强化公众在环境保护中的作用，既要发挥人民群众的“主人翁”意识，又要建立起现代化的生态文明价值观，为构建政府、企业、社会共建、共治、共享的环境治理体系打下良好的社会基础。

8.4.4 展望

习近平总书记在党的十九大报告中指出，生态文明建设是中华民族永续发展的千年大计，必须树立和践行绿水青山就是金山银山的理念。这一理念遵循自然规律、社会规律和经济规律，具有重大的理论价值和实践价值。绿水青山和金山银山绝不是对立的，要通过改革创新，让土地、劳动力、资本、自然风光等要素活起来，让自然资源变为生态资产，让绿水青山变成金山银山。我国已经描绘了面向21世纪中叶建设美丽中国的两个阶段远景目标，中国生态文明建设的成功实践不仅是对全球生态安全的积极贡献，也是推进全球生态文明转型可资借鉴的中国方案。

参考文献

[1] 潘家华，庄贵阳．“绿水青山就是金山银山”的认知迭代与实践进程［J］．阅江学刊，2018（6）：5-13，133.

[2] 习近平．习近平在纳扎尔巴耶夫大学的演讲（全文）［EB/OL］．［2013-09-08］．http：//www.xinhuanet.com/world/2013-09/08/c_117273079.htm.

[3] 习近平．推动形成绿色发展方式和生活方式　为人民群众创造良好生产生活环境［EB/OL］．［2017-05-27］．http：//www.xinhuanet.com//politics/2017-05/27/c_1121050509.htm.

[4] 林区转型，习总书记很牵挂［EB/OL］．［2016-05-24］．http：//www.xinhuanet.com//politics/2016-05/24/c_1118919219.htm.

[5] 习近平“两座山论”的三句话透露了什么信息［EB/OL］．［2015-08-06］．http：//www.xinhuanet.com//politics/2015-08/06/c_1116159476.htm.

[6] 庄贵阳．生态文明的发展范式与城市绿色低碳发展［J］．企业经济，2016（4）：11-15.

[7] 孙要良．将“绿水青山”更有效转化为“金山银山”［N］．中国环境报，2019-09-05（3）.

[8] 庄贵阳．让绿水青山释放更多生态红利［N］．中国旅游报，2019-12-23（4）.

[9] 胡锦涛 . 坚定不移沿着中国特色社会主义道路前进　为全面建成小康社会而奋斗——在中国共产党第十八次全国代表大会上的报告 [M] . 北京：人民出版社，2012.
[10] 习近平 . 决胜全面建成小康社会　夺取新时代中国特色社会主义伟大胜利——在中国共产党第十九次全国代表大会上的报告 [M] . 北京：人民出版社，2017.
[11] 习近平 . 推动我国生态文明建设迈上新台阶 [J] . 资源与人居环境，2019 (2)：6-9.
[12] 虞慧怡，张林波，李岱青，等 . 生态产品价值实现的国内外实践经验与启示 [J] . 环境科学研究，2020，33 (3)：685-690.

第9章

新时代生态文明建设的政策和法律制度

9.1 我国制定生态文明建设政策和法律制度的成就

党的十八大以来，中国共产党和中国政府直面传统的、不可持续的粗放式发展现状，立足现实的大气、水体、土壤等环境污染和生态破坏问题，针对制约环境与经济协同发展的“瓶颈”因素，统筹谋划，对生态环境制度和重要政策加强了改革和创新。

在与制度和重要政策相关的体制改革方面，我国加强了监测、监察和区域环境监管体制改革。在综合性体制改革方面，中共中央办公厅、国务院办公厅出台了《关于省以下环保机构监测监察执法垂直管理制度改革试点工作的指导意见》。在监测体制改革方面，国务院办公厅专门出台了《生态环境监测网络建设方案》《关于深化环境监测体制改革提高环境监测数据质量的意见》。在流域监管方面，中共中央办公厅、国务院办公厅出台了《关于全面推行河长制的意见》。在自然资源资产管理方面，原中共中央全面深化改革领导小组（以下简称中央深改组）通过了《关于健全国家自然资源资产管理体制试点方案》。在解决区域环境问题方面，原中央深改组通过了《跨地区环保机构试点方案》。在司法体制方面，2014年修订的《环境保护法》建立了环境民事公益诉讼制度；2015年全国人大常委会通过了《关于授权最高人民检察院在部分地区开展公益诉讼试点工作的决定》，最高人民检察院发布了《检察机关提起公益诉讼改革试点方案》，改革成果经梳理总结后于2017年被《中华人民共和国民事诉讼法》《中华人民共和国行政诉讼法》确认。

在政策和制度建设方面，为了促进生态文明建设的整体推进，中共中央、国务院于2015年发布了《关于加快推进生态文明建设的意见》。针对生态文明建设中的现实问题，中共中央、国务院于2015年发布了《生态文明体制改革总体方案》。在上述文件的框架内，中共中央办公厅、国务院办公厅或有关部委出台了《生态环境监测网络建设方案》《关于深化环境监测体制改革提高环境监测数据质量的意见》《关于建立资源环境承载能力监测预警长效机制的意见》《关于设立统一规范的国家生态文明试验区的意见》《“十三五”环境影响评价制度改革方案》《关于印发控制污染物排放许可证实施方案的通知》《国务院办公厅关于推广随机抽查规范事中事后监管的通知》《环境保护督察方案（试行）》《生态环境损害赔偿制度改革试点方案》《关于开展党政领导干部自然资源资产离任审计的试点方案》《编制自然资源资产负债表试点方案》《关于构建绿色金融体系的指导意见》《重点生态功能区产业准入负面清单编制实施办法》《关于健全生态保护补偿机制的意见》《建立以绿色生态为导向的农业补贴制度改革方案》《自然资源统一确权登记办法（试行）》《探索实行耕地轮作休耕制度试点方案》《关于加强耕地保护和改进占补平衡的意见》《湿地保护修复制度方案》《海岸线保护与利用管理办法》《海域、无居民海岛有偿使用的意见》《围填海管控办法》《生活垃圾分类收集制度实施方案》《大熊猫国家公园体制试点方案》《东北虎豹国家公园体制试点方案》。此外，国家发展改革委、生态环境部等部委出台了关于PPP、污水处理改革、“多规合一”试点等改革文件。这些改革文件层次清晰、覆盖全面，涉及环境许可、环境金融、环境产权、生态修复、自然保全、生活方式、环境监测、环境审计、环境执法、环境责任等领域，以问题为导向构建了由自然资源资产产权制度、国土空间开发保护制度、空间规划制度、资源总量管理和全面节约制度、资源有偿使用和生态补偿制度、生态环境保护国家治理体系、环境治理和生态保护市场体系、生态文明绩效评价考核和责任追究制度构成的产权清晰、多元参与、激励约束并重、系统完整的生态文明制度体系。各界普遍认为，生态文明制度体系的“四梁八柱”已基本建立。在具体的制度建设方面，我国已经创新性地建立了规划、工业园区与具体建设项目环境影响评价制度，区域与建设项目“三同时”制度，排污许可与总量控制制度，排污权有偿使用、排污权交易制度，生态保护补偿制度，两级环境监测制度，生态环境损害赔偿制度等具有时代特色的制度。

在政策和制度的法治化方面，党的十八大以后，我国坚持走党内法规和国家立法相结合的特色法治道路，针对国内实际创建了生态环境保护党政同责、中央生态环境保护督察、生态文明建设目标考核等富有特色的体制、制度和机制，破解了以前有法难依、执法难严、违法难究的难题，撬动了整个生态环境保护的大格局，且成效显著。

在具体的国家立法方面，在生态文明理念的指导下，2014年《环境保护法》修订，以法律条文的形式确立了环境保护是国家的基本国策，改变了发展优先、兼顾环保的思维方式，将生态红线写入法律，强化了企业的污染防治责任，加大了对环境违法行为的法律制裁，就政府、企业公开环境信息与公众参与、监督环境保护做出了系统规定，为生态文明建设夯实了法律基础。2015年，《中华人民共和国大气污染防治法》修订，强化了地方政府的责任，完善了坚持源头治理的制度体系，加大了行政处罚力度。2016年，《中华人民共和国野生动物保护法》修订，突出以“保护”为核心，对“利用”做出了系统规范；《中华人民共和国环境影响评价法》修订，弱化了行政审批，强化了规划环评，加大了对未批先建的处罚力度，从源头上减少了环境污染；《中华人民共和国海洋环境保护法》修订，将生态保护红线和海洋生态补偿制度确定为海洋环境保护的基本制度，首次以法律形式明确了海洋主体功能区规划的地位和作用，加强了督察问责；《中华人民共和国环境保护税法》审议通过，强化了企业的治污减排责任，增加了对主动采取措施降低污染物排放浓度的企业给予税收减免优惠的政策，这是我国第一部推进生态文明建设的单行税法。2017年，《中华人民共和国水污染防治法》（以下简称《水污染防治法》）修订，突出了保障水生态、严守生态保护红线等要求；同时，也对《建设项目环境保护管理条例》进行了修改。2018年，《中华人民共和国土壤污染防治法》审议通过，使我国的土壤污染防治有法可依，“净土保卫战”正式纳入法治轨道。这些法规条例将推进生态文明建设作为立法目标，推动了生态环境保护的法制进程，充分体现了生态文明建设的新要求。

在具体的党内法规方面，中共中央联合国务院，中共中央办公厅联合国务院办公厅发布了一系列规范性文件，如为了明确生态文明建设中的责任分配问题，中共中央、国务院于2015年发布了《党政领导干部生态环境损害责任追究办法（试行）》；为了对各省（自治区、直辖市）的生态文明建设和绿色发展进行评价考核，中共中央办公厅、国务院办公厅于2016年印发了《生态文明建设目标评价考核办法》；为了让各级党政主要领导对生态文明建设和体制改革部署切实地负起责来，中共中央办公厅、国务院办公厅于2017年印发了《领导干部自然资源资产离任审计暂行规定》。目前，我国形成了包括环境保护党政同责及配套自然资源资产负债表、领导干部自然资源资产离任审计、区域生态文明建设目标评价与考核、环境保护责任终身追究、党政领导干部生态环境损害责任追究制度等在内的切合社会主义实际的机制。环境保护党政同责是习近平总书记对安全生产党政同责、一岗双责、齐抓共管和失职追责思想的丰富与发展，它以党内法规和国家行政法规性文件的形式发布，是落实环境法律法规的一项重要制度，能够让党纪党规和国家生态环境法律法规在实践中运转起来，使党纪党规和生态环境法律法规“长牙”并发挥应有的作用。经过持续努力，新常态下基本形成了有法（党规）可依、有法（党规）必依、违法（党规）必究的生态环境法治局面。在改革中，我国的生态环境法制体系和治理制度正在转型，环境利益救济机制也正在转型。

在环境执法监管机制改革方面，我国通过建立健全区域环境影响评价制度和区域产业准入负面清单制度，既提高了行政审批效率，又预防和控制了区域环境风险；通过省以下生态环境监测垂直管理与惩罚造假，维护了环境监测数据的真实性，克服了以前总量控制造假的问题，初步形成了以环境质量管理为核心的大气环境管理模式，实现了管理模式的转型，有力地提高了环境质量；通过打击环境监测数据造假和“红顶中介”，保证了地方生态环境保护审批和考核的真实性，维护了生态环境考核和生态文明评价考核的严肃性，有利于形成正确的政绩观；通过生态环境部约谈、省以下生态环境部门垂直监管，一些地方设立了环境保护警察，在一定程度上遏制了市县的地方保护主义；通过环境保护党政同责、中央生态环境保护督察和生态环境保护专项督察，有力地打击了环境保护形式主义；通过对重点行业企业进一步提高排放标准、实行限期达标，或者对部分地区在一些时段实行特别排放限值，确保了环境质量的安全性。通过对京津冀地区“2+26”城市的大气污染防治专项督查和量化问责，有力地倒逼地方开展对“散乱污”企业的整顿。通过实施严厉的区域限批、查封与扣押、限制生产、停产整顿、按日计罚、地方政府年度考核、党政问责、生态环境保护工作职责清单等措施，环保执法力度大大加强，环境整治取得了明显效果。2016—2017年，全国追究了18 000人的党纪、行政和法律责任，其中，2017年移送公安部门行政拘留的案件有8 600多件，比2016年增加了

112.9%。党内法规、《环境保护法》及其配套规章的“牙齿”越来越尖利，实施起来越来越顺畅，而这些问题是前一二十年想解决却难以解决的难题。例如，河北省廊坊市文安县赵各庄镇有16家企业不能落实污染治理主体责任，在2017年12月至2018年1月未按照《文安县2017—2018年采暖季错峰生产实施方案》的规定错峰停限产，严重违反了《京津冀及周边地区2017—2018年秋冬季大气污染综合治理攻坚行动方案》的要求，按照《京津冀及周边地区2017—2018年秋冬季大气污染综合治理攻坚行动量化问责规定》，2018年2月，环境保护部立即商河北省人民政府对文安县党委、政府及其有关部门领导干部实施问责[1]。

9.2 我国生态文明政策和法律制度改革的重大举措

改革开放40多年来的不断发展与积累，为解决当前的环境问题奠定了更好、更充裕的物质、技术和人才基础，现在到了有条件不破坏、有能力修复的阶段，全面开展生态文明建设、打好生态环境保卫战和污染防治攻坚战面临难得机遇。从党的十八大到2035年，我国正处于不断发展的转型期，这一时期既是最佳的经济和社会发展改革窗口期，也是最佳的生态文明体制改革窗口期，不容错失。在这个时代背景下，以习近平同志为核心的党中央，以目标、理论和问题为导向，把生态文明建设作为统筹推进“五位一体”总体布局和协调推进“四个全面”战略布局的重要内容，寻找突破口，谋划开展了一系列根本性、长远性、开创性的改革布局，出台了生态文明建设和改革的重大举措，既解决了人民群众关心的热点环境问题，也构建了经济社会与环境保护协调发展的长效机制，推动了生态文明建设和生态环境保护从实践到认识发生历史性、转折性、全局性变化。具体来看，生态文明政策和法律制度改革的重大举措可以归纳为以下几个方面：

一是将习近平生态文明思想作为中国生态文明建设坚实的理论支撑。当前，科学认识人与自然、人与政治、人与经济、人与社会、人与文化关系的习近平生态文明思想主题鲜明、逻辑严密、内涵丰富，已经理论化、体系化，成为一个相对独立的理论体系。其关于“生态兴则文明兴”“绿水青山就是金山银山”“社会主义初级阶段社会主要矛盾的转化”“山水林田湖草沙是生命共同体”“环境保护党政同责等”论断，既是对马克思主义世界观的丰富和发展，也是对中国传统生态文明思想的科学传承。习近平生态文明思想作为世界生态文明建设的中国方案，其顶层设计（中国生态文化的培育、中国生态文明制度体系的构建、中国生态文明体制的改革、中国生态文明产业体系的构建、中国生态文明能力的建设）对我国生态环境保卫战和污染防治攻坚战的开展具有理论指导意义。此外，习近平生态文明思想具有国际性，对广大发展中国家结合本国实际开展生态环境保护、实行绿色发展和高质量发展具有重要的参考和借鉴作用，其丰富和发展也是对构建人类命运共同体的重大理论贡献。

二是健全党内法规和环保立法、开展制度建设为生态环境保护工作提供了法制保障。党的十八大以来，党中央开始重视党内法规的建设，通过制度来加强对环境保护工作的领导。2013年，中共中央出台了《党内法规制定条例》，同时出台了第一个和第二个中央党内法规体系建设五年规划。在此基础上，发布了《党政领导干部生态环境损害责任追究办法（试行）》《关于深化环境监测体制改革提高环境监测数据质量的意见》《环境保护督察方案（试行）》《关于开展党政领导干部自然资源资产离任审计的试点方案》《编制自然资源资产负债表试点方案》《领导干部自然资源资产离任审计暂行办法》《生态文明建设目标评价考核办法》等党内法规或者改革文件，使环境保护党政同责、中央生态环境保护督察、生态文明建设目标评价考核、领导干部离任环境审计等举措得以实施，在严厉追责之下，各级党委、人大和政府重视生态环境保护的氛围基本形成。2015年1月1日，史上最严格的《环境保护法》开始实施，按日计罚、行政拘留、引咎辞职、连带责任、公益诉讼等严厉的法治举措让环境保护法律法规的“牙”更锋利了、“齿”更尖锐了，有法必依、违法必究的法治氛围正在形成。

三是实行环境保护党政同责与一岗双责，促进环境共治。党的十八大以来，通过自然资源资产负债表、领导干部自然资源资产离任审计、生态文明建设目标评价考核、生态环境损害责任追究等措施，有序地发挥了地方党委、政府、人大、政协、司法机关、社会组织、企业和个人在生态文明建设中的作用，环境共治的格局初步形成。其中，通过权力清单的建立确立了权责一致、终身追究的原则，通过生态环境保护考核、督察、约谈、追责推进了环境保护党政同责的深入实施，2016—2018年上半年，中央开展了生态环境保护督察和督察“回头看”，有2万余人被追究纪律、行政甚至刑事责任，生态环境保护的高压态势得以形成。地方人民政府向同级人大汇报环境保护工作，政协参与环境保护工作的民主监督，检察机关通过环境民事公益诉讼和环境行政公益诉讼加强对企业和地方执法机关的司法监督，在信息公开的基础上加强了公众和社会组织对企业和执法机关的监督，环境保护企业特别是龙头企业通过投融资机制积极参与环境保护第三方治理，促进了环境质量的改善。

四是开展中央生态环境保护督察和生态环境保护专项督察，倒逼地方转型和提质增效。党的十八大以来，以习近平同志为核心的党中央推动环境保护党政同责、一岗双责和齐抓共管的制度化，突出了地方党委在地方环境保护治理体系中的作用，强调地方党委和政府的协同监管职责，突出其他监管部门的分工负责作用，并配套以失职追责的机制。我国的生态环境保护监管监察形式由挂牌督办督促企业发展到挂牌督办地方政府，再发展到中央生态环境保护督察、生态环境保护专项督察。因为环境保护存在问题，一些地方的党委和政府做出深刻检查，一些地方的政府负责人被约谈，对生态文明规则的敬畏正在转化为生态文明建设和改革的生动实践。社会各界普遍认为，中央生态环境保护督察是破解中国环境问题困局的一剂良方，是符合中国国情的社会主义法治形式。2016年以来，国家生态环境保护部门还创造性地开展了生态环境保护专项督察和“绿盾”“清废”等专项行动，下沉执法督察力量，发现和解决了大量的水、气、土等环境污染问题，处理了一大批失职渎职的干部，倒逼地方重视环境保护执法，优化工业布局，开展产业转型升级。

五是打击监测数据和环境治理造假行为，开展环境信用管理，实施生态文明建设目标评价考核。为了倒逼各地加快发展转型，中共中央办公厅、国务院办公厅于2016年出台了《生态文明建设目标评价考核办法》。为了维护生态文明评价考核的严肃性，保证环境监测数据的真实性，国务院办公厅于2015年出台了《生态环境监测网络建设方案》。为了增强环境监测的独立性、统一性、权威性和有效性，我国建立了以环境质量管理为核心的环境管理模式，中共中央办公厅、国务院办公厅于2016年出台了《关于省以下环保机构监测监察执法垂直管理制度改革试点工作的指导意见》，于2017年印发了《关于深化环境监测体制改革提高环境监测数据质量的意见》。在立法建设方面，《环境保护法》针对排污单位环境监测数据造假的行为规定了行政拘留的措施，针对国家机关和国家公职人员对环境监测数据造假的行为规定了行政处罚的措施。在司法解释方面，2016年发布的《关于办理环境污染刑事案件适用法律若干问题的解释》对监测数据造假行为规定了刑事制裁的措施。2017年6月，陕西省西安市环境监测数据造假案中的7名国家公职人员全部被判处有期徒刑；2018年5月，山西省临汾市环境监测数据造假案中的16名被告全部被追究刑事责任。对于违规企业，按照环境信用管理的联合惩戒措施实施股票融资、银行借贷等方面的约束措施。

六是开展区域统筹和优化工作，改善区域环境质量。为了促进经济的协同发展和生态环境的一体化保护，国家通过推行统一规划、统一标准、统一监测、协同执法、协同应急等措施，加强了京津冀、长三角、珠三角、汾渭平原、长江经济带等区域和流域的环境保护协同工作，通过“多规合一”、划定生态保护红线、建立健全区域环境影响评价制度和区域产业准入负面清单制度，优化了区域产业结构布局，预防和控制了区域环境风险。区域生态保护补偿机制正在全面建立，区域发展的公平性正在建立。通过区域协同监测、协同应急、协同保护和协同错峰生产，缓解了重点区域、重点时段的空气质量问题。排污权交易、碳排放权交易、水权交易、用能权交易正在推行，城镇生活污水和垃圾处理的第三方治理市场火爆，农村垃圾分类收集处理和农村“厕所革命”取得突破，城乡环境的综合整治取得新进展。立足城市群合力发展，做好产业链条转型升级的文章，可以增强产业上游、中游和下游的协同性，达到既推动区域经济的高质量发展，也减少区域环境负荷的目标。

9.3 我国生态文明政策和法律制度建设的阶段性经验

在理念方面，坚持党的领导，坚持习近平生态文明思想。先进、科学的理念是行动成功的前提。20世纪90年代以来，我国由坚持可持续发展延伸到坚持党的领导下的生态文明全面建设和改革。在生态文明理念方面，明确提出了树立尊重自然、顺应自然、保护自然的理念，树立绿水青山就是金山银山的理念，树立自然价值和自然资本的理念，树立空间均衡和山水林田湖草沙是一个生命共同体的理念。党的十九大报告中对过去5年的生态文明建设做出了“成效显著”的评价，并指出“大力度推进生态文明建设，全党、全国贯彻绿色发展理念的自觉性和主动性显著增强，忽视生态环境保护的状况明显改变”。2017年10月24日，新修订的《中国共产党章程》指出，基于我国社会当前的主要矛盾已经转变为“人民日益增长的美好生活需要和不平衡不充分的发展之间的矛盾”，我们“必须坚持以人民为中心的发展思想，坚持创新、协调、绿色、开放、共享的发展理念”，为“把我国建设成富强民主文明和谐美丽的社会主义现代化强国而奋斗”[2]。

在思路方面，在党的领导下，生态文明政策和法律制度建设紧紧抓住生态文明建设面临的主要矛盾和矛盾的主要方面，推动任务落实、制度改革实现的重点突破[3]，经历了从吸收国外先进理念、推动社会主义市场经济发展到以市场化改革和民主化促进生态文明政策和法律制度建设，再到以环境质量改善、环境风险管理作为检验标准的发展阶段。环境管理思路也发生了由政府的单一行政管控到以命令控制为主、以法治和市场化手段为辅，再到命令控制、社会共治与市场化手段并重的变化。实际上，环境质量关系到人最基本的生存安全和经济社会的可持续发展，无论是基于何种理念，采取何种管理模式，最后都要落实到把握生态环境问题的主要矛盾和环境质量的改善上。基于此，环境质量改善逐渐成为当今生态文明政策和法律制度建设的核心思路，无论是监管模式、管理措施还是管理环节的设置，其最终都要通过环境质量改善的实效来检验。

在模式方面，生态文明政策和法律制度建设坚持综合、协调、环境保护优先和绿色发展的原则。经过松花江污染、渤海蓬莱油田溢油事故、云南曲靖铬渣污染、祁连山生态破坏事件、西安与临汾环境监测数据造假的催生和社会各界的深刻反思，目前我国的环保工作经历了三个转变：从环境保护滞后于经济发展转变为环境保护和经济发展同步，再进化为经济社会发展与环境保护相协调；由重经济增长、轻环境保护转变为保护环境与经济增长并重，再进化为以环境质量改善为核心；由单纯通过行政手段解决环境问题转变为综合运用法律、经济、技术和必要的行政手段解决环境问题，再进化为注重运用市场化的激励与约束手段对环境风险防控进行综合考量。这三个转变是方向性、战略性、历史性的转变，标志着我国生态环境保护工作进入以生态环境质量改善为主、环境保护优先的新阶段。

在环节方面，生态文明政策和法律制度的建设应统筹兼顾，体现区域差异性和区域、流域协同性。生态文明政策和法律制度的建设是一个多元化、多层次和不断发展的历程，其模式和过程因国、因时而异，但无论怎样变化，生态文明政策和法律制度的制定、实施、监督应得到统筹兼顾。立法已成为生态文明政策和法律制度建设的基础，执法已成为法律实施的手段，监督已成为公正执法的保障，普法和积极守法已成为营造良好法治环境的关键。有权必有责，用权受监督，侵权须赔偿，违法要追究的原则已经得到生态文明政策和法律制度建设实践的印证。目前，我国生态文明政策和法律制度体系的建设已能基本满足生态环境保护的需要，正朝着符合科学发展观和生态文明要求的方向前进。

在措施方面，综合运用经济、法律和必要的行政手段，形成有效的激励约束机制，并注重改革创新措施的全局性、稳定性、实效性、长效性、综合性、衔接性、借鉴性和科学性。经过40多年的发展，生态文明政策和法律制度建设的措施在不断演变：一是既注重与政治、经济、社会、文化规则的衔接和协调，以及与国际贸易规则和环境条约的接轨，又注意与民事、行政和刑事立法的衔接，如在新修订的《环境保护法》中规定了环境公益诉讼制度，并通过后续的不断试点与推动将一开始局限于环境民事公益诉讼的范围扩展到环境行政公益诉讼，实现了由检察机关提起公益诉讼的创新突破；二是既注重对国外成熟经验的借鉴，又注意国内经验的推广，如结合我国环境影响评价制度的实际效果和国外的服务型政府理念，推动环境影响评价制度改革，简化审批程序，降低行政成本，强调排污单位的主体责任；三是既注重制度和机制体系建设的完整性，又突出重要制度和机制的关键作用，以排污许可制度改革为例，实现了排污许可制度核心地位的回归，为发挥其在环境管理体系中的关键作用奠定了基础；四是既突出公众参与、环境治理体系的建设，又注重对严格的责任追究制度和机制的建设，以2017年修订的《水污染防治法》为例，不仅引入了新修订的《环境保护法》中新增的按日计罚、查封、扣押、行政拘留、行政处分等严厉措施，还结合我国的水污染实际给排污单位增加了监测责任并提高了罚款限额，扩大了惩罚范围。

在实效方面，环境共治的格局正在形成，生态保护和环境污染防治的成效巨大。如前所述，经过40多年的建设，生态文明政策和法律制度建设分别在理念、思路、管理体制、制度措施、机制完善与创新、保障措施等多个方面取得了巨大的成就。一是在环境治理理念方面，先进的生态理念不断清晰，成为引领我国生态文明政策和法律制度建设发展的重要指引；对保护与发展的关系认识更加深刻，抓环保就是抓发展，就是要让可持续发展的理念逐步深入人心；认识到人与自然是生命共同体，绿水青山就是金山银山的理念正在牢固树立[4]。二是生态环境状况明显改善。国务院发布实施了大气、水、土壤污染防治三大行动计划，坚决向污染宣战。到2017年年底累计完成燃煤电厂超低排放改造7亿kW，淘汰黄标车和老旧车2 000多万辆。13.8万个村庄完成农村环境综合整治。建成自然保护区2 750处，自然保护区陆地面积约占全国陆地总面积的近14.9%。2017年，全国338个地级及以上城市大气中可吸入颗粒物（PM_{10}）平均浓度比2013年下降了22.7%，京津冀、长三角、珠三角地区大气中的$PM_{2.5}$平均浓度分别下降了39.6%、34.3%、27.7%，北京市$PM_{2.5}$平均浓度下降了34.8%，达到58 μg/m^3，珠三角地区$PM_{2.5}$平均浓度连续3年达标。全国地表水优良水质断面比例不断提升，劣Ⅴ类水质断面比例持续下降，大江大河干流水质稳步改善[4]。三是在环境执法方面取得了巨大成就。2017年，全国实施行政处罚案件23.3万件，罚款数额高达115.8亿元，“12369”全国联网举报平台共接报处理群众举报近61.9万件。四是在环境司法方面，根据《中国环境司法发展报告（2015—2017）》，截至2017年4月，全国31个省（自治区、直辖市）人民法院设立环境资源审判机构946个，其中审判庭296个、合议庭617个、巡回法庭33个，环境司法专门化成果显著。党的十八大以后，仅2016年7月至2017年6月，各级人民法院共审理环境资源刑事案件16 373件，审结13 895件，给予刑事处罚27 384人；共受理各类环境资源民事案件187 753件，审结151 152件；共受理各类环境资源行政案件39 746件，审结29 232件。

在依据方面，把党内法规和国家立法结合起来，创建了环境保护党政同责、中央生态环境保护督察、生态文明建设目标考核等具有特色的体制、制度和机制，把党领导和政府主导下的环境共治、环境管理和市场机制、公众参与和民族文明素质提高、经济增长和促进环境公平、挖掘自身潜力和经济全球化、促进改革开放和保持社会稳定结合起来，把环境保护与全面建成小康社会结合起来，把生态文明建设和政治建设、社会建设、经济建设、文化建设有机结合起来，稳中求进，破解了以前有法难依、执法难严、违法难究的难题，撬动了整个环境保护的大格局且成效显著，这也是中国生态文明政策和法律制度建设的基本经验。

9.4 以问题为导向看2020—2035年我国生态文明发展趋势

9.4.1 从现实的环境问题出发

在2018年5月的全国生态环境保护大会上，习近平总书记指出，总体来看，我国生态环境质量持续好转，出现了稳中向好的趋势，但成效并不稳固。习近平总书记关于“成效并不稳固”的判断是非常准确的。我国环境问题已经积累了40多年，环保措施一直在改进，但是以前的污染防治和生态保护工作很被动，很多措施和手段的效果都不尽如人意。

党的十八大是我国绿色发展史上的重要转折点。通过几年的努力，生态文明建设取得了重大进展，但是由于我国的区域发展差异大，环境保护全面发力的时间短，整体的技术实力和经济实力离发达国家还有较大的差距，因此我们在看到巨大成绩的同时，也应看到生态环境保护的形势依然严峻。

一些地方和部门对生态环境保护的认识不到位，责任落实不到位；经济社会发展同生态环境保护的矛盾仍然突出，一些地区生态退化依然严重，环境资源承载能力下降，有的已经接近或达到上限；区域和行业特别是东部地区与西部地区的发展不充分、不均衡，一些地方仍在发展“黑色经济”；一些地方的产业结构偏重、能源结构偏重、产业分布偏乱；环境保护的形式主义和地方保护主义根深蒂固，区域之间的污染转移时有发生；城乡区域统筹不够，新老环境问题交织，区域性、布局性、结构性环境风险凸显，重污染天气、黑臭水体、垃圾围城、生态破坏等问题时有发生；传统的环境污染治理形势严峻，新业态导致的环境污染和资源浪费问题纷纷涌现；包括污水收集管网、污水处理设施、垃圾收集和储运设施在内的环境保护基础设施和能力建设总体不足；一些地方和部门的生态环境保护工作平时不作为、急时“一刀切”。在具体问题方面，我国的单位GDP能耗仍然是发达国家的2倍；生活污染仍然很重，1 t 散煤的燃烧相当于15 t 燃煤电厂所产生的污染；汽车尾气成为一些城市的主要污染源，汽车运输的比重大，能源浪费和环境污染的问题多，柴油车污染占机动车的60%以上；生活污水的收集处理能力仍然不高，一些已经建成的污染治理设施因为运转经费困难出现“晒太阳”的现象；危险废物、固体废物的收集处理能力低，尽管打击严厉，非法倾倒问题仍然比较突出；土壤污染面积大，易对农作物质量和人民健康造成威胁，且大多在贫困地区，土壤污染防治应该成为农民脱贫致富、乡村振兴的重要组成部分；秸秆焚烧产生的污染尚未真正解决。这些问题成为重要的民生之患、民心之痛，成为经济社会可持续发展的“瓶颈”制约，成为全面建成小康社会和制约经济社会可持续发展的明显短板。从这些问题中可以看出，我国的生态环境保护基础还不牢固，生态文明建设面临的挑战仍然巨大，必须按照国务院办公厅2018年10月发布的《关于保持基础设施领域补短板力度的指导意见》，通过能力建设来夯实基础、补足短板。

经济转型期是发达国家普遍采取环境治理措施的时期。这一时期往往具备一定的技术和经济基础，可以解决历史遗留的环境污染和生态破坏的存量，并可以控制环境污染和生态破坏的增量，为未来的绿色发展打下基础。总体来说，目前正是我国的转型时期，也是环境保护的攻坚期和关键期，更是生态环境保护的窗口期。也就是说，我国生态环境保护的行动部署与国家转型升级步入更高发展阶段的时机是契合的。我国当前开展生态环境保护的时期比发达国家当年发力治理环境污染的时期晚，改革开放40多年来的经济发展速度又远快于世界工业发达国家的发展速度，因此我国在这一时期出现了西方发达国家不同时期环境污染问题的叠加、复合，这是发达国家没有遇到过的。为此，我国应当凝聚各方共识，针对上述问题按照《中共中央 国务院关于全面加强生态环境保护 坚决打好污染防治攻坚战的意见》的规定开展政策和制度建设，如加大力度、加快治理、加紧攻坚，在2020年打好柴油货车污染治理、城市黑臭水体治理、渤海综合治理、长江保护修复、水源地保护、农业农村污染治理等重大环境保护战役，并针对每类战役制订攻坚计划和考核办法，合理确定总目标和年度任务，实行中期考核和终期验收，并采取奖惩措施和督察措施予以保障，通过动真格确保生态文明建设的成效更加稳固。唯有如此，才能调动全社会的主动性和积极性，生态文明建设和体制改革才能得到最广泛的拥护和支持。

在“十四五”期间乃至2035年远景目标基本实现以前，尽管在不同的阶段会有不同的环境污染治理速度，但是生态环境保护工作会一直前行，治标与治本同步推进，环境保护防治措施与经济协调发展将同步推进。

9.4.2 从现实的政策和制度问题出发

在生态环境保护重大政策和制度建设及实施方面，目前出现的一些问题需要通过政策和制度改革予以解决。

一是各区域对生态文明理念的培育不深入，存在两极分化现象，信息公开有待加强，公众参与程度有待加深。由于条件、基础不同，发达地区生态文明理念的普及正进入自信和自觉阶段，环境保护成为社会共识，而在广大欠发达的中西部地区，除少数地区外，生态文明理念仍然处于灌输和自发阶段，环境保护工作的压力层层衰减。在环境共治方面，信息公开制度的实施不全面，公众参与不充分且参与模式单一，环境保护社会组织出现两极分化的现象，影响力总体仍然偏弱，难以填补政府、公众、中介技术服务组织和企业之间的角色空白，亟须给予经济、技术等方面的支持；促进环境保护多元共治的体制机制和重大政策尚不健全，靠监管来解决环境问题的现象比较突出，行政成本仍然居高不下，公众参与程度仍然较低。为此，在2035年以前，特别是转型期间，按照《生态文明体制改革总体方案》提出的“树立尊重自然、顺应自然、保护自然的理念，生态文明建设不仅影响经济持续健康发展，也关系政治和社会建设，必须放在突出地位，融入经济建设、政治建设、文化建设、社会建设各方面和全过程”和“树立绿水青山就是金山银山的理念，清新空气、清洁水源、美丽山川、肥沃土地、生物多样性是人类生存必需的生态环境，坚持发展是第一要务，必须保护森林、草原、河流、湖泊、湿地、海洋等自然生态”，加强生态文明理念培育和考评制度构建工作。

二是区域和行业发展不均衡，生态文明建设的能力发展不均衡。一些地区的产业结构偏重、能源结构偏重、产业分布偏乱、资源环境承载能力下降的问题需要予以长效解决。发达地区已经进入后工业化时代，绿水青山和金山银山相互转化，生态文明建设进入良性循环。但在一些中西部地区，经济和技术发展落后，环境保护基础设施建设滞后，环境污染治理和生态修复的历史欠债多，生态文明建设的内生动力不足，难以适应产业转型升级和布局优化的要求。一些地区传统的粗放式发展方式没有根本改变，绿色发展能力弱，仍然在发展“黑色经济”，接受发达地区污染型产业的转移。党的十九大报告正视了我国的上述问题，指出“中国特色社会主义进入新时代，我国社会主要矛盾已经转化为人民日益增长的美好生活需要和不平衡不充分的发展之间的矛盾”。下一步，在2035年以前，特别是转型期间，应按照《生态文明体制改革总体方案》提出的“树立空间均衡的理念，把握人口、经济、资源环境的平衡点推动发展，人口规模、产业结构、增长速度不能超出当地水土资源承载能力和环境容量”，要按照绿色发展和高质量发展的要求，通过健全、完善发展与环境保护相协调的政策和制度体系来解决环境与发展的协调共进问题。

三是环境保护和经济发展的协调能力有待提升。环境保护既不能违背环境保护的规律，也不能违背经济发展的规律，但当前环境与发展的综合决策体系尚不健全，一些环境保护标准、规划和行动计划的制定缺乏经济损益分析及区域和领域的灵活性，对历史遗留问题和现实能力“一揽子”解决的考虑不足，一些地方出现执法“一刀切”现象，科学性有待加强；区域城市群产业定位不协调，区域和流域生态环境保护的协调性不足，难以解决区域大气和流域水环境问题。为此，在2035年以前，特别是转型期间，建议制定或修订环境标准，并加强环境保护行动的宏观战略，积极稳妥地推进经济发展和环境保护的协调共进，既避免环境保护的激进做法，也防止环境保护不作为；建议制定长江经济带等区域和流域的协同创新计划及区域联动发展规划，促进产业的相互衔接和支持，促进区域和流域的特色发展、优势发展和错位发展。为此，在2035年以前，特别是转型期间，应按照《生态文明体制改革总体方案》提出的“树立发展和保护相统一的理念，坚持发展是硬道理的战略思想，发展必须是绿色发展、循环发展、低碳发展，平衡好发展和保护的关系，按照主体功能定位控制开发强度，调整空间结构，给子孙后代留下天蓝、地绿、水净的美好家园，实现发展与保护的内在统一、相互促进”，开展国土空间开发利用格局优化、保护优先与绿色发展、区域绿色发展规划制度、全国统一的区域产业准入负面清单制度、绿水青山的规范化使用制度等方面的探索。

四是不同领域、不同层级的生态环境保护政策和制度性改革文件多，系统性和协调性不足。一些改革文件没有考虑基层千差万别的实际情况，没有考虑各地财政承受能力的差异，缺乏可实施性。由于视角与方法的不同，各部门下发的改革文件的尺度、标准、方法与目标也不同。一些地方出现了以文对文、说得多做得少、开会多落实少的现象。为此，在2035年以前，特别是转型期间，建议按照《生态文明体制改革总体方案》提出的“树立山水林田湖是一个生命共同体的理念，按照生态系统的整体性、系统性及其内在规律，统筹考虑自然生态各要素、山上山下、地上地下、陆地海洋以及流域上下游，进行整体保护、系统修复、综合治理，增强生态系统循环能力，维护生态平衡”，结合各地情况开展政策和制度的灵活性构建和制度的衔接工作。

五是生态环境保护的行政监管色彩浓厚、市场化不够，所有权和监管权没有真正分开，自然资源和生态的资产化管理不够，绿水青山变成金山银山的机制尚需全面建立，地方开展生态环境保护的信心和动力不足。为此，在2035年以前，特别是转型期间，建议按照《生态文明体制改革总体方案》提出的“树立自然价值和自然资本的理念，自然生态是有价值的，保护自然就是增值自然价值和自然资本的过程，就是保护和发展生产力，就应得到合理回报和经济补偿”，开展相关制度构建工作。

六是生态环境保护责任追究难以自动启动，地方“捂盖子”的现象比较普遍，责任追究的科学性不足。生态环境保护党政同责的责任追究机制的启动不是自动的，而是仅靠上级领导的重视，因此地方的环境保护形式主义仍然存在。环境保护执法监察“一阵风”，不作为、慢作为、轻作为与虚假整改、拖延整改和敷衍整改的现象并存。如何有效克服地方生态环境保护的形式主义和官僚主义，建立环境保护党内法规、国家法律法规自动启动的全天候运行机制，是下一步需要破解的政策和制度难题。另外，目前有些地方的生态环保工作者工作积极性不足，主要原因是责任与权力不匹配。为此，在2035年以前，特别是转型期间，建议按照《生态文明体制改革总体方案》、党的十九大报告、《中共中央 国务院关于全面加强生态环境保护 坚决打好污染防治攻坚战的意见》《打赢蓝天保卫战三年行动计划》等文件的要求，通过环境保护党政同责、一岗双责、人大检查、政协监督、失职追责、终身追责的原则，层层压实责任，层层传导工作压力；同时，也要制定激励措施，编制环境保护权力清单，调动地方的积极性，特别是地方环保干部工作的积极性，做到尽职照单免责，不要让他们在流汗的同时流泪。

中国的经济发展进入新常态，正经历新旧动能的转化。2018年召开的全国生态环境保护大会指出，生态文明建设正处于压力叠加、负重前行的关键期，已进入提供更多优质生态产品以满足人民日益增长的优美生态环境需要的攻坚期，也到了有条件、有能力解决生态环境突出问题的窗口期。在中美贸易战的背景下，尽管经济下行压力增大，但是中国经济的韧性很强，经济稳定发展的基本情况没有改变，对持续加强生态环境保护的经济和技术支撑也没有大的改变。目前的世界经济体系和中国的经济体系是高度开放的，对外的市场和技术依赖程度高，如果中美双边经贸关系严重恶化，导致美国对中国进行技术封锁和人才封锁，对中国的产品全面征收高额关税，一旦被其他发达国家效仿，就会危及中国高质量发展的国际环境，中国经济转型成功的具体时间就难以预测，美丽中国基本实现和全面实现的时间可能会随之改变。如果中国的应变缺乏灵活性，可能会掉入“中等收入陷阱”。从乐观的角度来看，中国的主要污染物排放目前总体上正步入跨越峰值并进入下降通道的转折期。“十三五”末期，主要污染物排放量的拐点全面到来。今后几年是环境与经济发展矛盾的凸显期、环境标准与要求的提高期、经济下行的压力期，过关越坎的难度更大。为此，要用改革的思维和方法，在科学、稳妥的发展战略指引下创新和完善生态环境保护重大政策和制度。在具体的政策、制度和实施节奏方面，既要有解决环境问题的历史紧迫感，也要有耐心，用与经济社会发展相协调、污染防治与生态建设相结合的方式，稳中求进地推进生态文明制度改革，在绿色发展中逐步解决生态环境问题。

在新时代，生态环境保护的新阶段应是中国新动能的发展壮大期，是高质量发展期，也是更高的环境保护要求提升期，需要跨越一些常规性和非常规性关口。我们必须咬紧牙关，通过政策和制度建设促进绿色发展爬过这个坡、迈过这道坎。

9.5 以目标为导向看2035—2050年我国生态文明发展趋势

生态环境问题是人类经济和社会活动的副产物，因此不能就生态环境保护而论生态环境保护，必须将生态环境保护问题的解决整合到经济和社会的发展进程中统筹考虑。每个历史阶段的生态环境保护水平是与当时的经济和社会发展水平相适应的。有什么阶段的经济社会发展水平，就有什么样的生态环境问题；有什么阶段的经济社会发展水平，就有什么样的能力解决这个阶段的生态环境问题。为此，生态环境保护目标的设定和政策、制度体系的构建必须符合实际需要与可能。中国在2020年、2035年、2050年这三个目标年设立的生态环境保护目标，都是与目标年份的经济社会发展目标相适应的。

9.5.1 2035年

2035年是2020—2050年的中间年份，按照党的十九大报告的展望，2035年将是阶段性生态文明目标的实现年份，即美丽中国基本实现的时间节点。

在综合性发展目标方面，党的十九大报告指出，在全面建成小康社会的基础上，再奋斗15年，基本实现社会主义现代化。到那时，我国经济实力、科技实力将大幅跃升，跻身创新型国家前列；人民平等参与、平等发展的权利得到充分保障，法治国家、法治政府、法治社会基本建成，各方面制度更加完善，国家治理体系和治理能力现代化基本实现；社会文明程度达到新的高度，国家文化软实力显著增强，中华文化影响更加广泛深入；人民生活更为宽裕，中等收入群体比例明显提高，城乡区域发展差距和居民生活水平差距显著缩小，基本公共服务均等化基本实现，全体人民共同富裕迈出坚实步伐；现代社会治理格局基本形成，社会充满活力又和谐有序。与此相适应的是，生态环境保护目标被设定为生态环境根本好转，美丽中国目标基本实现。为了实现上述目标，必须围绕如下主题大力加强生态文明政策和法律制度的改革和创新：

- 如何确立人民平等参与、平等发展权利的生态环境保护路径、程序和方法？
- 如何建设生态环境法治国家、政府和社会，如何促进生态环境治理体系和治理能力的高度现代化？
- 如何增强中国生态文明的影响？如何促进中国生态文明与世界生态文明思想的互动？如何促进中国生态文明建设与世界生态文明建设的对接？
- 如何有效促进城乡生态文明的协调发展？
- 生态环境根本好转的指标体系是什么？有什么路径和方法？

在生态环境保护的综合性目标方面，2018年5月18日，习近平总书记在全国生态环境保护大会上明确提出，确保到2035年生态环境质量实现根本好转，美丽中国目标基本实现。2018年6月发布的《中共中央　国务院关于全面加强生态环境保护　坚决打好污染防治攻坚战的意见》要求，通过加快构建生态文明体系，确保到2035年节约资源和保护生态环境的空间格局、产业结构、生产方式、生活方式总体形成，生态环境质量实现根本好转，美丽中国目标基本实现。生态环境质量的根本好转是全局性的，是全环境要素的，也是治本性的。从设立的目标来看，与我国以往的生态环境保护战略相比，此次战略进程提前了15年左右。这说明为了实现上述目标，必须围绕如下主题大力加强生态文明政策和法律制度的改革和创新：

- 美丽中国基本实现的指标体系是什么？实现路径和方法是什么？
- 生态文明体系有什么内容？如何构建？
- 如何形成节约资源和保护生态环境的空间格局？如何优化产业结构，实现新旧动能的有效衔接？
- 如何培育环境友好型和资源节约型生产、生活方式？

在水环境保护目标方面，2015年发布的《水污染防治行动计划》为2030年的目标之年设立了总体目标：到2030年，力争全国水环境质量总体改善，水生态系统功能初步恢复。在具体的指标方面，要求到2030年，全国七大重点流域水质优良比例总体达到75%以上，城市建成区黑臭水体总体得到消除，城市集中式饮用水水源水质达到或优于Ⅲ类的比例总体为95%左右。为了实现上述目标，必须围绕如下主题大力加强生态文明政策和法律制度的改革和创新：

- 如何实现全国水环境质量总体改善？
- 如何实现水生态系统功能初步恢复？
- 如何解决农村和农业的水污染问题？
- 如何保证优良水体的环境质量？
- 如何标本兼治地消除城市黑臭水体？
- 如何保障城市集中式饮用水水源水质？

在土壤环境保护的具体目标方面，2016年发布的《土壤污染防治行动计划》为2030年的目标之年设立了总体目标：到2030年，全国土壤环境质量稳中向好，农用地和建设用地土壤环境安全得到有效保障，土壤环境风险得到全面管控。具体指标是到2030年，受污染耕地安全利用率达到95%以上，污染地块安全利用率达到95%以上。为了实现上述目标，必须围绕如下主题大力加强生态文明政策和法律制度的改革和创新：

- 如何对农用地和建设用地的环境进行分类管控，以确保安全？
- 如何采用符合实际的办法，通过种植结构调整等逐步缓解土壤污染？
- 如何开展大规模的土壤污染修复？

9.5.2 2050年

2050年即21世纪中叶，是第二个一百年奋斗目标的实现之年，其目标是要建设社会主义现代化强国，与目前的美国、日本、德国等发达国家的发展水平相当。到那时，中国的政治、经济和社会发展水平会非常高，社会治理水平也会很高。因此，与此相关的生态环境保护目标应当是美丽中国全面实现，生态环境保护的政策和制度体系相当健全，生态环境保护和经济社会发展形成互动的格局，国家生态环境治理的能力和水平也相对成熟，生态文明政策和法律制度体系应与经济和社会政策体系相互融合、相互促进。

在综合性目标方面，党的十九大报告指出，从2035年到21世纪中叶，在基本实现现代化的基础上，再奋斗15年，把我国建成富强民主文明和谐美丽的社会主义现代化强国。到那时，我国的物质文明、政治文明、精神文明、社会文明、生态文明将全面提升，实现国家治理体系和治理能力现代化，成为综合国力和国际影响力领先的国家，全体人民共同富裕基本实现，我国人民将享有更加幸福安康的生活，中华民族将以更加昂扬的姿态屹立于世界民族之林。

在生态环境保护的综合性目标方面，习近平总书记在2018年的全国生态环境保护大会上明确提出，到21世纪中叶，生态文明与物质文明、政治文明、精神文明、社会文明一起得到全面提升，全面形成绿色发展方式和生活方式，建成美丽中国。2018年6月发布的《中共中央　国务院关于全面加强生态环境保护　坚决打好污染防治攻坚战的意见》要求，到21世纪中叶，生态文明全面提升，实现生态环境领域国家治理体系和治理能力现代化。为了实现上述目标，必须围绕如下主题大力加强生态文明政策和法律制度的改革和创新：

- 生态文明与物质文明、政治文明、精神文明、社会文明如何融合发展？
- 如何实现国家生态环境治理体系和治理能力现代化？如何成为生态环境保护国力和国际影响力领先的国家？
- 生态文明如何与幸福安康生活相融合？
- 如何全面形成绿色发展方式和生活方式？

● 美丽中国全面实现的主要指标体系和实现路径、方法是什么?

在水环境保护的具体目标方面，2015年发布的《水污染防治行动计划》规定：到21世纪中叶，生态环境质量全面改善，生态系统实现良性循环。为了实现这一目标，必须围绕水生态系统如何形成良性循环、如何提升水环境质量等主题大力加强生态文明政策和法律制度的改革和创新。

在土壤环境保护的具体目标方面，2016年发布的《土壤污染防治行动计划》规定，到21世纪中叶，土壤环境质量全面改善，生态系统实现良性循环。为了实现上述目标，必须围绕土壤生态系统如何形成良性循环、如何提升土壤环境质量等主题大力加强生态文明政策和法律制度的改革和创新。

9.5.3 展望

按照2035年设立的实现生态环境根本好转的目标，任务将非常艰巨。这个时期以后，中国的环境保护工作将进入以控制环境风险为主要任务的阶段，中国的生态文明政策和法律制度也要开展相应的转型。

如果2030年的生态环境保护目标和2035年的美丽中国建设目标基本实现或者全面实现，生态环境保护政策和制度体系的构建将向全面、系统，衔接性、协调性和可操作性强，实现全民的生态环境保护共治的方向前进，生态环境保护的成效会得到广泛认可。在具体成效方面，既治理新产生的污染，也还清历史的生态环境保护欠账，这就为2050年全面实现美丽中国的目标奠定了基础。按照党的十九大报告和中央有关改革方案的设计，2050年美丽中国全面实现就意味着我国的经济社会发展和环境保护完全协调，环境质量和保证环境质量的生态环境保护政策和制度体系的构建将完全与人民群众不断提高的生态环境需求相一致，与构建社会主义现代化强国的治理格局和政策、制度构建需求相一致。

参考文献

[1] 阮煜琳 . 环保部公布大气污染攻坚行动量化问责首起案件 [EB/OL] . [2018-02-25] . http：//www.chinacourt.org/article/detail/2018/02/id/3211385.shtml.

[2] 中国共产党章程 [EB/OL] . [2017-10-24] . http：//www.12371.cn/special/zggcdzc/zggcdzcqw/.

[3] 国家发展改革委环资司 . 新理念新思想新战略　改革开放 40 年生态文明建设迈向新台阶 [N/OL] . 中国经济导报，2018-11-01. http：//www.ceh.com.cn/ztbd/jnjpzk/1094378.shtml.

[4] 李干杰 . 以习近平新时代中国特色社会主义思想为指导　奋力开创新时代环境保护新局面 [J] . 环境保护，2018，46 (5)：7-19.

第10章

生态文明体制改革与制度建设

XINSHIDAI SHENGTAI WENMING CONGSHU

10.1 国家治理体系现代化目标下的生态文明制度建设

推进国家治理体系现代化已成为我国的重大战略目标。党的十八届三中全会发布了《中共中央关于全面深化改革若干重大问题的决定》，将全面深化改革总目标设定为“推进国家治理体系和治理能力现代化”，这是继工业现代化、农业现代化、国防现代化、科学技术现代化之后的第五个现代化目标。随后，习近平总书记在省部级主要领导干部学习贯彻十八届三中全会精神全面深化改革专题研讨班开班式上发表重要讲话时强调，改革开放以来，我们党一直在思考通过完善国家治理体系为党和国家事业发展、为人民幸福安康、为社会和谐稳定、为国家长治久安提供一整套更完备、更稳定、更管用的制度体系。2019年，习近平总书记在深化党和国家机构改革总结会议上发表重要讲话时提出，要巩固机构改革成果，推进国家治理体系和治理能力现代化。

习近平总书记指出，实现国家治理体系现代化必然是全面的、系统的改革，是各领域改革和改进的联动与集成，以期形成总体效应、取得总体效果。国家治理体系和治理能力是一个国家的制度和制度执行能力的集中体现，前者指在党的领导下管理国家的制度体系，包括经济、政治、文化、社会、生态文明和党的建设等各领域的体制机制、法律法规安排，即一整套紧密相连、相互协调的国家制度；后者指运用国家制度管理社会各方面事务的能力[1]。所谓制度，一般指要求大家共同遵守的办事规程或行动准则，也指在一定的历史条件下形成的法令、礼俗等规范或一定的规则，尤其指政府、国家等按照一定的目的和程序有意识创造的一系列政治、经济规则及契约等法律法规，以及由这些规则构成的社会等级结构。

作为国家治理体系现代化的重要内容，党的十八届三中全会在全体会议公报中把生态文明体制改革纳入全面深化改革部署当中，提出“用制度保护生态环境”，希望通过制度规范和调节人类的生态环境保护行为。建立系统完整的生态文明制度体系，不仅有助于完善资源环境领域的制度、体制机制，还有助于将生态文明建设融入经济、政治、社会、文化建设的方方面面，建立真正体现“五位一体”要求的制度体系[2]。

建立健全生态文明制度体系，也是解决我国资源环境问题的内在需要。经过快速、压缩式的工业化、城镇化进程，我国资源与生态环境压力与日俱增，发达国家在漫长发展进程中逐步出现并分阶段解决的问题在我国集中出现并爆发，形成了全球有史以来最为错综复杂的资源环境格局。受体制机制的约束，我国生态环境保护长期采取工程建设和运动式的治理模式，存在成本高、落地难、效果难持续等问题。因此，从根本上制定更加公平、包容和面向长远的社会规范，有助于改变我们的行为，降低社会成本，提高资源与生态环境保护的行动效率[3]。

在全面深化改革框架下，我国从源头严防、过程严管、后果严惩的角度勾勒出生态文明制度框架，制定了生态文明制度体系建设的顶层设计文件——《生态文明体制改革总体方案》，从自然资源资产产权制度、国土空间开发保护制度、空间规划体系、资源总量管理和全面节约制度、资源有偿使用和生态补偿制度、环境治理体系、环境治理和生态保护市场体系、生态文明绩效评价考核和责任追究制度八个领域提出了主要任务，并规定了成果形式、时间表和牵头部门。

专栏10-1　生态文明体制改革的目标

到2020年，构建起由自然资源资产产权制度、国土空间开发保护制度、空间规划体系、资源总量管理和全面节约制度、资源有偿使用和生态补偿制度、环境治理体系、环境治理和生态保护市场体系、生态文明绩效评价考核和责任追究制度八项制度构成的产权清晰、多元参与、激励约束并重、系统完整的生态文明制度体系，推进生态文明领域国家治理体系和治理能力现代化，努力走向社会主义生态文明新时代。

构建归属清晰、权责明确、监管有效的自然资源资产产权制度，着力解决自然资源所有者不到位、所有权边界模糊等问题。

构建以空间规划为基础、以用途管制为主要手段的国土空间开发保护制度，着力解决因无序开发、过度开发、分散开发导致的优质耕地和生态空间占用过多、生态破坏、环境污染等问题。

构建以空间治理和空间结构优化为主要内容，全国统一、相互衔接、分级管理的空间规划体系，着力解决空间性规划重叠冲突、部门职责交叉重复、地方规划朝令夕改等问题。

构建覆盖全面、科学规范、管理严格的资源总量管理和全面节约制度，着力解决资源使用浪费严重、利用效率不高等问题。

构建反映市场供求和资源稀缺程度、体现自然价值和代际补偿的资源有偿使用和生态补偿制度，着力解决自然资源及其产品价格偏低、生产开发成本低于社会成本、保护生态得不到合理回报等问题。

构建以改善环境质量为导向，监管统一、执法严明、多方参与的环境治理体系，着力解决污染防治能力弱、监管职能交叉、权责不一致、违法成本过低等问题。

构建更多运用经济杠杆进行环境治理和生态保护的市场体系，着力解决市场主体和市场体系发育滞后、社会参与度不高等问题。

构建充分反映资源消耗、环境损害和生态效益的生态文明绩效评价考核和责任追究制度，着力解决发展绩效评价不全面、责任落实不到位、损害责任追究缺失等问题。

为落实有关部署，我国加强了改革统筹协调力量，在中央深改组（现为中央全面深化改革委员会）下设经济体制和生态文明体制改革专项小组[4]。通常情况下，国家都会在年初下达生态文明体制改革任务，明确各项任务的牵头部门，规定在当年形成改革任务的制度性文件，再逐步进入落实实施阶段。同时，为督促改革任务的落实，中央还设立了改革任务的督察部门，负责开展督察工作（图10-1）。

图10-1　生态文明制度文件的制定与实施过程

在中央全面深化改革委员会（以下简称中央深改委）的领导下，我国也积极发挥地方的积极性，并试图充分利用基层探索为制定全国性的政策提供支撑。对一些改革方向并不明确、任务较为复杂、缺乏可参考经验的改革任务，国家主要采用试点试验这一政策工具，即在全面开展工作之前，鼓励一些地方根据实际情况适当绕开现有法律法规等约束探索各种解决问题的办法，从而为全面铺开推广积累经验。根据重点和定位不同，生态文明体制改革和制度创新的试点分为两类：一是综合类试点试验，以国家生态文明试验区、生态文明先行示范区为代表；二是生态文明制度的专项试点，核心是探索尚未成熟的制度实施模式（表10-1）。

表10-1　生态文明制度建设试点示范情况

类型	试点名称	起始时间	负责部门	覆盖范围	试点内容
综合试验	国家生态文明试验区	2016年	国家发展改革委等	福建、江西、贵州、海南	形成生态文明体制改革的国家级综合试验平台
	生态文明先行示范区	2014年	国家发展改革委等九部门	102个地区（包括省、市、县及跨区域）	以制度创新为核心，以可复制、可推广为要求，探索生态文明建设的有效模式
专项试点	自然资产负债表试验区	2015年	国家统计局	5个地级市	探索编制自然资源资产负债表
	国家公园体制试验区	2015年	国家发展改革委等	9个试点区	探索整合现有各类保护地的管理体制机制，明确管理机构，实行统一有效的管理
	空间规划	2016年	国家发展改革委	吉林、浙江、福建、江西、河南、广西、海南、贵州、宁夏9个省区	形成一套规划成果，研究一套技术规程，设计一个信息平台，提出一套改革建议
	多规合一	2014年	国家发展改革委、国土资源部（现为自然资源部）、住房和城乡建设部	24个试点区	探索多规合一的具体做法、模式

注：不完全统计，2018 年。

10.2 生态文明制度建设总体进展

在党中央、国务院的领导下，在全国人民的共同奋斗下，我国生态文明体制改革和制度创新取得了良好的成效。据统计，党的十八大以来，我国共制定和发布了50多项生态文明制度改革方案，其中多数专项改革方案已步入实施阶段，并有效推动了资源节约与生态环境保护工作。

一是以自然资源统一确权登记为切入点，加快推进自然资源产权制度改革，初步建立了“确权登记—产权制度—有偿使用—管理体制—考核评价”的全过程自然资源资产管理体系。

全面推进不动产统一确权登记，加速推进自然资源统一确权登记。原国土资源部整合了职责分散在国土、林业、住建、海洋等部门的不动产确权登记，组建了不动产登记司和不动产登记中心，在地方层面积极推动不动产登记职责整合（图10-2），基本做到登记机构、登记簿册、登记依据和信息平台“四统一”。不动产统一登记为建立统一的自然资源资产确权登记奠定了基础。2016年，中央深改组第二十九次会议审议通过了《自然资源统一确权登记办法（试行）》，决定在福建、贵州等12个省（市）开展试点；在总结试点工作经验的基础上，2019年5月，自然资源部等五部门印发了《自然资源统一确权登记暂行办法》（自然资发〔2019〕116号），并计划利用5年的时间全面铺开、分阶段推进全国自然资源统一确权登记。

作为一项基础性制度，自然资源资产产权制度正在加速构建。2019年1月，中央深改委第六次会议审议通过了《关于统筹推进自然资源资产产权制度改革的指导意见》，提出要推动自然资源资产所有权与使用权分离，加快构建分类科学的自然资源资产产权体系。集体土地所有权、承包权、经营权的“三权”分置改革加快推进，推动了经营权确权发证、入股、抵押等工作，在抵押贷款方面历经3年试点后开始全面推行农村承包土地经营权抵押贷款。一些地方，如福建省泉州市永春县开始推动非规划林地的确权登记，为抵押贷款提供支撑。推动完善海域使用权出让、转让、抵押、出租、作价出资（入股）等权能，开展无居民海岛使用权转让、出租

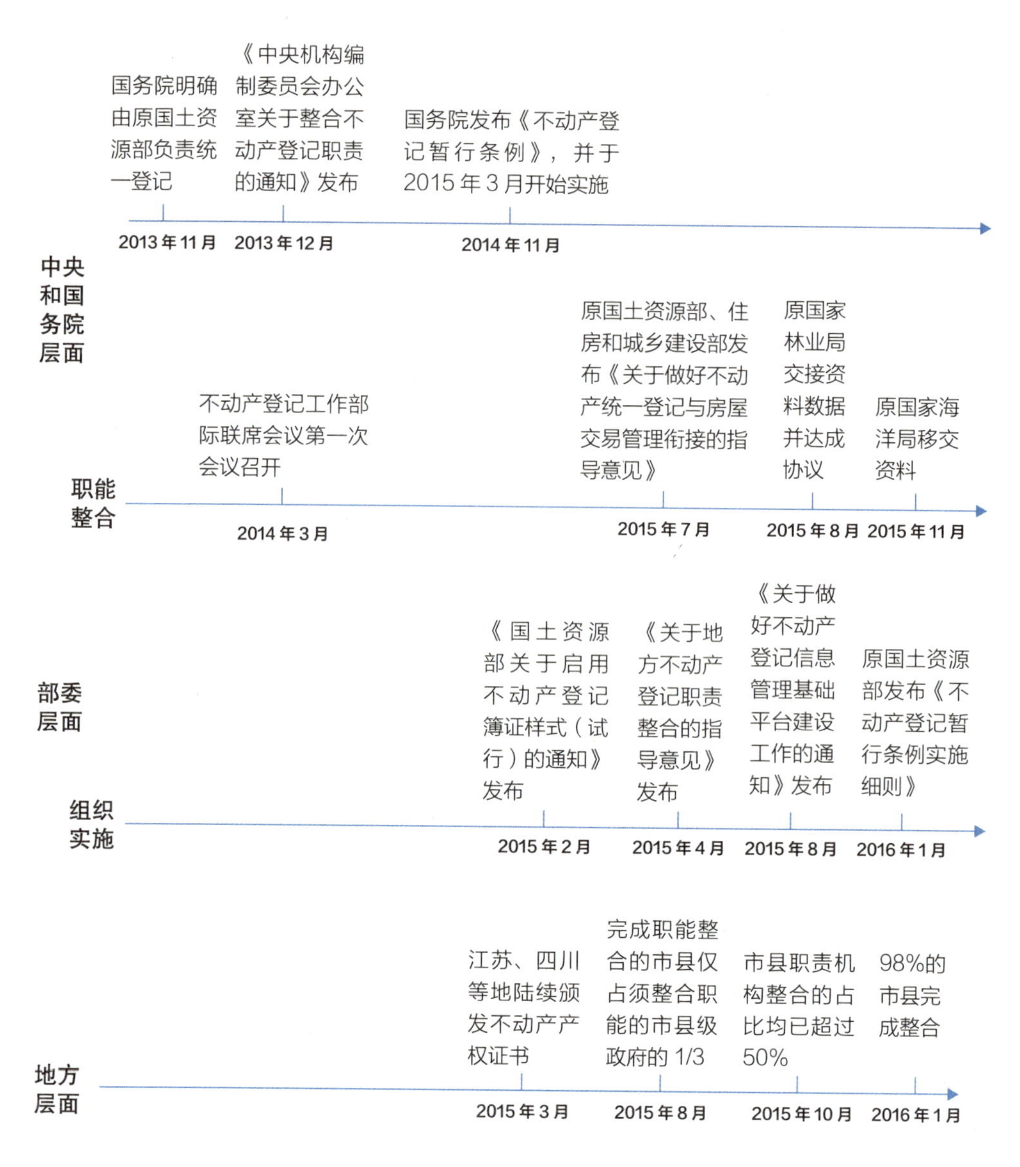

图10-2　不动产统一登记体系改革进展

等权能试点探索。

进一步健全全民所有自然资源资产有偿使用制度。制定出台了相关领域的有偿使用制度建设文件（表10-2）。加快自然资源及其产品价格改革，2015年10月印发《中共中央　国务院关于推进价格机制改革的若干意见》（中发〔2015〕28号），推进水、石油、天然气、电力、交通运输等领域的价格改革；加快资源税费改革。2016年5月，印发《关于全面推进资源税改革的通知》（财税〔2016〕53号），要求通过全面实施清费立税、从价计征改革，理顺资源税费关系。2017年11月，财政部、国家税务总局、水利部印发《扩大水资源税改革试点实施办法》（财税〔2017〕80号）。

表10-2　自然资源有偿使用制度建设文件

时 间	文 件
2016年12月	中央深改组审议通过《矿业权出让制度改革方案》
2016年12月	国务院发布《国务院关于全民所有自然资源资产有偿使用制度改革的指导意见》（国发〔2016〕82号）
2016年12月	原国土资源部等部委联合发布《关于扩大国有土地有偿使用范围的意见》（国土资规〔2016〕20号）
2017年2月	林业部门研究起草《国有森林资源资产有偿使用制度改革方案》
2017年4月	国务院印发《矿产资源权益金制度改革方案》（国发〔2017〕29号）
2017年6月	在山西等6个省份有序开展矿业权出让制度改革试点
2018年2月	水利部等三部委发布《关于水资源有偿使用制度改革的意见》（水资源〔2018〕60号）
2018年7月	原国家海洋局发布《关于海域、无居民海岛有偿使用的意见》

统一的国家自然资源资产管理体制正在构建。2018年3月，中共中央印发了《深化党和国家机构改革方案》，明确组建自然资源部，负责统一行使全民所有自然资源资产所有者职责。2018年4月，自然资源部正式挂牌。当前，自然资源部正在推动全民所有自然资源的分级行使所有权体制改革，研究编制分级行使所有权自

然资源清单，明确由中央直接行使的自然资源种类和具体清单，并探索建立委托代理制度。

二是在各试点试验的基础上推动“多规合一”，加快构建国家公园体制，初步建立以“空间规划—用途管制—生态保育”为核心的统一的自然资源监管体制。

在建立健全自然资源监管体制方面，我国更多地采取试点方式推进。党的十八大以来，中央设置了国家公园、“多规合一”、空间规划、自然生态空间用途管制4个领域的试点任务，全国涉及这项改革工作的试点区域总计达50个左右，形成了一批良好的试点经验，为完善全国性自然资源监管体制提供了参考经验。

专栏10-2 “多规合一”试点经验

按照党的十八大和十八届三中全会精神，原国土资源部、国家发展改革委、原环境保护部、住房和城乡建设部研究制定并联合印发了《关于开展市县“多规合一”试点工作的通知》（发改规划〔2014〕1971号），在全国28个地区部署开展“多规合一”试点工作，要求紧紧围绕一个市县一个规划、一张蓝图的工作要求，统一土地分类标准，划定生产空间、生活空间、生态空间，明确城镇建设区、工业区、农村居民点等的开发边界，以及耕地、林地、草原、河流、湖泊、湿地等的保护边界，形成一系列探索性成果。

“多规合一”试点取得了诸多成绩。以厦门市为例，通过实施“多规合一”解决了空间性规划相互冲突的问题，协调建设用地图斑12万块，有效保障了经济社会发展需求；全面缩短了审批时间，从项目立项申请到用地规划许可证核发，审批时间从53个工作日压缩到10个工作日，从项目建议书到施工许可证核发，审批时限由122个工作日缩短至49个工作日；人民群众获得感不断增强。

空间规划体系建设正加速推进。2017年1月，中共中央办公厅、国务院办公厅印发了《省级空间规划试点方案》，提出以主体功能区规划为基础，统筹各类空间性规划，编制统一的省级空间规划，实现“多规合一”。2018年3月，新一轮国务院机构改革中原分别归属国家发展改革委与住房和城乡建设部的主体功能区、城乡规划管理职责调整到自然资源部，实现了国土空间规划职能的统一管理。2018年12月，中共中央、国务院发布《关于统一规划体系更好发挥国家发展规划战略导向作用的意见》（中发〔2018〕44号），明确要构建以发展规划为统领、以空间规划为基础、以区域规划和国家级专项规划为支撑的规划体系。2019年1月，中央深改委第六次会议审议通过了《关于建立国土空间规划体系并监督实施的若干意见》。

自然生态空间用途管制制度正以试点方式推进。为加强自然生态空间保护，推进自然资源管理体制改革，健全国土空间用途管制制度，促进生态文明建设，我国研究制定了《自然生态空间用途管制办法（试行）》《自然生态空间用途管制试点方案》，选择在福建、江西等6个省份开展试点工作。2019年，自然资源部提出改革按照“一类事项一个部门统筹、一个阶段同类事项整合”的原则，合并审批、优化流程、简化材料，加快推进建设用地审批和城乡规划许可“多审合一”改革工作。

国家公园体制改革取得重大进展，成为生态文明体制改革的标志性工作之一。国家公园是国土空间用途管制的重要内容。目前我国已经设立了三江源、武夷山、钱江源、神农架、普达措、大熊猫、东北虎豹、祁连山、湖南南山、北京长城、海南热带雨林11个国家公园体制改革试点区。原中央深改组审议通过了《建立国家公园体制总体方案》《三江源国家公园体制试点方案》《大熊猫国家公园体制试点方案》《东北虎豹国家公园体制试点方案》《祁连山国家公园体制试点方案》，推动以国家公园为代表的自然保护格局逐步形成。

重要生态系统保护制度进一步建立健全。2015年3月，中共中央、国务院印发《国有林场改革方案》和《国有林区改革指导意见》，提出区分不同情况有序停止重点国有林区天然林商业性采伐，确保森林资源稳步恢复和增长。2016年6月，农业部印发《推进草原保护制度建设工作方案》（农牧发〔2016〕11号）。2016年

11月，中央深改组第二十九次会议审议通过了《湿地保护修复制度方案》，提出建立湿地保护修复制度，实行湿地面积总量管理，严格湿地用途监管。2016年11—12月，中央深改组连续审议通过了《海岸线保护与利用管理办法》《围填海管控办法》，要求加强海岸线分类保护，严格保护自然岸线，整治修复受损岸线，加强节约利用，实现经济效益。

三是以独立的生态环境监测为切入点，以中央生态环保督察为纲，独立权威的生态环境监管体制正逐步强化和完善。

生态环境质量监测垂直管理体系基本建立，但省以下环保机构监测监察执法垂直管理改革进展滞后。2015年8月，国务院办公厅印发《生态环境监测网络建设方案》（国办发〔2015〕56号），提出“环境保护部适度上收生态环境质量监测事权，准确掌握、客观评价全国生态环境质量总体状况”。从实施进程来看，这项改革任务进展顺利，截至2016年年底，环境保护部完成了1 436个国控空气站点上收任务。2017年9月，环境保护部印发《国家地表水环境质量监测网采测分离实施方案》，全面实施地表水采测分离。按照环境保护部2016年确定的时间表，垂直管理改革需要在2～3年内完成，但从目前的情况来看，省以下环保机构监测监察垂直管理改革进展滞后于计划。

组建统一行使污染防治职责的生态环境部。2018年国务院机构改革方案提出将环境保护部的职责，国家发展改革委的应对气候变化和减排职责，国土资源部的监督防止地下水污染职责，水利部的编制水功能区划、排污口设置管理、流域水环境保护职责，农业部的监督指导农业面源污染治理职责，国家海洋局的海洋环境保护职责，国务院南水北调工程建设委员会办公室的南水北调工程项目环境保护职责整合，组建生态环境部，作为国务院组成部门。同时，组建生态环境统一执法队伍，整合环保和国土、农业、水利、海洋等部门相关污染防治和生态保护执法职责、队伍，统一实行生态环境保护执法。

中央生态环保督察制度开展力度空前。2015年，中央深改组第十四次会议审议通过了《环境保护督察方案（试行）》，提出建立环保督察工作机制，并要求全面落实党委、政府环境保护“党政同责”“一岗双责”的主体责任。中央环保督察紧抓区域督察执法不力的痛点，由原环境保护部牵头转向中央主导，从“查企业为主”转向“查督并举，以督政为主”，并将督察结果作为对领导干部考核评价任免的重要依据，这是中国环境监管体制的重大变革。

四是以推动绿色新兴产业发展为切入点，加快探索促进绿色发展的制度建设。

发展壮大节能环保产业、清洁生产产业、清洁能源产业。为积极培育生态环境的市场主体，国家发展改革委、环境保护部于2016年9月印发了《关于培育环境治理和生态保护市场主体的意见》（发改环资〔2016〕2028号）。为着力积极构建激励有效的市场机制，并通过价格信号以经济激励的方式促使各类主体自觉地践行节约资源和保护环境的责任，2018年国家发展改革委印发了《关于创新和完善促进绿色发展价格机制的意见》（发改价格规〔2018〕943号）。为促进绿色技术创新，国家发展改革委、科学技术部于2019年共同印发了《关于构建市场导向的绿色技术创新体系的指导意见》（发改环资〔2019〕689号）。

积极探索绿色金融体系。2016年以来，我国加快了构建绿色金融体系的步伐，正式公布了《关于构建绿色金融体系的指导意见》（银发〔2016〕228号），标志着我国成为世界上第一个由政府推动构建绿色金融体系的国家。2018年年末，我国主要的21家银行绿色贷款的余额已经达到8万多亿元，比2017年增长了16%。我国境内绿色债券存量规模已经接近6 000亿元，位居世界前列。在我国政府的积极推动下，绿色金融发展的倡议和政策建议被列入2016年中国G20杭州峰会发布的《二十国集团领导人杭州峰会公报》、2017年德国汉堡行动计划、2018年阿根廷布宜诺斯艾利斯峰会的重要议题中，大大增强了绿色金融国际主流化的进程。

推进构建绿色低碳循环经济体系。2016年12月，国务院办公厅印发《生产者责任延伸制度推行方案》（国办发〔2016〕99号），将生产者责任延伸的范围界定为开展生态设计、使用再生原料、规范回收利用和加强信息公开4个方面，率先对电器电子、汽车、铅蓄电池和包装物等产品实施生产者责任延伸制度，并明确了各类产品的工作重点。

10.3 生态文明体制改革存在的问题与挑战

10.3.1 系统完整的生态文明制度体系尚未真正确立

自然资源资产管理体系中，产权制度、管理体制和考核评价制度亟待突破。自然资源产权制度有待进一步发展和创新，在法理和制度上厘清各类产权的关系存在重大挑战，探矿权、采矿权与土地使用权、海域使用权的衔接机制有待完善，水域滩涂养殖权与海域使用权、土地承包经营权，取水权与地下水、地热水、矿泉水采矿权的关系仍需进一步理顺。全民所有自然资源分级行使体制有待构建，分级行使所有权的国有自然资源资产清单尚未编制完成，相应的委托代理体系、考核评价制度也未建立。尽管我国已开展了自然资源资产负债表和离任审计探索，但全民所有自然资源资产负债表编制及相应的考核制度尚未正式启动。

自然资源监管体制中，统一的空间规划和用途管制有待真正确立。新一轮国务院机构改革后，空间规划和自然资源用途管制的职能统一到自然资源部，但统一的自然资源用途管制制度尚未建立，改革成效仍需进一步深化。由于相关部门的管制规则和审批流程不统一，短期内难以将属于各部门的审批流程整合到同一平台。自然资源部、生态环境部、国家林业和草原局等在生态监管方面的职责存在较大程度的交叉重叠。国家公园体制改革遗留了较多问题与挑战，亟待在发展过程中逐步完善。

生态环境治理体系中，仍需要从环境监管迈向政府为主导、企业为主体、社会和公众共同参与的环境治理体系。通过中央生态环保督察，生态环境部门的权威性和独立性大幅提高，但仍存在企业主体作用发挥不足、社会和公众参与程度不够的问题。同时，生态环境领域各项制度建设仍有较大的提升空间，如环境监察监测垂直管理改革面临职责与权利不匹配的问题，排污许可制度面临法律冲突和内部利益平衡的挑战，中央生态环保督察存在运动式治理的“一刀切”和成本高昂等问题。

绿色发展制度建设是生态文明制度体系建设相对薄弱的领域。《生态文明体制改革总体方案》对绿色发展的关注不够。党的十九大报告重点突出了绿色发展，提出了一系列改革任务，但从目前来看，生态产品价值实现、绿色消费培育的问题依然突出，环境产权交易制度建设仍处在起步阶段，一些排污权交易试点地区甚至暂停了交易工作。

机构改革依旧有待继续深化，以有效解决“政出多门”“文件打架”等问题。2018年我国启动了国务院机构改革，按照一件事由一个部门管理、保护与开发相分离的原则设计了改革方案，在很大程度上缓解了生态保护与污染防治职能的碎片化问题。但机构改革仅仅是手段，新体制运行仍需进一步磨合与完善。生态环境部门内部制度整合和政策协调不足，尽管海洋、流域水污染防治职能已向生态环境部门集中，但陆海统筹机制以及流域综合管理制度尚未建立健全，以排污许可为核心的一证式管理体系有待完善。从跨部门来看，自然资源部门（包括林草部门）与生态环境部门的生态保护与监管权有待进一步厘清，生态文明相关考核评价、试点部署等领域的政出多门现象依然存在。

10.3.2 生态文明制度方案设计的质量有待进一步提高

从当前各类生态文明体制改革专项方案来看，目前已经基本完成了改革既定的方案文本。但从方案本身的质量来看，仍存在诸多问题与改进空间。

一是专项方案设计的系统性不足。一方面，生态文明体制改革专项方案与现有制度的衔接和整合不足。《生态文明体制改革总体方案》中提出的生态文明制度多是从理论出发进行设计的，缺乏与现有制度的衔接。自然资源资产负债表缺乏数据基础支撑，许多数据是非连续年份的（如森林覆盖率每5年调查一次、耕地数据是每10年调查一次）；部分数据有多种来源且差异较大；领导干部自然资源资产离任审计、生态文明建设目标考核与领导干部的任期难以充分协调；排污许可制度与环评制度、排污权交易等制度缺乏衔接和整合。另一方面，生态文明体制改革各专项制度之间缺乏衔接，缺乏整体考虑和布局。目前，数十项生态文明体制改革专项方案基本是由不同部门主导制定完成的，相互间衔接不足。自然资源资产负债表与领导干部自然资源资产离任审计的方案和试点各自编制，数据来源、方法学完全不同；用能权、碳排放权、节能量交易等本应融为一体，但在现实中却各自推进。

二是改革方案数量繁多，相互间衔接协调不足。以中央深改组（委）审议的文件为例，除了2018年，2016年以来每年出台的生态文明体制改革专项方案在13～27份，平均每月1～2份，涉及国土空间、资源高效利用、环境保护等方面。这些改革文件不能保证严格的逻辑关系和改革时序性。在自然资源资产管理体制方面，2016年12月中央审议通过了《关于健全国家自然资源资产管理体制试点方案》，2017年9月福建省随后挂牌成立福建省国有自然资源资产管理局，但在2018年3月组建自然资源部之后，上述文件和机构便处于失效状态。在环境标准方面同样存在类似的问题，如制定了20蒸吨以下锅炉“煤改气”政策，在改造即将完成时出台了脱硫脱硝低氮改造政策，而改造过程中又要求全部拆除并淘汰35蒸吨以下锅炉。

三是改革方案中激励性内容少而约束性内容偏多。从《生态文明体制改革总体方案》以及生态文明体制改革各专项方案的具体内容来看，大多是对政府、企业和公众采取的约束性措施。对党政领导干部实施的生态环境损害责任终身追责、自然资源资产离任审计、生态文明绩效考核等在结果运用上通常强调惩罚机制，如一票否决，而奖励机制以通报表扬为主等。对企业实施的生态环境损害赔偿、环境司法等均侧重约束机制，尽管提出了资源环境产权交易制度等激励措施，但实施进展不顺，而对“多评合一”等有利于减少企业负担的制度却缺乏部署。对于社会公众而言，国家公园体制改革等也约束了公众行为，但相应的绿色消费激励措施却未得到重视。虽然约束性措施可以起到震慑作用，但同时也抑制了公众的积极性。

10.3.3 落地实施方面“用力不足”与“用力过猛”并存

从当前中央印发的数十个生态文明体制改革专项文件来看，目前真正落地的改革任务并不多，执行中的“用力不足”与“用力过猛”现象并存。

一是体制改革落实中存在一定程度上的形式主义。“以会议落实会议、以文件落实文件、以讲话落实讲话”的现象较为普遍。尽管中央建立了改革督察和检查机制，但因改革任务众多无法将全部的改革任务纳入督察任务当中；再加上督察检查中相关进展数据、工作报告、典型做法等一般都由地方政府自己提供，存在“督察谁（或检查谁）、谁提供数据（或文件资料）”的情况，从而容易出现形式主义。

二是地方积极性不足，选择性执行现象广泛存在。由于地方的行政资源相对有限，改革任务又相对繁重，迫使地方政府将有限的改革资源集中在少数的制度建设和改革任务当中。地方通常关注具有以下特征的改革任务：一是具有行政和政治意义的任务，重点关注国家赋予的改革任务试点；二是与当地亟待解决的问题相结合的任务，如厦门市因土地面积偏小，重点推动了“多规合一”，通过协调土地斑块冲突来解决建设用地不足的问题；三是对自身有利的制度，如生态环境条件好的地区往往优先支持和推进生态补偿类方案。这在一定程度上割裂了制度的系统性、完整性，导致制度的碎片化实施。

三是部分制度在执行过程中出现执行偏差，存在“用力过猛”的情况。由于生态文明制度更多地体现了中央意图，凸显“自上而下”的设计，再加上改革方案设计过程中与地方协商不足，因此容易出现落实过程中的执行偏差现象，这尤其表现为“运动式”治理。

10.3.4 理论、法律、资金等支撑条件有待完善

一是生态文明体制改革的理论研究相对滞后。在生态产品价值实现方面，研究各方关于生态产品的认知和界定不一，价值核算缺乏统一和权威的方法学，导致不少有助于生态产品价值实现的制度难以大范围有效开展。例如，青海省三江源地区、河北省承德市、浙江省湖州市和丽水市、江西省抚州市等都开展了价值核算，但核算结果既不被政府主导的生态补偿制度认可，也不被市场主导的绿色金融所接受。此外，在自然资源产权制度、环境产权交易等方面还存在一定的理论问题，这既影响了生态文明体制改革方案顶层设计的科学性，也使生态文明体制改革在推行中遇到困难。

二是改革与立法的关系有待进一步理顺。法治是立，改革是破；法治是定，改革是变。因此，改革与立法之间天然存在一定的冲突性，做到改革依法、有据绝非易事。在生态文明体制改革快速推进的过程中，改革文件已成为相关部门职能分

工、开展制度建设的依据，而诸多改革任务的法律依据却十分缺乏。例如，按照环境垂直管理体制改革的要求，县一级生态环境机构应作为市生态环境局的派出机构，但目前我国尚未出台法律法规对垂直管理机构与地方政府各自的权力范围、运行机制等做出明确具体的规定。

三是生态文明体制改革所需的资金、行政资源等投入不足。改革任务的推进受到人力、财力、物力等因素的制约。从人员来看，现行编制多数是按照已有制度和工作量设定的，在应付日常繁重任务的同时难以满足大量改革任务的需求。从财力来看，目前大多数生态文明制度的建立和实施都有赖于资金的投入，但中央布置改革任务时多数未配套相应的工作经费和资金，存在“中央请客、地方埋单”的情况。欠发达地区的财政难以对生态文明制度实施所需的基础设施、示范项目、能力建设等投入足够资金。

10.4 深化生态文明体制改革的对策建议

当前我国生态文明建设正处于压力叠加、负重前行的关键期，已进入提供更多优质生态产品以满足人民日益增长的优美生态环境需要的攻坚期，也到了有条件、有能力解决生态环境突出问题的窗口期。为推动国家生态文明领域的治理体系和治理能力现代化建设、实现生态环境质量的根本好转，生态文明体制改革应当注意以下几个方面的问题。

10.4.1 进一步优化生态文明体制改革的整体部署

当前，我国主要的生态文明体制改革专项方案均已出台，并于2018年推动了党和国家机构改革以进一步理顺职能体系。这些努力为国家“十三五”时期生态环境质量的总体改善奠定了基础，但在实施过程中也暴露出诸多问题。不仅如此，近些年来我国的社会经济形势发生了重大变化，再加上2020年突如其来的新冠肺炎疫情，更加凸显出环境与发展相平衡的必要性。展望未来，我国有必要结合当前国家发展新趋势，开展改革实施情况的评估，转变当前约束导向、相对碎片化、行政主导的生态文明体制改革任务部署，加快建立起激励导向、系统整合、多元共治的生态文明制度体系。

一是要加快由“约束导向”向“正向激励”转型，调整优化生态文明制度。应建立健全领导干部的表彰激励机制，对于那些在生态文明建设方面做出突出贡献的领导干部给予表彰和更多的晋升机会；探索建立容错纠错机制，宽容干部在生态文明体制改革中的失误错误，激发广大干部新担当、新作为。根据“受益者付费”原则，加快探索生态产品价值实现机制；向排污者传递“节能有收益、环保有收益”的积极信号，加快推广环保信用制度，让环保守信者得利、环保失信者失利；发展绿色金融体系，大力发展绿色信贷和绿色债券等金融产品。加快落实有利于资源节约和生态环境保护的价格政策、税收优惠政策；研究对从事污染防治的第三方企业比照高新技术企业实行所得税优惠政策[5]。

二是要在统筹制度设计的框架下，以机构改革为契机全面提升制度合力。一方面，要做好各项政策和制度的系统性设计。推进生态环境制度的整合衔接，加快推进以排污许可为核心的一证式管理，有效结合环评、排污许可证、环境保护税、排污权交易等制度；推动水功能区划、国控断面、排污口等的整合工作；探索环境与发展综合决策机制，探索建立产业政策的环境影响评价与环境政策的社会经济成本评价机制，以及综合性生态补偿政策。另一方面，要做好改革任务的优先顺序部署。根据各项改革任务的系统性、重要性和难易程度，进一步明确需要优先实施的生态文明体制改革任务。从当前的各项任务来看，有必要优先推动差异化价格机制、绿色税费、绿色金融体系的建设，加快开展自然资源产权制度、农村集体土地制度改革的试点经验总结与推广；相关环境产权交易制度、水权交易制度可结合实际需要再行推进。

三是要加快改革任务由“对上负责”向“提升公众获得感”转型。根据完善国家治理体系现代化的要求，把能够“提升公众获得感”的改革任务作为优先任务加以推进。加快推进“多规合一”及相关的审批制度改革，推进“多评合一”，避免各类企业分头接受各类行政主管部门的反复审批审查。进一步完善和健全信息公开制度，进一步细化指标、数据、频次等，为社会公众参与生态文明建设提供条件；

着力培育自然与环境保护公益组织，鼓励公益组织参与自然保护地保护、环境保护监督、环保公益诉讼；要利用社会力量对地方政府的行为进行有效监督，不断提高治理能力，探索建立改革效果评价机制，并着重从社会公众的视角对改革效果进行评估。

10.4.2 进一步优化生态文明体制改革的决策机制

当前的生态文明体制改革主要采取施工图模式，将改革任务分到各个部门，定时间、定任务，按时间出文件、出方案，并引入第三方评估以提高改革方案的质量。然而，由于改革是一项系统工程，面临的不确定性非常多。从现阶段来看，应把加强统筹协调、超越部门利益作为生态文明体制改革与制度建设的重点工作，同时要充分听取和吸纳利益相关方的意见及地方试点经验，降低制度冲突风险和交易成本。

一是要进一步加强统筹协调机制的领导作用。中央加强对生态文明体制改革相关方案制定的统筹协调，确保意见征求对象选择精准，完善意见吸收保障机制[6]。中央深改委及其办公室应在广泛听取各方面意见后（或者是相对独立的第三方评估意见），对相关改革方案的核心内容和要点，特别是涉及多部门利益的内容，给予相对明确的指示，避免方案起草机构因为部门利益而回避核心问题，或者在征求意见环节不断妥协。

二是要逐步扩大改革方案制定的参与主体。除了一些涉及国家秘密的改革方案，其他都应该进行广泛的公开讨论。对于涉企政策和改革任务，在方案制定和出台的过程中应当征求相关企业、行业协会的意见；保持政策的连续性、稳定性，健全涉企政策全流程评估制度，完善涉企政策调整程序，从实际出发设置合理的过渡期，给企业留出必要的适应调整时间。

三是要建立公开透明的咨询论证程序，利用好第三方评估平台，对改革方案的质量及实施预期效果进行充分把关。第三方评估机构应当对改革方案进行充分的论证和考量，保持较好的独立性。同时，要有充分的时间保障，避免因时间压力而导致改革方案和大量不协调的制度匆忙出台。

10.4.3 探索建立中央与地方互动的改革执行机制

在改革过程中还应当坚持中央改革方案设计与地方创新试验相结合，促进“自上而下”和“自下而上”的互动互进。要充分意识到，制度建设不能一蹴而就，要进行过程控制和管理，方案实施的每个阶段都要及时总结提炼和务实修正。

一是要建立健全生态文明体制改革的执行机制。谨慎评估生态文明体制改革方案实施所需要的工作经费、人力资源和技术资源。在政府内部，要明确中央、省和市县相应的财政支出责任，以及跨部门协作机制，从而为改革实施奠定良好的工作基础。在政府之外，要通过社会动员、激励机制、村民自治等方式推动企业与社会等利益相关方有序参与生态文明体制改革方案的实施。

二是要加强体制改革方案执行的过程管理。考虑到生态文明制度建设的许多问题都需要在实践中不断探索，因此还需要探索建立灵活的纠错机制，以对方案进行动态调整。有必要结合改革任务的实施情况，以及地方政府在执行过程中的经验与教训，对生态文明体制改革方案进行及时调整和优化。特别是对于复杂的改革方案，应在启动阶段先出台简明的“改革纲要”，然后随着改革试点的深入和范围的扩大再编制与之相适应的深化方案[7]。

三是要健全典型经验做法的复制推广机制。建立更为紧密的纵向沟通和横向互动机制，促进信息和知识的流动，既要强化中央对地方的指导，也要促使地方及时与中央沟通，更要促进地方之间的交流互动。建立健全信息平台、定期或不定期报送、定期会商等制度。建议中央有关部门开展年度生态文明体制改革创新案例评选活动，采取案例发布、政府文件、媒体宣传、现场会议等多种形式推介典型的改革经验和模式，并对入选年度改革创新案例的地区给予相关改革事项适当的政策自由度，加快形成改革成果推广、复制的良好局面[5]。

10.4.4 强化生态文明体制改革的配套支撑

一是要加强生态文明体制改革的理论研究。考虑到生态文明制度建设的许多问题都需要在实践中不断探索，特别是一些涉及自然资源和环境要素价值评估与核算的制度，历经国际组织和一些国家多年研究探索尚无定论，需要开展前期研究和地方试验，奠定好其科学和实践基础。要开展可被市场接受的自然资源资产价值核算机制，从而为自然资源资产负债表、生态产品价值实现、生态补偿机制、生态环境损害赔偿等改革提供支撑，探索将绿水青山转化为金山银山的理论路径；开展自然资源资产产权制度、资源环境承载能力监测预警机制等方面的理论研究。

二是要处理好改革、立法与稳定的关系。在明确改革方向的基础上，尊重“自下而上”的创造和探索，必要时应按照法律程序给予授权。按照依法治国的基本要求，改革要于法有据。如果改革要突破现行的法律规定，应当先行修改法律或者获得立法机关授权，注重通过立法来引领改革进程。针对各部门和地方自行其是的做法，一旦确定相关做法偏离了中央精神，中央深改委及其办公室应切实利用其权威性加以约束和引导。

三是要提供资金、人力和行政资源保障。各级政府财政要建立相对稳定的生态文明建设和体制改革投入机制，多渠道筹措资金。研究将生态文明体制改革和制度的预期实施效果及资金、人力、行政资源成本作为方案出台制定的必经程序，从源头上保障生态文明体制改革实施的资金、人力和行政资源的投入。

参考文献

[1] 习近平 . 切实把思想统一到党的十八届三中全会精神上来 [N] . 人民日报，2014-01-01 (2) .

[2] 中国科学院可持续发展战略研究组 . 2014 中国可持续发展战略报告——创建生态文明的制度体系 [M] . 北京：科学出版社，2014.

[3] 中国科学院可持续发展战略研究组 . 2013 中国可持续发展战略报告——未来 10 年的生态

文明之路［M］. 北京：科学出版社，2013.
［ 4 ］中国科学院可持续发展战略研究组 . 2015 中国可持续发展战略报告——重塑生态环境治理体系［M］. 北京：科学出版社，2015.
［ 5 ］高世楫，王海芹，维明 . 改革开放 40 年生态文明体制改革历程与取向观察［J］. 改革，2018（8）：49-63.
［ 6 ］刘湘溶 . 关于生态文明体制改革的若干思考［J］. 湖南师范大学社会科学学报，2014（2）：5-7.
［ 7 ］仇保兴 . 如何使“顶层设计”获得成功？［M］. 清华管理评论，2015（4）：8-13.

第11章

生态文明宣传教育与意识提高

XIN SHIDAI
SHENGTAI WENMING
CONGSHU

11.1 生态文明宣传教育的重要性及现状

11.1.1 加强生态文明宣传教育的重要性和紧迫性

生态文明建设要靠人去执行，因此必须加强对公众的生态文明宣传和教育。党的十九大报告指出，“我们要牢固树立社会主义生态文明观，推动形成人与自然和谐发展现代化建设新格局。”习近平总书记提出要“把珍惜生态、保护资源、爱护环境等内容纳入国民教育和培训体系，纳入群众性精神文明创建活动”。可见，生态文明宣传教育作为培育和宣传社会主义生态文明观的主阵地，担负着培养具有生态文明理念和素质的社会主义事业接班人的历史性责任，无疑是极为重要的。

当前，我国生态文明建设正处于关键期、攻坚期和窗口期。这就需要生态文明宣传教育要充分发挥教育的基础性、先导性和全局性作用，落实立德树人的根本任务，以改革创新的精神状态和工作思路推动教育理念、教学目标、教学内容、教学方法的一系列转变。生态文明宣传教育既要以学校教育为基础，又要面向全体国民，形成完整的宣传教育体系，才能够为我国生态文明建设、构建人类命运共同体提供全方位的人才和智力支持。

11.1.2 我国公民生态文明意识现状

相较于生态文明建设提出的对全体国民生态文明意识和素质的要求，当前我国公民生态文明意识现状是不容乐观的。很多专家学者和群众都对此发表了不少见解，河北经贸大学马克思主义学院[1]等单位将其总结为四个方面：

一是公民的生态环保知识普遍不足，体现为典型的本能式自我保护型环境意识。根据2014年环境保护部发布的首份《全国生态文明意识调查研究报告》（以下简称《报告》），公民对雾霾、生物多样性以及环境保护方面的了解程度高于80%，其中雾霾是99.8%，然而对于$PM_{2.5}$与世界环境日以及环境问题举报电话等的知晓度却低于50%。这说明公民对生态环境问题的关注度高，但知识匮乏，缺少应对和解决问题的知识。

二是公民的生态环保参与度、践行度较差。关注生态环境，并不意味着就能行动起来解决生态环境问题，“知行不一”的问题还比较突出。在生活垃圾分类、节水节电、少开车、少浪费等具体的日常行为中，在面对与自身没有直接关系的环境污染问题时，在参与民间环保组织或志愿者活动中，公民参与生态环保的主动性不强。

三是公民的生态环保法治观念不强。根据《报告》，接受访问的对象有45%左右在涉及环保问题时打过举报电话，不过举报的问题中污染问题不到一半。人们往往忽视了自己具有享受良好生态环境的权利，不知道自己的合法权益已经或者正在受到侵害，个别公民即便知道，也不具备依法保护自身利益的法律意识。

四是公民对政府的依赖心理严重、主动性不强。不少公民认为自己一直处于被动的角色，一旦出现生态环境状况危机，第一反应就是指责政府及其相关部门没有做好相应工作，管理、监察工作做得不到位。根据《报告》，在随机的街边调查中当被问到“你认为现在城市的环境恶化谁应该负主要责任”时，有72.33%的公民认为政府应该负主要责任，仅有6.43%的公民认为自己的生态环保意识不强、做得不够好。当被问到“你认为现在雾霾状况的发生主要是谁的责任”时，超过半数的公民认为是企业的不合理生产和排污造成了空气污染。这说明公民在生态环保方面过分依赖政府的“事不关己，高高挂起”的社会心态是一大顽症。

江苏省是我国经济社会较发达的省份，对生态环境保护、生态文明教育也一向比较重视，在全国公民生态文明意识方面有一定的代表性。江苏工程职业技术学院在2017年以生活或工作于江苏省的所有公民为对象，按13个地级市配额进行城乡和年龄分层抽样，由调查员分别到13个地级市街头随机拦截访问，发放调查问卷650份，收回622份，有效数据610份，通过分析得到了如下关于公民生态文明意识的调查结果[2]：

在对生态文明的认知上，87.83%的被调查者知晓生态文明这个词，但有71.3%的被调查者认为生态文明就是“保护环境，防止环境污染”，仅有27.83%的被调查者认为生态文明是“人与自然和谐发展”。在对世界水日（3月22日）与世界环境日（6月5日）的具体日期、$PM_{2.5}$、环境举报电话等的调查中，平均仅有9.6%的被调查者能够回答出来。有56.1%的被调查者认为我国目前的环境污染较严重，

29.9%的人认为非常严重，还有11.8%的人认为很轻，也有0.7%的人认为没有受到污染。在我国森林覆盖率与国际水平的比较上，被调查者中8.9%的人认为偏高、77.1%的人认为偏低、11.8%的人认为差不多，而实际上中国比全球平均水平偏高。这说明人们对生态文明的知晓度高，但认知度普遍偏低，具体知识还比较缺乏。

在对生态文明的态度上，60.1%的被调查者十分担忧环境与资源，18.8%的人觉得没什么可担忧的，有9.2%的人认为自己是普通老百姓管不着，有9.6%的人表示只要不影响到自己就行。73.1%的被调查者认为生态文明是每个人的责任，37.3%的人认为是媒体的责任，59.3%的人认为是企业的责任，76.4%的人认为是政府和环保部门的责任。有56.5%的被调查者不知道“12369”全国环保举报热线。可见，公众的态度是多样化的，多数人能够关心环境问题，能够识别个人、企业、政府的责任。

在生态文明行为上，问卷结果表明，大部分被调查者在日常生活中都或多或少地行动起来了，主动参与到生态文明建设中，但其环保生态行为不够常态化。除了“不踩草坪”和“不乱扔垃圾”两项坚持得较好，其他环保行为只有25%左右的人能够坚持。

可见，以江苏省为例的调查表明我国公民的生态文明意识目前仍处于“高知晓、低掌握，生态行为无法常态化，缺乏主体意识”的状态。

11.1.3　我国公民生态文明意识不强的原因分析

我国公民生态文明意识不强的原因，一是我国长期以来缺少先进、规范的环境保护知识和生态文明素质教育，在教学理念、内容、方法、实践以及教学资源和教师配备上都比较落后；二是在目前的经济社会发展阶段，很多企业忽视了对于生态环境的保护，严重的还会以破坏环境来获取效益，很多政府部门的生态环保意识欠缺，单纯追求GDP增长，更有甚者以破坏环境为代价来促进经济增长，许多环保志愿者组织还在发育成长之中，能发挥的作用十分有限。

为改变这一现状，生态环境部、中央文明办、教育部、共青团中央、全国妇联五部门在2018年六五环境日国家主场活动现场联合发布了《公民生态环境行为规范

（试行）》，倡导简约适度、绿色低碳的生活方式，引领公民践行生态环境责任，携手共建天蓝、地绿、水清的美丽中国。这成为提高公民生态环境意识、引导公民成为生态文明践行者和美丽中国建设者的重要指南。

专栏11-1 《公民生态环境行为规范（试行）》

第一条 关注生态环境。关注环境质量、自然生态和能源资源状况，了解政府和企业发布的生态环境信息，学习生态环境科学、法律法规和政策、环境健康风险防范等方面知识，树立良好的生态价值观，提升自身生态环境保护意识和生态文明素养。

第二条 节约能源资源。合理设定空调温度，夏季不低于26度，冬季不高于20度，及时关闭电器电源，多走楼梯少乘电梯，人走关灯，一水多用，节约用纸，按需点餐不浪费。

第三条 践行绿色消费。优先选择绿色产品，尽量购买耐用品，少购买使用一次性用品和过度包装商品，不跟风购买更新换代快的电子产品，外出自带购物袋、水杯等，闲置物品改造利用或交流捐赠。

第四条 选择低碳出行。优先步行、骑行或公共交通出行，多使用共享交通工具，家庭用车优先选择新能源汽车或节能型汽车。

第五条 分类投放垃圾。学习并掌握垃圾分类和回收利用知识，按标志单独投放有害垃圾，分类投放其他生活垃圾，不乱扔、乱放。

第六条 减少污染产生。不焚烧垃圾、秸秆，少烧散煤，少燃放烟花爆竹，抵制露天烧烤，减少油烟排放，少用化学洗涤剂，少用化肥农药，避免噪声扰民。

第七条 呵护自然生态。爱护山水林田湖草生态系统，积极参与义务植树，保护野生动植物，不破坏野生动植物栖息地，不随意进入自然保护区，不购买、不使用珍稀野生动植物制品，拒食珍稀野生动植物。

第八条　参加环保实践。积极传播生态环境保护和生态文明理念，参加各类环保志愿服务活动，主动为生态环境保护工作提出建议。

第九条　参与监督举报。遵守生态环境法律法规，履行生态环境保护义务，积极参与和监督生态环境保护工作，劝阻、制止或通过“12369”平台举报破坏生态环境及影响公众健康的行为。

第十条　共建美丽中国。坚持简约适度、绿色低碳的生活与工作方式，自觉做生态环境保护的倡导者、行动者、示范者，共建天蓝、地绿、水清的美好家园。

（生态环境部等五部委于2018年6月5日发布并实施。）

11.1.4　生态文明宣传教育靠谁来完成？

生态文明宣传教育靠谁来完成？如何表述生态文明宣传教育者的责任？这是生态文明宣传教育面临的根本性问题。曾任南开大学校长的龚克教授对此有深刻的见解。

他认为，生态文明建设的根本和长远之计是化育人心，培养具有生态文明素质的一代新人，因此特别需要生态环境和生态文明领域的大、中、小学教师和学者的努力。他们担负着把今天校园里、课堂上的年轻人培育成为建设美丽中国主力军的责任，这也是生态文明教育者的责任。

生态文明的实践者不仅是学校的学生，还包括社会上的各种人，如工、农、兵、学、商各界人士以及家庭主妇等社会人士，因此生态文明宣传教育也不能只是大、中、小学的教育，而应该包括社会教育，生态文明宣传教育者也不能只是教师，而应包括对社会宣传教育有很大影响的媒体及文化、宣传部门的工作者。

生态文明建设不仅是技术、资金、政策、法规、体制、管理的问题，更是“人”的问题。因为任何文明归根结底是人的文明，人是环境行为的主体，生态文明的“灵魂”是人对于“尊重自然、顺应自然、保护自然”“与自然和谐共生”的价值追求。如果我们没有建立这样的生态文明观，生态文明将是一句空话、一个口号。因此，生态文明宣传教育的根本任务就是党的十八大所提出的“树立尊重自然、顺应自然、保护自然的生态文明理念”，也是党的十九大所提出的“牢固树立社会主义生态文明观”。它的对象不仅是某个专业或某些专业的学生，也不仅是某些行业的专门人员，而必须是全体学生及全体公民。

生态文明具有全局性、紧迫性和持续性。教育具有基础性、全局性和先导性。生态文明宣传教育是一项系统的教育工程，而不仅是一门课程，也不仅是一个专业，它应是渗入所有知识领域和所有教育过程的一种教育。这种宣传教育具有实践性，并非说教；具有开放性，因为生态文明是在不断探索、建设和发展中的新文明。

生态文明宣传教育是变革人类文明发展方式的一种教育。它的目标是促进人与人、人与自然和谐共生，是把生态文明作为一种价值观和日常行为的教育，要在生态文明的语境中证明人的生命意义。因而其参与主体必须是全体学生及全体公民，是生态文明时代面对公众的一种基本的素质教育。

11.2 生态文明宣传教育的薄弱环节

根据全国大学生生态文明意识调查及其反映出来的在高校生态文明宣传教育方面的问题，可以初步分析出全国生态文明宣传教育的薄弱环节。在中国高校生态文明教育联盟的组织下，南开大学做了两项调查：第一项是在2018年通过线上线下相结合的方式开展了全国大学生生态文明意识调查，调查对象是全国2 000多名在校大学生；第二项是2018年开展的全国高校生态文明课程开设情况调查，通过电子邮件向43所高校的任课教师进行调查。调查结果部分反映了当前全国高校生态文明宣传教育的现状[3]。

11.2.1 全国大学生生态文明意识调查

全国大学生生态文明意识调查使用了知晓度、认同度和践行度3个测度（图11-1），调查对象主要是本科生（59%）和硕士生（41%），性别男女各半，涉及专业包括文科（31%）、理科（34%）、工科（31%）等。

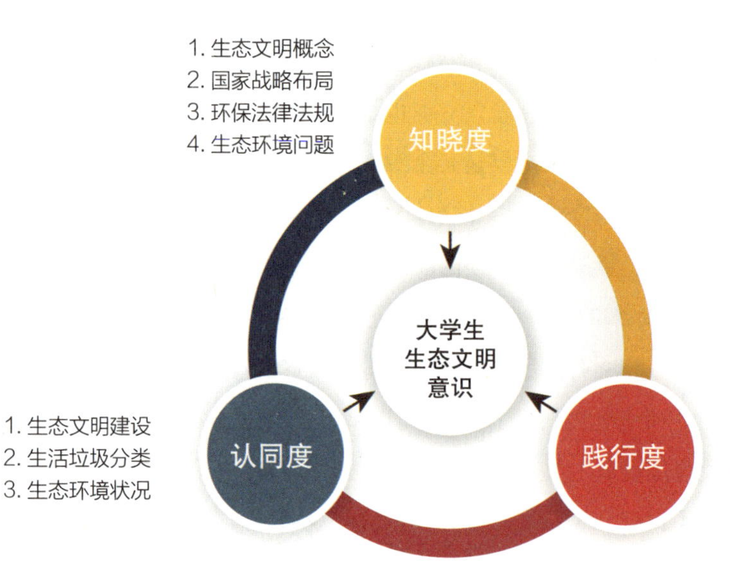

图11-1　全国大学生生态文明意识的3个测度

调查结果表明：

从知晓度来看，调查对象中有68%的人初步了解生态文明的含义，3%的人完全了解，27%的人只知道概念，2%的人从来没有听说过，这个结果令人吃惊。绝大多数人（93%）都知道生态文明已经上升为国家战略，但是对于我国环境保护的法律法规，有4%的人表示非常了解，17%的人表示比较了解，15%的人表示完全不了解，64%的人表示不太了解，不太了解和完全不了解的加起来占79%。由此可见，我国的法律普及任务任重道远。以调查中的一个问题为例，6月5日是世界环境日，但在调查对象中只有40%的人知道。目前垃圾减量化的问题很重要，但对此非常了解的只占3%，完全不了解的占13%，比较了解的占10%，不太了解的占74%。从整体上看，知晓度情况不是很乐观，但这是学生的自我判断，这种不太了解的背后包含着想要了解的愿望。

从认同度来看，对于我国的生态环境状况有96%的人表示担忧，只有4%的人表示不担忧（图11-2），说明青年学生对于环境质量非常重视。那么，谁是生态文明建设的责任主体呢？大部分人认为政府是主体，很少的人（20%）认为公民也是责任主体（图11-3）。毫无疑问，政府在生态文明建设中扮演着非常重要的角色，但是生态文明建设也是每一个公民的责任，在这方面明显存在认同上的不足。对于能不能牺牲一些个人利益来保护环境的问题，84%的人觉得可以牺牲一些个人利益来保护环境，12%的人要看情况，只有4%的人表示不可以，这些人是宁要金山银山不要绿水青山，不合乎我们倡导的生态意识。对于是否可以通过实行垃圾收费制度来推进固体废物的治理问题，71%的人表示支持，27%的人认为不可以，2%的人表示要看情况。

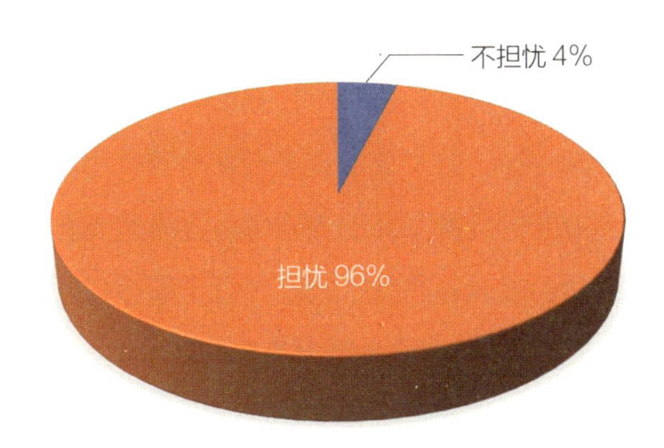

图 11-2　**生活环境状况**

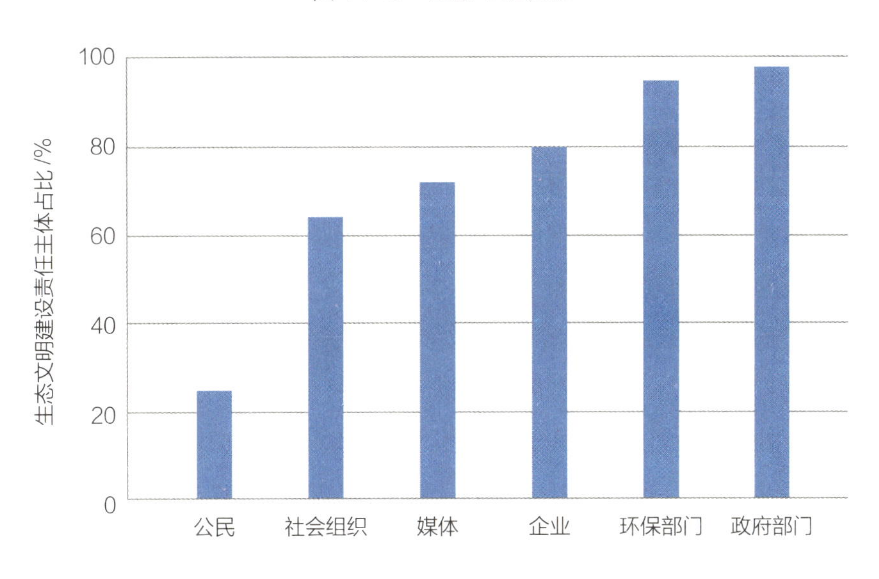

图11-3　大学生生态文明的责任主体认识

从践行度来看，对于是否会一水多用，61%的人表示偶尔会，32%的人表示一定会，只有7%的人表示不会。对于如何处理废旧电池，55%的人表示会使用充电电池来减少废旧电池，24%的人会投入电池回收箱，21%的人表示会直接扔进垃圾桶。对于是否会买带有绿色环保标志的产品来支持环保经济，有5%的人会优先购买带有绿色标志的产品，43%的人表示价格合适的情况下会优先考虑，40%的人认为无所谓，12%的受访者不知道什么是绿色标志，没有这个概念。对于点外卖是不是会选择“不需要一次性餐具”，65%的人表示不会，3%的人表示偶尔会，只有1%的人表示一定会，31%的人表示没有注意过这个选项。对于如何处理用完的快递餐盒，65%的人表示会分类扔到垃圾箱中，35%的人则是随便就扔掉了。在出行方式的选择上，选择公共交通、共享单车、步行和自行车的人占绝大多数，但是由于调查对象是大学生，会开车且有车开的人不多，也许换成教职工就不是这个结果了。对于参与环保相关活动或教育的频率问题，每学期参与1～2次的人超过半数，每学期参与3～4次的人超过了1/5，每学期参与5次以上的也达到了15%，这是很令人鼓舞的，但是也有13%的学生完全不参加任何环保活动。对于看到环境违法行为是否会举报，1%的人会立刻上前阻止，6%的学生会向有关部门举报，12%的学生表示会拍照并上传到网络进行谴责，45%的人表示不理会，继续做自己的事情。对于如何看待生态文明宣传活动，54%的人认为生态文明宣传效果一般，39%的人认为没什么实际效果，2%的人表示没接触过任何宣传活动或课程，只有5%的人觉得做得很好，做得不好与做得一般的数据相加竟然达到了90%，这个数据应引起思考。对于会不会主动谈论生态环境问题，47%的人表示偶尔会，39%的人表示不会谈论，14%的人表示经常会谈论。

综合起来可以发现：①大学生生态文明意识呈现“认同度最高、知晓度次之、践行度不足”的特点，希望能把这项调查持续下去，目前的结果相比2016年做的调查还是有所好转的；②大学生关于生态文明的意识具有较强的“政府依赖”特征，被调查者普遍认为政府和生态环境部门是生态文明建设的责任主体，与自己的关系相对较小，缺乏从我做起的自觉；③大学生绿色消费意识低，目前大学生已成为外卖消费的主要群体，但是在消费过程中的环保主动性差。显然，大学生的生态文明意识和生态文明行为亟待加强。

11.2.2　全国高校生态文明课程开设情况调查

对于全国高校生态文明课程开设情况的调查，由于时间较短，只获得了43所高校的数据。

以此作为样本分析，84%的学校已经开设了相关课程，这些学校中有5%已经开设了30门以上的课程，有7%开设了11～30门课程，有28%开设了4～10门课程，有44%开设了3门以下的课程，课程内容还不够丰富。生态文明课程的学生群体有75%是本科生，虽然也开设了硕士生、博士生的课程，但相对不足。生态文明课程的性质包括公选课（40%）、专业选修课和必修课。开课的教师中，教授占40%，副教授占40%，讲师占20%，以高级职称教师为主。从慕课开设的情况来看，1/4的学校已经开设了慕课，56%的学校还未开设。已开设的慕课中，有5%的课程其学生规模达到500人以上，14%的课程受众面为200人以下。除此以外，在校园开展的其他生态文明教育活动中，环保主题宣讲及科普活动是最多的，接下来是知识竞赛、主题演讲、研讨会、相关讲座、社会实践等，而课题研究、环境教育培训、课程见习、视频课程及社团活动比较少。

从调查结果可以看出，大学生态文明教育总体水平有待加强，学生的生态文明意识匮乏、生态行为滞后；大学生态文明教育资源还比较匮乏，学科体系及人才培养体系不够健全。有少数学校已经开设跨学科的生态文明教育课程，但总体上看生态文明教育的专业融合性依然不强，生态文明教育的社会支持体系不够完善。

11.2.3　当前全国生态文明宣传教育薄弱环节分析

由以上分析可知，我国生态文明教育任重道远，还要扎实地从基础抓起。在全球推进可持续发展议程，我国加快生态文明建设步伐、提升生态文明建设要求的形势下，加强生态文明宣传教育已成为迫在眉睫的任务，其薄弱环节至少包括大学、中小学和全社会生态文明宣传教育三个方面。

首先，在高校生态文明宣传教育方面，需要加强的是基础设施的软硬件建设，包括校园生态文明建设、精神文化建设和制度体系建设；要加快构建生态文明教育体系，包括师资队伍、课程体系、融入多学科的教学导则、知行合一的学习模式、生态文明教育考评机制和高校之间的联动机制。

具体而言，曾任南开大学校长的龚克教授认为，以下6项薄弱环节在高校生态文明宣传教育中都需要进一步得到加强：

①把生态文明作为素质教育的重要内涵普遍推开，抓紧开设面向全体学生的生态文明通识课程，显著提升课程受益面；

②大力推进“知行合一”的生态文明教育新模式，将课堂教育与绿色生活和保护生态环境的实践结合起来，制定适合大学生的生态文明“应知应做”，推进“知行合一”的生态文明教育方案，把生态文明“知”与“行”的情况纳入大学生成长评价体系；

③将生态文明教育渗入课堂内外的各个环节，不仅要开设专门课程，更要把尊重、顺应和保护自然的观念渗入所有课程的学习中和各个专业教育环节之中，启迪大学生关于实现人与自然和谐相处的思考和自觉；

④研制生态文明教育大纲、示范课程、系列教材及考评方式，整合优质资源，联手建设慕课并打造共享平台；

⑤将生态文明教育纳入教师培训，不仅要培训生态文明专门课程教师，还要培训通识课程和专业课程教师，推进生态文明理念渗入整个教学的方方面面和全部过程之中；

⑥鼓励并推动生态文明教育的学科协同和校际合作，共享资源、共同研究、服务环境保护和生态文明建设主战场，努力突破现行学科（院校）体制的局限，推动文、理、工等学科和学校的大交叉与大协同，探索生态文明教育的有效模式。

其次，在中小学生态文明宣传教育方面，由于教材、教师、课程、考核多方面的原因，生态文明教育当前并未很好地开展，各种问题和薄弱环节十分突出，需要大大加强对中小学生态文明教育重要性和教育内容、教育方法的讨论和尝试。例如，很多中小学校把升学率作为首要目标，一切围绕中考、高考转，名义上重视素质教育，但很难落实在具体的课程、课时、教师和考核中，对于环境保护和生态文明教育也同样存在着这样的现象。又如，不少生态文明类的中小学生科创小课题是全国各地青少年科创比赛的热门选题，其本意是培养青少年的环保意识和科学精神，但在实际中却存在不少为比赛而科创甚至是代笔代做的问题，许多获奖作品的题目难度堪比硕士、博士论文。这样的乱象和不足之处还有许多，迫切需要改进。为此，龚克教授建议，要在国家层面推动生态文明教育制度的制定和出台。因而，应把尊重、顺应和保护自然的观念作为立德树人特别是品德教育和实践教育的重要内容，并将其纳入小学、中学和大学的各个学段，从娃娃抓起，培育具有生态文明素质的一代新人。

最后，全社会生态文明宣传教育仍处于起步阶段，无论是生态文明宣传教育的重要性、教育内容和方法，还是具体的要求和做法都处于摸索阶段，严重落后于"五位一体"的生态文明发展战略的迫切需要。例如，报纸、广播、电视等媒介及文艺作品有义务将生态文明、绿色、环保的理念向全社会进行宣传，倡导绿色生活方式，但不少影视、网络作品让观众看到的是豪宅、豪车、大餐，变相地引导观众去追求奢侈的生活，而不是引导观众讲究绿色消费，这就起到了非常不好的社会影响。又如，社会上的各种活动，如展览、竞赛、社团活动等，本来可以对生态文明风尚的形成发挥很大的作用，但是由于宣传、引导、组织、理念等方面的差距，事实上这方面的活动并不多，不足以引起人们的重视。还有许多人认为生态文明只是环保工作者或者教育工作者的责任，垃圾分类、节约用水等小事情与自己无关，他们只追求生活舒适，而对生态环境及周围人群不管不顾，缺少基本的生态文明素质。这样的人群存在于政府管理、企业运营、社会服务、教书育人、媒体宣传等不同的社会岗位上，他们不仅没有担负起生态文明宣传教育不可推卸的责任，反而起到了很坏的影响作用。对此龚克教授建议，推动政府主导做好生态文明宣传教育的整体规划。这就需要从全局出发、从长远打算，对我国生态文明宣传教育制度建设做整体考虑，制定将生态文明融入贯穿于国民教育各个阶段、各个方面的总体规划，以及符合国家未来发展战略和目标的生态文明教育制度建设规划，以此推进生态文明教育制度化，同时将推进国民教育体系的"绿色化"作为《教育现代化2035》的重要内容。

11.3 加强生态文明宣传教育的建议

根据全国生态文明建设的总体部署，生态文明宣传教育的目标近期应实现各个学段的生态文明教育改革，中期应基本实现全民生态文明素养的全面提升，远期应使全民基本达成对全球可持续发展的共识，为实现中华民族永续发展和构建人类命运共同体打下思想、文化和人才基础。

未来生态文明宣传教育既要以东方文化为基，探中西生态文化之源；又要以城乡环境为梯，寻自然生态人文之美；还要塑造开放、包容、全方位、基础性和先导性的体现中国社会主义核心价值观和生态文明观的生态文明宣传教育体系。只有如此，才能打通学校教育和社会教育、专业教育和职业教育的壁垒，打造贯穿全程的生态文明终身教育模式，进而在全社会牢固树立生态文明观，注重生态文明宣传教育的整体性，文理融合、中西合璧，突出实践育人的特色，为建设美丽中国培养具有新时代生态文明思想的一代新人。

11.3.1 生态文明宣传教育的原则

总体来说，生态文明宣传教育是生态文明新时代所需要的素质教育，既面向在校学生，更面向全体国民，是关于生态文明的理念、情感、态度、价值观、思维方式以及相关知识、技能的教育的总和，需要遵循以下原则：

①以马克思主义人与自然关系理论为指导，全面贯彻习近平生态文明思想，培育和树立社会主义生态文明观；

②继承和发扬中华传统文化中的生态文明成果，重视传统文化中蕴藏着的解决当代人类面临的难题、化解人和自然矛盾的重要启示，培育生态文化自信；

③具有全球视野，着眼全球环境问题和可持续发展，将中国的生态文明教育融入全球可持续发展议程，加强国际交流合作，建设人类命运共同体；

④面向所有国民普及生态文明教育，对接中华民族伟大复兴的需要，培养和造就有生态文明基本素质的时代新人；

⑤理论与实践相结合、“知行合一”，将知识转变为行动，既要有专门的生态

文明知识，还要有相关的法律意识、道德意识和社会责任意识，智育、德育、法育、美育并重；

⑥坚持多方协同原则，不仅要重视学校教育和社会教育，更要注重学校、家庭、社区、企业、政府等全方位的参与和协同协作，共同开展生态文明宣传教育，共享教育成果，生态文明宣传教育的最终目标应是形成生态文明人人有责的社会新风尚；

⑦将生态文明宣传教育作为教育领域改革创新的重要抓手，与信息化、STEM（科学、技术、工程和数学教育）、慕课、创新创业、课程思政等教育内容和手段相结合，成为中国教育“弯道超车”的重要方面；

⑧生态文明宣传教育不仅是生态环境类的专业教育，更是一种必备的素质教育，要浸入科学、工程、社会、人文、艺术、管理等所有学科的教育中；

⑨坚持学历教育与非学历教育相结合、学校教育与社会教育相结合；

⑩遵循教育规律，系统推进、统筹规划，立足现状、逐步改进。

11.3.2　分学段系统推进生态文明宣传教育的建议

分学段系统推进生态文明宣传教育是当前全面推进生态文明宣传教育的重点工作，也是深入开展生态文明宣传教育的根本路径。根据各学段的学生特点，通过整体设计，有机衔接各学段之间的教学内容，建设感知、认知、行为、创新教育“四位一体”的培养模式，明确小学、初中、高中、大学各个学历教育体系，以及职业教育、在职教育、干部培训、国民教育等非学历教育体系各自的生态文明教育侧重点，促进全民生态文明素养的形成和提高。

1.幼儿园阶段：侧重生态文明感知培养

建设学前生态文明教学资源，系统研发适合2～6岁幼儿的生态文明教育绘本、儿童歌曲、动画片等，以图形、音乐、动画等生动形式立体解说各种节约资源、爱护生命、保卫地球环境的行为，促进幼儿认识自然、热爱自然、尊重自然，形成生态文明初始概念。营造生态文明教育学习氛围，建设适合2～6岁幼儿的生态文明教育实践基地，开发系列亲子游戏，通过亲子互动督促父母引导幼儿形成生态环境保护的行为习惯。

2.小学阶段：侧重生态文明认知培养

将生态文明相关知识融入语文、社会、体育、自然等课程的教学内容中，鼓励编写以生态文明活动为核心的教材或知识读物，开设校本课程，倡导自然体验学习、户外教育等教学形式；开展生态文明思想品德建设，重点培养小学生的环境忧患意识、可持续发展观念和社会责任感，引导学生珍视生物多样性，树立尊重自然、热爱自然、保护自然的人口观、环境观和发展观；促进生态文明习惯培养，指导学生就身边的生态环境问题开展倾听、思考和讨论，关注不同行为对生态环境的影响，激发学生的环保意识，培养学生形成主动搜集生态环境信息、运用各种感官感知自然的习惯，初步学会评价、组织和解释信息，并简单描述各生态环境要素之间的相互作用，理性认识生态环境问题；督促学生积极采取行动，尝试解决简单的生态环境问题。由教育部组织建设和认定一批生态文明教育特色中小学。

3.初中阶段：侧重生态文明行为培养

建设初中阶段生态文明教学体系，开展教师生态文明教育培训，重视德育和课外活动开发，设计并开展系列适于初中生特征的生态文明社会实践活动，引导学生主动参与解决生态环境问题，培养学生的生态文明责任感；加强思维训练，指导学生学会观察周围的生态环境以及各种影响生态环境的人类行为，思考并交流各自看法、提出问题，并能够围绕这些问题选择适宜的探究方法，确定探究范围，选择相应的调查工具；培养学生能够设计生态环境及社会行为调查方案，搜集、评价和整理相关信息，设计解决生态环境问题的行动方案；提倡不同课程的教师将生态文明理念和知识融入课程教学中；促进学生实施生态环境行动方案，并对结果进行反思，实现生态文明内化、“他律”到“自律”的转变。

4.高中阶段：侧重生态文明创新培养

进一步加强生态文明理念及实践训练，设计各类适合高中生的生态文明创新人才培养计划、夏令营、科创竞技等活动，并与大学相关专业招生对接。通过课程教学和课余活动加强学生对生态文明内涵的理解，鼓励学生关注生态文明理论与科技创新，参与开发绿色、节能、低碳技术产品。鼓励学生将课堂所学的化学、物理、生物、地理等知识应用于实践，为建设绿色校园做一些事，并学会观察、描述、批判性地思考地区性和全球性的环境现象或环境问题，能够围绕自己选定的生态环境问题设计调查实验方法、制订科研计划、设计多种解决方案，形成具有创造性的成果。促进学生积极主动地创新思考，提高科研兴趣和生态文明实践能力，实现生态文明建设的理性认同和实践认同，为大学生态文明教育打下基础。

5.大学阶段：侧重生态文明素质培养

要把生态文明课程作为大学生素质教育的必修课程普遍推开，面向全体、融入专业、贯穿全程，开设生态文明教育的通识课程、选修课程、慕课课程，重点支持和认定一批能够向全国推广的高校生态文明教育精品课程，实现优质资源共享。将生态文明教育作为高校思想政治教育的基本内容，纳入传统思政课程，并鼓励各专业根据实际情况在课程思政教学改革中融入生态文明教育的内容，建设和认定一批有生态文明特色的课程思政示范课程。建立大学生生态文明教育实践基地，通过实践育人把培育生态文化、生态道德作为重要内容，结合创新创业教育开展绿色、环保、生态等主题的讲座论坛、科普活动、社会实践和科技创新等多种活动，鼓励和认定一批生态文明教育品牌活动。结合区域特色，在若干大学设立绿色科技、绿色创意、绿色创新创业的生态文明教育平台，发挥先锋探索作用；鼓励和认定一批生态文明教育特色平台。

6.研究生阶段：侧重生态文明信念的养成及专业研究与生态文明理念的融合

研究生应具有生态情怀和可持续发展理念，了解全球可持续发展的目标，具有全球气候变暖等生态问题的系统分析能力，养成生命共同体的意识；具有生态文明系统认知水平，掌握我国生产和生活中的生态文明建设现状；履行和承担生态义务和责任，了解生态环境法律法规，具有争取、维护生态权利的能力；具有将生态文明知识和建设成果转化为日常低碳生活中各个方面的能力，对相关人群进行生态文明教育，成为生态文明终身教育的传播者和实践者。

7.职业教育阶段：侧重将生态文明与专业技术相结合

要把生态文明课程作为职业技术学校学生基本素质教育的必修课程普遍推开，面向全体、融入专业、贯穿全程，开设生态文明教育的通识课程、慕课课程。将生态文明教育作为职业教育中思想政治教育的基本内容，鼓励各专业根据实际情况在课程思政教学改革中融入生态文明教育的内容。鼓励根据职业技术教育的特点，建设有特色的生态文明教育实践基地，将专业技术教育与生态文明教育结合起来，宣传工匠精神、环保精神，结合创新创业教育，开展讲座论坛、科普活动、社会实践和科技创新等多种活动。由教育部组织建设和认定一批生态文明教育特色示范职业学校以及特色专业、特色课程。

8.继续教育阶段：侧重将生态文明融入实践

要把生态文明课程作为继续教育学生基本素质教育的必修课程普遍推开，面向全体、融入专业、贯穿全程，开设生态文明教育的通识课程。要利用慕课、创新创业等教育改革内容和手段，结合继续教育特点，开展不同形式的生态文明教育。鼓励在继续教育中增加实践环节，将生态文明教育融入实践育人之中。

9.国民教育阶段：侧重生态文明教育的不同特色

要把生态文明教育作为国民教育的重要一课在全国普及推行。面向全体国民，根据不同区域、民族、阶层开发不同特色的生态文明教育内容；充分利用报纸、广播、电视、电影等多种媒体，慕课、展览、实践、知识竞赛、文体竞赛、文化交流、公众组织等多种形式开展大众教育活动，提高国民生态文明素质。

10.干部培训阶段：侧重将生态文明作为干部素质教育的重要内容

将生态文明教育纳入干部教育培训体系，使各级干部在有关生态文明理论、知识、态度、能力素质等方面得到提升，并作为干部素质教育的重要内容。其主要内容为学习党和国家有关生态文明的方针、政策、文件精神，习近平总书记关于生态文明的讲话精神，与生态文明相关的业务知识，生态哲学、环境伦理等理论知识。要因时、因地制宜，形式多样，针对不同层级的干部科学、合理地设置与其职务和能力素质要求相符的培训方案。通过党校、行政学院、干部院校等主渠道，以及远程教育、电大、函大和相关行业教育培训机构等，开办各种干部专修班；以定向培训、配套培训、职前培训、岗位职务培训、在职培训、离职培训、学历进修、短期培训等形式开展生态文明教育。干部培训结束后要进行考核与评估，并将干部的生态文明教育培训情况作为其考核的内容和任职、晋升的重要依据之一。

11.3.3 生态文明宣传教育教师队伍建设

如前所述，教师是生态文明宣传教育的责任者，各级各类学校、各专业、各学科的授课教师、辅导员、班主任等都负有开展生态文明宣传教育的职责。然而教师并非唯一的责任者，全社会很多部门和人士都对生态文明的宣传教育负有责任，可以在不同的岗位上发挥重要的作用。生态文明教师还应包括对社会教育有很大影响的媒体及文化、宣传部门的工作者。

广大教师要自觉将生态文明教育贯穿于学校教育的全过程，渗透到教学、科研和社会服务各个方面，特别是挖掘不同学科所蕴含的丰富的生态文明教育资源，大力开展以生态文明宣传教育为主题的跨学科教育教学和课外、校外实践活动，在传授专业知识的过程中加强生态文明宣传教育。

各级各类辅导员、班主任以及工作人员要根据生态文明宣传教育的规律，以及学生的认知规律，在管理和服务中有意识、有针对性地对学生进行教育引导，使学生能够自觉将生态文明的理念应用到日常的学习和生活中，从而不断提高生态文明宣传教育的针对性和实效性。

同时，各级各类教育主管部门和学校要特别重视广大教师、辅导员、班主任在课堂教学、学生活动中开展生态文明宣传教育所发挥的重要作用，在教师入职培训等环节进行相关生态文明宣传教育业务指导，使其了解和掌握生态文明的相关理念、教育途径和手段。

生态文明是一个新的文明开端、新的文化时尚、新的教育理念，迫切需要宣传、影视、文艺、科普、培训等各个部门的工作者参与其中，无论是生态文明的宣传报道、电影电视、视频动画，还是专业培训、职业技能训练，或是科普作品、小说、游戏，都可以将生态文明宣传教育的理念和内容融入其中，担负起传播生态文明的责任。

11.3.4 生态文明教育课程和教材体系建设

课程和教材是教育的直接载体。将生态文明和绿色发展理念融入教育的全过程，必须将生态文明教育纳入大、中、小学及幼儿园的教育教学计划。

要推进高校生态文明教育的课程设置、教材编写、教学开展等活动，在不同的课程建设和课程标准修订中强化生态文明的内容。修订相关教材，组织编写生态文明普及读物，重点建设和支持一批生态文明教育在线开放精品课程。

要在中小学建立健全生态文明专题教育课程体系制度，将生态文明专题教育纳入各阶段的课程体系和教学规划中。

要鼓励高校开设生态文明选修课程，建设或选用生态文明在线开放课程。积极支持大学生开展生态文明社会实践活动，并纳入生态文明教育课程考核体系。

11.3.5 加强生态文明交叉学科建设和专业人才培养

生态文明教育是综合性的素质教育，必须注重文科、理科、工科等各个与生态文明相关学科的融合，加强高等院校生态环境类学科专业建设，鼓励和支持生态文明新兴、交叉学科建设，加快生态文明专业学位建设，根据学校特点有针对性地培养生态文明领域的研究型、应用型人才。

建议教育部成立由多学科交叉支撑的生态文明教育教学指导委员会，设立生态文明学科评议组。该委员会和评议组要有教育、生态、环境、科学、技术、工程、法律、经济、社会、管理、文化、艺术多学科专业的深入参与，为生态文明教育体系、教材和课程建设、学理研究和大纲编撰、实践基地建设、师资培训提供指导。

11.3.6 生态文明的理论创新和科技创新

生态文明教育需要相关人文和自然科学研究、工程和技术科学的创新引领，特别需要加强生态文明的人文社会科学研究。

必须以马克思主义人与自然观和习近平生态文明思想为指导，大力发掘中华传统生态文化资源，积极借鉴世界各国优秀思想与先进经验，围绕生态文明建设的重大理论、政策和方略开展系统性、前瞻性研究。鼓励多学科交叉、合作研究，促进相关思想理论集成创新；积极推动相关学术走向世界，助力合作共建“一带一路”和共同构建“人类命运共同体”；积极开展生态文明教育理念、模式和方法等方面的探索，注重研究成果向教育资源的转化，用最先进的思想和知识化育人心、规范行为、引导实践，培育具有生态文明精神品格的一代新人。

加强生态文明领域科学技术问题研究，可以重点开展能源优化、环境治理、生态修复等领域的技术攻关。深化科技体制改革，完善健全体现生态文明领域科研活动特点的管理制度和运行机制，鼓励基础研究、试验研发、工程应用等人才培养和学科交叉，提升综合集成创新能力。支持生态文明领域工程技术类研究中心、实验基地建设，完善科技创新成果转化机制，构建突出需求导向的技术创新体系。

加强以科技创新支撑生态文明教育。以科技创新革新生态文明教育形式，整合现有教育资源，提升教育系统的运转效率，实现不同学段生态文明教育重点的衔接、不同领域生态文明教育内容的融合。鼓励开设节能减排、环境保护、生态修复等内容的通识选修课或专题讲座，支持环保、水利、自然资源、气象、基础设施运营等部门和企业专业技术人员走进校园，参与生态文明教育课程设置、教材开发和人才培养，构建具有中国特色、梯次衔接的生态文明教育课程体系。大力建设"互联网+"生态文明教育平台，开展线上线下相结合的生态文明教育活动，加强生态环保相关学科领域的实验教学示范中心、虚拟仿真实验教学中心、教学实验室、教学实践基地建设。鼓励多种形式的生态文明教育合作，创新生态环保科学研究和生态文明教育人才培养模式。

11.3.7 生态文明宣传教育实践基地建设

生态文明是一种理念，是一种实践，也是一种环保教育，这要求生态文明宣传教育必须把实践教育放在一个极为突出的位置，并与环保教育密切结合。要把生态文明宣传教育实践基地建设成为生态文明宣传教育的主要场所，将生态文明宣传教育融入与垃圾分类、节约用水、节能减排相关的环保教育之中，充分体现和发挥实践育人的作用。

各级党委、政府要统筹资源、组织协同，将本区域有代表性、典型性、示范性、先进性的自然保护区、工矿企业、重要基础设施（如电厂、水厂）、重要环境治理措施（如垃圾填埋场、焚烧厂）、生态环境监测和治理机构、旅游景区、大中学校和科研机构等，与相关大、中、小学及教育和培训机构合作，共同建设生态文明宣传教育实践基地。

教育部要联合生态环境部、自然资源部、工业和信息化部等部门开展生态文明宣传教育基地的认定工作，将生态文明宣传教育基地建设及其教育成果作为考核当地生态文明的重要内容。

11.3.8 绿色学校创建行动

我国在绿色学校创建方面已经开展了一些较好的前期工作，在先期探索实践的基础上需要全国各级各类学校进一步加强绿色学校硬件建设，结合区域特点开展内涵建设。各级教育主管部门应鼓励、支持各级各类绿色学校建设，并将其纳入校长的职责考核体系；各级各类学校应积极适应建设生态文明、实现绿色发展的要求，主动承担起培养具有生态文明素质的社会主义事业接班人的教育使命。鼓励和支持与生态文明建设、美丽中国建设目标相吻合的教育模式和教育理念的理论研究和实践。

11.3.9 生态文明宣传教育的国际交流与合作

保护生态环境是世界各国面临的共同挑战和责任，生态文明与可持续发展是全球共同的奋斗目标。基于“人类命运共同体”的理念，在生态文明宣传教育领域应与世界各国开展广泛而深入的合作，既借鉴国外生态环境保护领域的优秀成果，又分享生态文明建设的中国智慧和中国方案，一起努力推动全球可持续发展事业。通过搭建合作平台，积极开展多层次、宽领域的教育交流，提高中外各级学校生态文明教育领域的交流合作水平，提高专业教育的师资质量。通过国际化的视野和方式，利用各类群体传播中国生态文明宣传教育理念。通过建立双边或多边国际合作机制，研究共建“一带一路”国家或地区的生态文明宣传教育合作行动计划，全面支持绿色“一带一路”建设。

参考文献

[1] 赵瑞华，等．当代中国公民生态文明意识现状及对策［EB/OL］．［2015-10-27］．http：//theory.rmlt.com.cn/2015/1027/406613.shtml.

[2] 陈小荣，范晔，孙晶晶．公民生态文明意识现状调查与分析［J］．科学咨询（科技·管理），2018（11）：7-9.

[3] 龚克．担起生态文明教育的历史责任　培养建设美丽中国的一代新人［J］．中国高教研究，2018（8）：1-5.

第12章

生态文明建设实践

XINSHIDAI
SHENGTAI WENMING
CONGSHU

12.1 国家和地方生态文明建设实践概述

12.1.1 国家层面的生态文明建设实践概述

生态文明建设是中国特色社会主义事业的重要内容，关系人民福祉，关乎民族未来，事关“两个一百年”奋斗目标和中华民族伟大复兴中国梦的实现。党的十八大以来，中国共产党围绕生态文明建设提出了一系列新理念、新思想、新战略，开展了一系列根本性、开创性、长远性工作，生态文明理念日益深入人心，生态文明体制改革全面深化。

为了更好地发挥生态文明体制机制创新成果优势，探索一批可复制、可推广的生态文明重大制度成果，习近平总书记亲自谋划、亲自部署、亲自推动国家生态文明试验区工作。2016年8月，中共中央办公厅、国务院办公厅印发了《关于设立统一规范的国家生态文明试验区的意见》，提出选择生态基础较好、资源环境承载能力较强的福建省、江西省和贵州省作为首批试验区，形成生态文明体制改革的国家级综合试验平台，到2020年率先建成较为完善的生态文明制度体系，形成一批可在全国复制推广的重大制度成果，实现经济社会发展和生态环境保护双赢，形成人与自然和谐发展的现代化建设新格局，为加快生态文明建设、实现绿色发展、建设美丽中国提供有力的制度保障。

2016年8月，中共中央办公厅、国务院办公厅印发了《国家生态文明试验区（福建）实施方案》，在生态文明建设基础较好的福建省先行先试，探索生态文明建设新模式，培育加快绿色发展新动能，开辟实现绿色惠民新路径。之后，中共中央办公厅、国务院办公厅又相继印发了《国家生态文明试验区（江西）实施方案》《国家生态文明试验区（贵州）实施方案》以及《国家生态文明试验区（海南）实施方案》，试验区建设持续开展。

12.1.2 地方层面的生态文明建设实践概述

“十三五”以来，国家生态文明试验区作为“自下而上”的生态文明体制改革综合试验平台，为全国完善生态文明制度体系探索了新路径，积累了一批可供推广的地方经验，极大地调动和发挥了地方的主动性和改革首创精神。

福建省是习近平生态文明思想的重要孕育地，是践行这一重要思想的先行省份。2002年，习近平同志亲自指导和组织编制了《福建生态省建设总体规划纲要》，极具前瞻性地为福建省的生态文明建设谋篇布局，系统性地提出了生态文明建设的理念思路。2014年3月，国务院确定福建省为全国首个省级生态文明先行示范区。2017年12月，国家统计局、国家发展改革委、环境保护部、中央组织部发布了《2016年生态文明建设年度评价结果公报》，福建省的生态文明建设年度评价位居全国第二位。在习近平生态文明思想的重要指引下，福建省干部群众按照习近平总书记当年亲手擘画的生态省建设蓝图，统筹推进国家生态文明试验区建设，健全改革推进机制，抓好制度创新、环境治理、绿色发展等各项工作。

江西省深入贯彻落实习近平总书记关于打造美丽中国“江西样板”的要求，在江西省第十四次党代会上明确把建设国家生态文明试验区、打造美丽中国“江西样板”作为发展的总体要求。江西省委十四届三次全会审议通过了《中共江西省委　江西省人民政府关于深入落实〈国家生态文明试验区（江西）实施方案〉的意见》，十四届五次全会对国家生态文明试验区建设进行了系统部署和推进。江西省将生态文明目标体系纳入《江西省“十三五”规划纲要》，专设18项生态文明指标[1]，生态立省的战略格局更加鲜明。此外，江西省还积极创新体制机制，建立源头严防、过程严管、后果严责的制度，着力解决空气、水、土壤等方面的突出环境问题，初步构建了具有江西特色的生态文明制度体系。

贵州省出台了《中共贵州省委　贵州省人民政府关于推动绿色发展建设生态文明的意见》，做出发展绿色经济、打造绿色家园、构建绿色制度、筑牢绿色屏障、培育绿色文化的“五个绿色”决策部署，召开了全省大生态战略行动动员大会。在印发的《关于贯彻落实〈中共中央　国务院关于加快推进生态文明建设的意见〉深入推进生态文明先行示范区建设的实施意见》中提出，实施生态文明建

[1] 18项生态文明指标包括加快建设天蓝、地绿、水净的美丽江西，确保地表水的水质达标率在81%以上，县级以上城市空气质量优良天数比例在85%以上，城镇生活垃圾无害化处理率达到85%等。

设“八大工程”[1]，构筑生态文明示范区“八大体系”[2]，确保改革任务不遗漏、不空转。

海南省多年来走生态立省的发展道路，在生态文明建设方面不断探索。1999年3月，海南省二届人大二次会议在全国率先做出《关于建设生态省的决定》。2009年，《国务院关于推进海南国际旅游岛建设发展的若干意见》将创建“全国生态文明建设示范区”列为六大战略目标之一，要求“探索人与自然和谐相处的文明发展之路，使海南成为全国人民的四季花园”。2019年5月21日，中共中央办公厅、国务院办公厅印发了《国家生态文明试验区（海南）实施方案》，明确了海南建设生态文明体制改革样板区、陆海统筹保护发展实践区、生态价值实现机制试验区和清洁能源优先发展示范区的战略定位。

此外，其他地区也纷纷结合地方特色开展了生态文明建设探索，这些成功做法也对生态文明体制机制建设具有重要的理论指导意义与实践价值。从首批生态省、首个国家生态文明先行示范区到首个国家生态文明示范区，生态文明建设逐渐呈现系统性、制度化、常态化的格局。在全国生态文明建设和体制改革进程中涌现出的示范区、试点区，通过结合本省的生态、经济、历史、社会等实际省情，制定了有针对性、可落地的改革目标、法律法规、制度政策、监管标准等，走出了一条各具特色的生态文明建设之路。

12.2 福建、江西、贵州建设生态文明试验区的改革经验

福建、江西和贵州三省省委、省政府坚决贯彻党中央、国务院的决策部署，高

[1]“八大工程”指国土空间开发优化工程、经济绿色转型工程、资源绿色开发工程、生态环境提升工程、科技支撑工程、制度创新工程、生态环保能力建设工程、生态文化培育工程。

[2]“八大体系”指科学合理的生产生活生态空间体系、生态友好型环境友好型体系、节约循环高效的资源利用体系、切实可靠的生态环境保护体系、充满活力的生态文明建设创新驱动体系、生态文明法规制度体系、生态文明建设执行体系、生态文明建设的全民参与体系。

度重视国家生态文明试验区建设，健全工作机制，组织领导有序。福建省党委、政府通过采取加强组织领导、压实改革责任、强化决策部署、狠抓督察落实、加快复制推广等措施强力推动，大胆改、深入试，用制度建设落实习近平生态文明思想，实现了生态环境“高颜值”和经济发展“高素质”的协同并进。江西省为深入贯彻落实习近平总书记关于打造美丽中国“江西样板”的要求，于省委十四届五次全会上对国家生态文明试验区建设进行系统部署和全面推进。江西省政府统一组织实施，对生态文明进行专题调度，省直部门和市县建立“一把手”负责制，将生态文明建设融入全省经济社会发展的各领域和全过程。贵州省委、省政府高度重视国家生态文明试验区建设，精心组织、高位推动，成立了省委书记、省长担任双组长，相关省领导担任副组长，省委、省人大、省政府、省政协相关副秘书长和省有关部门主要负责人为成员的生态文明试验区建设领导小组，专门召开省委全会、全省生态环境保护大会暨国家生态文明试验区（贵州）建设推进会以及省委常委会议、省政府常务会议进行研究部署。

12.2.1 生态文明体制改革主要成果

1.推动建立自然资源资产确权和管理机制

针对我国自然资源产权制度不尽健全、统一管理制度尚未建立、监管维护机制职责交叉、确权登记相关专业规范及管制内容尚不明确的问题，福建、江西、贵州三省通过试点探索出自然资源边界划分方法，创新出较为完整系统的自然资源登记体系，并建立了省级自然资源资产管理部门，对下一步完善自然资产产权体制、推动生态文明发展建设意义十分重大[1]。

福建省出台了全国首个省级自然资源统一确权登记办法，选择晋江市作为试点，以土地为基础，将各类自然资源按地上、地表、地下统一到土地利用现状“一张图”上，完整准确地界定位置、分布和范围；积极拓展自然资源登记簿内容，在明晰产权的基础上，同时明确自然资源的保护性、限制性、禁止性条件。全省共划定自然资源登记单元113个，确权登记总面积1 577.56 km^2。贵州省开展技术创新，统一面积、数量、质量单位等试点标准。明确解决试点确权什么、如何确权登记等关键问题，制定出台了一系列自然资源统一确权登记的相关办法，10个试点县充分利用最新技术成果和手段开展试点工作；拓展平台，实施省级入库、登簿，在省级不动产登记平台开发自然资源统一确权登记功能，试点地区登记成果在省级平台统一入库、登簿，实现“一张图”登记不动产和自然资源。江西省制定了自然资源统一确权登记试点实施方案、确权登记工作领导小组工作规则、确权登记试点实施方案报批审查工作流程、统一确权登记试点工作经费测算方法，形成了自然资源调查技术指引和自然资源统一确权资源类型归类细则[2]。

专栏12-1　贵州省自然资源统一确权登记路径和方法

贵州省开展了自然资源统一确权登记试点工作，探索形成了一套可复制的登记路径和方法。为解决试点确权什么、如何确权登记等关键问题，制定了《贵州省自然资源统一调查确权登记技术办法（试行）》《贵州省自然资源统一确权登记试点工作要点》《贵州省自然资源统一确权登记试点成果要求》，统一面积、数量、质量单位，强调确权依据，明确登记单元内涵，制定簿、册、表、图样式，“自上而下”地统一全省试点标准。使用时效性好、分辨率高的影像图开展确权登记，因地制宜，以土地利用现状图结合高清影像预判国有自然资源范围，再按照相对完整的生态功能、集中连片的原则，在面积1 000亩（1亩=1/15 hm^2）以上的区域预划登记单元，从而打通了自然资源调查确权登记路线方法。此外，还加强业务培训，强化技术支撑，由省质检机构开展第三方质量检验，确保试点成果合法有据、要件齐全、表图一致；制定了《贵州省自然资源统一确权登记平台数据库标准》。

此外，福建省还积极制定了《福建省健全国家自然资源资产管理体制试点实施方案》，组建了全国首个省级国有自然资源资产管理局，开展了国有自然资源资产清核、登记、处置等探索试点，探索了整合分散的全民所有自然资源资产所有者职责，由一个部门统一行使所有权，为国家全面推进国有自然资源资产管理改革积累了经验。

2.推动形成国土空间规划和用途管制制度

国土空间是指国家主权与主权权利管辖下的地域空间，包括陆地、陆上水域、内水、领海、领空等。国土空间规划从规划层级和内容类型可以划分为“五级三类”，其中，“五级”对应我国的行政管理体系，包括国家级、省级、市级、县级、乡镇级；“三类”指规划的类型分为总体规划、详细规划、相关专项规划。国土空间规划既注重自然也注重人文，既强调全国的统一性也考虑到地方因地制宜的差异性，在主体功能规划、土地利用规划、城乡规划等空间规划的基础上，可将国土空间划分为优化开发区域、重点开发区域、限制开发区域和禁止开发区域。福建、江西两省在试点过程中，建立和完善了国土空间规划和用途管制制度，在编制省级空间规划试点、健全国土空间开发保护制度、推进国土空间有序开发和有效管制等方面取得了一定成效。

福建省一是开展了省级空间规划编制试点、建立建设用地总量和强度双控制度，在资源环境承载能力和国土空间开发适宜性上提出了创新评价方法，开展了创建国土资源节约集约模范县（市）等全新举措，其空间规划试点经验可推广至其他地区；二是开展了生态保护红线划定工作，按生态系统服务功能重要性和生态环境敏感性识别生态保护红线范围并落实到国土空间，初步完成并公布了全省海洋生态红线划定成果，基本完成了陆域生态红线划定成果调整方案；三是完成了永久基本农田划定工作，按照城镇由大到小、空间由近及远、耕地质量等级和地力等级由高到低的顺序，完成全省1 609万亩永久基本农田的划定，上图入库，严格实施永久保护；四是推进武夷山国家公园体制试点，构建起突出生态保护、明晰资源权属、创新经营方式的国家公园保护管理模式，通过整合管理职责，组建省政府垂直管理的武夷山国家公园管理局和国家公园联合保护委员会，建立跨区域协调机制，形成联合保护体系。

江西省为落实主体功能区制度，在32个重点生态功能区全面实行产业准入负面清单制度[1]，出台了《关于建立粮食生产功能区和重要农产品生产保护区的实施意见》和《江西省粮食生产功能区和重要农产品生产保护区划定工作方案》。建立起资源环境承载监测预警机制，以设区市为单元编制“三线一单”[2]，加快推进水利、矿产资源规划环评，以及赣江、信江、抚河等主要河流的流域综合规划。在空间规划方面，采取“扁平化”空间规划方式，创新规划体系，将市县规划合并，打破省、市、（县）三级行政层级，建立“省—市（县）”两级规划体系，形成国家、省、市县三级编制的规划架构。在制度设计上，研究设计了合规性审查、规划考核、分区统计、监测评估等一整套制度，针对现有规划重叠、冲突打架的格局，从统一用地分类标准、统一划定“三区三线”[3]、统一明确管控政策着手，明确纵向和横向规划体系，基本构建起高效可行的“多规合一”的空间规划体系[3]。此外，江西省还扎实推进自然生态空间用途管制试点，基本完成了新建区、贵溪市、高安市等试点工作，形成了《江西省自然生态空间用途管制实施细则（初稿）》。

3.初步建立健全多元化的生态补偿机制

生态补偿机制虽然倡导多年，但仍然存在着生态保护补偿范围偏小、标准偏低，保护者和受益者良性互动的体制机制尚不完善的问题，福建、江西、贵州三省在生态补偿机制的建立健全和落地实施方面进行了有益探索，建立了制度，初步形成了可复制、可推广的模式。

福建省建立了多元化的生态保护补偿机制。一是率先开展了重点生态区位商品林赎买改革，探索形成了赎买、合作经营、租赁、置换等多元化改革措施，近3年

---

[1] 负面清单制度是以清单的方式明确列出在我国境内禁止和限制投资经营的行业、领域、业务等，各级政府依法采取相应管理措施的一系列制度安排。

[2] “三线一单”是以改善环境质量为核心，以生态保护红线、环境质量底线、资源利用上线为基础，将行政区域划分为若干环境管控单元，在一张地图上落实生态保护、环境质量目标管理、资源利用管控要求，按照环境管控单元编制环境准入“负面清单”，构建环境分区管控体系。

[3] “三区”指生态、农业、城镇三类空间，“三线”指根据生态空间、农业空间、城镇空间划定的生态保护红线、永久基本农田和城镇开发边界三条控制线。

累计安排省级以上生态公益林生态补偿资金28.5亿元，累计安排生态功能重要地区生态补偿资金51.8亿元，由人民政府对生态公益林所有者或经营者因建设、保护和管理生态公益林而产生的支出给予补偿。二是率先建立覆盖全省12条主要流域的生态补偿制度，形成以生态补偿责任为基础、可长效运行的补偿资金筹集机制，明确重点流域生态补偿金采取省里支持一块、市县集中一块的办法，根据各市县应承担的生态补偿责任，按地方财政收入的一定比例和用水量的一定标准每年上交补偿资金；根据上下游不同市县应承担的生态补偿责任设置不同的筹资标准，下游地区筹集标准高于上游地区；建立因素法补偿资金分配机制，其中，水环境质量是补偿资金分配的主要因素，占资金分配因素70%的权重，同时考虑森林生态保护和用水总量控制因素，分别占20%和10%的权重；补偿资金预算向社会公示并加强监督检查，形成了流域补偿资金筹措机制和补偿资金分配的规范化、透明化运作机制，近3年累计投入补偿资金近35亿元。三是跨省建立了流域生态补偿机制。自2016年起，福建、广东两省实施了汀江—韩江跨省流域生态补偿试点，构建了成本共担、效益共享、合作共治的上下游补偿长效机制。两省采用“双指标考核”模式，既考核年达标率又考核月达标率，既考核水质达标率又考核污染物浓度；实行“双向补偿”原则，共同设立上下游横向生态补偿资金，以双方确定的水质监测数据作为考核依据，当上游来水水质稳定达标或改善时，由下游拨付资金补偿上游；打破了区域、行业、部门限制，以全流域为整体单元，统筹流域内各省市的经济发展和生态建设保护，合理布局产业经济项目，逐步实现了流域上下游共建共享、合作共赢的发展之路。

江西省积极推进生态补偿机制落地实施[4]。一是在全国率先建立全流域生态补偿机制。2018年1月，江西省政府印发了《江西省流域生态补偿办法》，按照责任共担、区别对待、水质优先、多方兼顾的原则，在全省100个县（市、区）开展流域生态补偿，将鄱阳湖和赣江、抚河、信江、饶河、修河五大河流以及长江九江段和东江流域等全部纳入补偿范围。流域生态补偿资金分配将水质作为主要因素，兼顾森林生态保护、水资源管理因素，对水质改善较好、生态保护贡献大、节约用水多的县（市、区）加大补偿力度。每年由省财政安排300万元，根据水质监测考核结果对上游婺源县开展的水环境保护和治理进行补偿，推动了水库流域水质的持续改善。2016年、2017年两年共投入流域生态补偿资金47.81亿元，2018年资金规模总计超过28.9亿元，实现了“保护者受益、受益者补偿”，使生态补偿取得阶段性成果。二是实施了江西—广东东江跨省流域横向生态保护补偿，截至2018年已到位补偿资金13亿元。三是不断完善资金筹措机制，将2015年及以后国家年度新增安排的重点生态功能区转移支付资金纳入筹资范围，2018年省级新增2亿元；增设贫困县补偿系数，将25个贫困县补偿系数设定为其他县补偿系数的1.5倍；调整指标所占权重，进一步提高水环境综合治理因素权重，由原来的20%提高为30%。四是加快重点区域森林绿化、美化、彩化、珍贵化建设，完成造林137.2万亩，签订停伐、管护协议的天然商品林面积为2 280万亩；不断提高生态公益林补偿标准，将生态公益林补偿标准从国有10元/亩、集体和个人所有16元/亩统一提高到21.5元/亩，2018年全省共下达生态公益林补偿资金10.96亿元。

贵州省进一步健全生态保护补偿机制的实施意见，重点结合赤水河流域探索了相邻省份流域生态补偿的相关机制、跨省补偿监测指标体系与方式，取得了显著的生态成效，形成的制度可为其他类似地区建立生态补偿机制提供可操作模式[5]。一是出台了《贵州省人民政府办公厅关于健全生态保护补偿机制的实施意见》，逐步完善生态保护补偿制度体系，大力推进试点建设。实施清水江、红枫湖、赤水河、乌江流域水污染防治生态补偿，累计缴纳生态补偿资金3.3亿元，通过试点示范努力探索可复制、可推广的经验模式。二是与云南、四川两省共同设立赤水河流域横向生态保护补偿基金，率先在长江经济带生态保护修复工作中建立跨省横向生态补偿机制；从省政府层面签订《赤水河流域横向生态保护补偿协议》，云贵川三省按1∶5∶4共同出资2亿元设立了赤水河流域水环境横向补偿基金，确定分配比例为3∶4∶3；三省建立了跨省补偿监测指标体系、分配权重、资金池，按比例分配清算生态补偿资金。此外，贵州省还印发了有关健全森林生态保护补偿机制的实施意见，2017年全省下达国家和地方公益林补偿金85 461万元；启动地方公益林补偿标准提标工作，从2018年起将地方公益林补偿标准提高到每年10元/亩。

4.探索形成生态扶贫、生态脱贫创新制度

贵州、江西两省将生态文明试验区的建设与本省的扶贫攻坚战略紧密结合，创新实施生态扶贫、生态脱贫制度。

贵州省积极探索建立大生态与大扶贫深度融合制度。一是完善资产收益脱贫攻坚机制。在普定县等7个县开展水电矿产资源开发资产收益扶贫改革试点，共覆盖农村人口13 752人，探索建立了集体股权参与项目分红的资产收益扶贫机制，收益主要由集体土地补偿款入股股权收益、省级财政贴息资金形成的收益和劳务收益等部分构成。其中，普定县木拱河水库电站项目2018年的第一期扶贫费用已分配到项目覆盖区域建档立卡贫困户（997人）手中，人均收益285元，该部分收益金的直补方式不低于10年。在安龙、威宁、册亨开展光伏产业资产收益扶贫实施方案试点，取得了一定突破。二是健全易地扶贫搬迁脱贫攻坚机制。通过在实践中不断探索创新，形成了系统的易地扶贫搬迁基本路径和政策框架，实施生态移民搬迁，对迁出地进行复垦或修复，探索形成了易地扶贫搬迁的“贵州模式”。2019年，推进脱贫攻坚“春季攻势”调度机制并进一步明确职责，截至当年3月，已建设136个安置点，建成住房14.66万套，整体工程形象进度91.12%，已有3.32万户14.11万人提前搬迁入住，占任务总数的21.06%；围绕产业发展需求，开展农业生产技能培训、贫困村致富带头人培训、农村转移劳动力培训等18.65万人次。三是实施旅游扶贫“百区千村万户”工程和旅游项目建设等九大旅游扶贫工程，出台乡村旅游系列标准，探索推行旅游“三变”（农村资源变资产、资金变股金、农民变股东）改革发展新模式。四是开展传统手工技艺助推脱贫攻坚“十百千万”农民致富培训工程、非遗振兴计划，在赤水桫椤国家级自然保护区开展了生物多样性与减贫试点建设。

江西省在4个生态扶贫试验区中推行“保”“补”“转”三字经理念，加大生态保护力度和生态补偿力度，推动了自然资源资产的生态价值转化。一是充分发挥上犹县、遂川县、乐安县、莲花县4个试验区的示范作用。上犹县构建了“公共服务体系+农产品营销体系+村级电商服务站点+贫困户”的扶贫新模式，建成1个县

城电商创业孵化园、102个乡村电商服务站、1个“邮乐购”县级服务中心，重点销售特色农产品，如茶叶、茶籽油、生态鱼、笋干、蜂蜜等，有关经验已在全国推广。遂川县狗牯脑茶叶种植基地等接受贫困群众林权、地权入股，就近安置就业，每年享受分红；组建文化旅游开发有限公司，吸纳贫困户入股共享发展，带动贫困户脱贫。乐安县着重创建生态农业基地，大力实施“26522工程”，发展油茶、有机水稻、中药材、蔬菜、特种养殖五大农业特色产业，建成贵澳大数据农旅等示范园和产业园。莲花县全面规划高天云水、玉壶山、莲江画廊、汽车文化旅游产业园四大板块乡村旅游项目，全年累计接待游客500余万人次；实施光伏产业扶贫，除部分收入用于政府还贷外，全县贫困户共获得2 741.5万元的光伏收益；开展林业产业扶贫，其中改造低产低效林53 100亩，补助资金1 060万元。二是通过产业导入，探索形成“公司+基地+农户”等多种精准扶贫新做法。赣州市通过油茶种植扶贫，2018年新造（低改）油茶面积达20万亩，辐射带动贫困人口3.75万人。三是在全流域的生态补偿机制中强调责任共担，突出扶贫。综合考虑流域上下游不同地区受益程度、保护责任、经济发展等因素，在资金分配上向连片特困区、“五河一湖”及东江源头保护区等重点生态功能区倾斜，体现共同但有区别的责任。

5.构建严格的生态环境治理和司法保障机制

在环境治理方面，福建、江西、贵州三省注重打“组合拳”，积极建立健全环保监管机制、环境司法保障机制、农村环境治理机制，对区域环境开展综合治理和保护，成效突出，具有一定的创新性。

福建省通过环境治理体系的有力、有序推进，在流域生态治理、生态司法、农业面源治理等领域积累了可推广的宝贵经验。一是创新水生态系统治理机制，累计投入近50亿元开展莆田木兰溪综合治理，实施水安全、水生态、水环境、水文化、水治理五大系统整治，治出了“一泓清水”，水库水质从Ⅳ类提高到Ⅱ类标准。二是建立环保投资工程包机制，通过实施工程包，2017年完成全省84条黑臭水体的整治、1 126 km河道的生态治理。福州市将102条城市内河整治项目整合形成7个PPP项目工程包，结合水系治理建设“串珠公园”，打造“清水绿岸、鱼翔浅底”的宜居环境。三是全面推行河湖长制，探索出“六全”“四有”治河、管河新机制[1]。建立覆盖省、市、县三级的专职化生态检察、生态审判机构，创新性地推出修复性生态司法。四是开展了生态环保督察、环境资源保护行政执法与刑事司法无缝衔接机制，提出《关于福建省建立生态环境资源保护行政执法与刑事司法无缝衔接机制的意见》，全国首批制定省内各级法院、检察院环境资源司法机构设置方案，具有一定创新性。五是培育发展农业面源污染治理市场主体，制定农村污水垃圾处理市场主体方案，制定农村生活污水、垃圾治理五年提升专项行动，举措全面，成效突出。

江西省建立健全生态环境监测网络和预警机制。一是于2017年12月印发了《江西省环保机构监测监察执法垂直管理制度改革实施方案》，较早完成“垂改”实施方案备案，使基层环保部门人员力量得到加强，初步建立健全了条块结合、各司其职、权责明确、保障有力、权威高效的具有江西特色的环境保护管理体制。二是编制完成了《江西省“生态云”大数据平台建设方案》。开展市、县级生态文明大数据平台建设试点，建成抚州市“生态云”平台一期、靖安县“生态云”平台，于2017年上线并逐步推广。三是积极创新生态环保督察和执法体制，结合生态文明建设布局，确定在赣江新区开展城乡环境保护统一监管和行政执法试点。完善生态环境资源保护的司法保障机制，出台了《江西省环境行政执法与刑事司法衔接工作实施细则》，理顺打击环境犯罪的部门间协调配合和职能分工；印发了《关于规范全省环境污染犯罪案件检（监）测鉴定工作的通知》，建立健全信息研判、案件情况通报制度和执法司法联动机制；出台了《江西省环境资源案件案由范围（试行）》，推动环资审判刑事、民事、行政审判“三审合一”试点。加快推进公安、法院、检察院衔接信息共享平台建设，县级公安机关逐步建立完善打击环境污染犯罪侦察机构和力量。在全省推动试

[1] “六全”指组织体系全覆盖、保护管理全域化、履职尽责全周全、问题政治全方位、社会力量总动员、考核问责全过程，“四有”指有专人负责、有监测设施、有考核办法、有长效机制。

行“环境损失计算五结合法”[1]。四是健全农村环境治理体制机制，2017年出台了《江西省规模化养殖粪便有机肥转化补贴暂行办法》。在2017年果菜茶有机肥替代化肥示范县创建工作中，渝水区按照“企业就地加工，农民自主购肥、政府适当补贴”的模式，由补贴对象在区农业局认定的4家供肥企业中自主选择任意供肥企业购肥施用，采取县级报账制将补贴资金通过一卡通转账，直接对种植大户施用有机肥进行补助。这一做法既提高了企业利用畜禽粪污等废弃物资源加工生产有机肥的积极性，促使每个加工企业努力提高产品质量以获得更多的补贴产品销售量，又保证了农民在增施有机肥后可获得相应的补贴，增加有机肥用量。该模式可为规模化养殖粪便有机肥转化补贴工作的开展提供一定的借鉴经验，具有可推广性。

贵州省通过全面试行生态环境损害赔偿制度，完善了环境司法中的恢复性司法制度。一是判决完成了全国首个通过磋商和司法登记确认的息烽大鹰田违法倾倒废渣案和首个国家权利人参与处理的贵州黔桂天能焦化公司大气污染环境案。率先制定了《贵州省生态环境损害赔偿磋商办法（试行）》，建立司法登记确认制度，通过概括性委托率先突破赔偿权利人主体资格限制，率先成立了生态环境保护人民调解委员会，初步构建了生态环境损害修复治理机制。集中解决了一批生态环境损害赔偿改革理论问题，为国家建立生态损害赔偿制度提供了贵州解决方案。二是在全国率先设置环保法庭并推动公检法配套的环境资源专门机构实现全覆盖，开展由检察机关提起的环境行政公益诉讼，实施生态司法修复，成立生态文明律师服务团和生态环境保护人民调解委员会，率先发布全国首份生态环境损害赔偿司法确认书。三是对9个市（州）中心城市、88个县（区、市）的大气和水环境质量按月公布并

[1] “环境损失计算五结合法”指在认定环境损失时综合考量、统筹兼顾以下五大因素：一是原告的诉请，注重对原告诉请的合法性及合理性进行审查；二是查明的案件事实，在查明已经发生和将来极可能发生的环境损害事实之上进行裁判；三是鉴定意见、专家意见等证据材料，除必须做鉴定的案件外，其他案件可以参考相关领域内的专家意见来进行处理，或综合全案损失的情况酌定侵权损失；四是当事人的履行能力，适当考虑当事人的履行能力，在判决和执行中灵活运用多种修复方式；五是当地的经济发展水平，既要考虑损害的后果，也要考虑对当地经济发展大局的影响。

排名。在所有河流、湖泊、水库实现河长制全覆盖，并率先将河长制纳入《贵州省水资源保护条例》等地方性法规，用法律手段保障河长制的实施。四是率先在全省范围内实现取缔网箱养鱼，乌江、清水江等主要河流水质明显改善。五是实施农村人居环境整治三年行动和推进“厕所革命”三年行动，提出建立并推行“户分类、村收集、乡（镇）转运、县（市）集中处理”的生活垃圾收运处置体系，改造农村户用厕所93.7万个、村级公共厕所5 300多个。六是推动工业污染治理，核发完成火电、造纸等13个行业的排污许可证。

6.创新绿色金融和生态环境治理市场体系

在试验区建设过程中，福建、江西、贵州三省致力于充分挖掘和体现生态资源环境要素的市场价值，培育市场主体，构建更多运用经济杠杆进行环境治理和生态保护的市场体系，着力解决市场主体和市场体系发育滞后、社会参与度不高等问题[6]。

福建省深入推进集体林权制度改革，建立资产评估、森林保险、林权监管、收储担保“四位一体”的林业金融发展和风险防控机制，在全国率先推出中长期林权抵押按揭贷款、林业收储贷款等创新产品，每年提供林业信贷资金超过200亿元，取得林业生态保护、产业发展得利、林农得富的多方共赢。率先对政策性银行、国有大中型银行开展绿色信贷业绩评价，从高污染、高耗能和高环境风险行业累计退出贷款110多亿元。在全省所有工业排污企业全面推行排污权交易，率先按照国家核算标准启动运行福建碳排放权交易市场，并将具有福建特色的林业碳汇纳入市场交易。在全省环境高风险领域推行环境污染责任保险制度，全省已投保企业累计达874家次，提供的环境风险保障限额达13.9亿元。推进基于能源消费总量控制下的用能权交易试点。环境权益交易有力提高了环境资源配置效率，平均每年建成超3 000个减排工程。完善市场主体培育机制，大力推行污染第三方治理、合同环境服务、区域综合服务等市场化治理模式，吸引各类专业投资主体参与生态环保项目投资、建设和运营，2017年全省节能环保产业产值达1 205亿元。探索建立农村污水、垃圾治理机制，因地制宜地选择技术模式，降低治理成本，采取PPP等模式，委托有资质、有经验的企业统一建设和运营，建立财政奖补与村民付费相结合的资金分摊机制，该经验被住房和城乡建设部推广。

江西省积极推动绿色金融改革创新，加速聚集绿色机构，加速绿色信贷投放，有效培育绿色市场，完善绿色发展机制。省政府成立绿色金融改革创新工作领导小组，建立赣江新区绿色金融工作联席会议制度。印发了《赣江新区绿色金融改革创新试验区建设重点工作》，将10个方面60项重点工作分解到部门，先后举办赣江新区绿色金融发展大会暨高峰论坛、赣京绿色金融合作推介会，全力营造绿色金融发展的良好氛围。出台了《关于支持赣江新区绿色银行机构发展的意见》，对符合条件的银行机构授予“绿色分（支）行”称号。在江西联合股权交易中心设立绿色板块，在赣江新区设立绿色发展基金。全面启动赣江新区绿色保险创新试验区建设，在赣江新区开展重点行业企业环境污染责任保险试点，投保企业实现全区覆盖。出台了《江西省加快节能环保产业发展行动计划（2016—2020年）》，重点培育3个年主营业务收入过百亿元、30个过10亿元的节能环保企业或企业集团。出台了《关于支持节能环保产业加快发展若干政策措施》，挖掘省内市场潜力，拓展省外市场空间，强化核心技术攻关，搭建创新创业平台。2017年9月，出台了《江西省排污权有偿使用和交易实施细则（试行）》，排污权有偿使用和交易制度基本建立，在全省造纸、印染、火电、钢铁、水泥行业开展排污权有偿使用和交易试点。在农村环境整治方面，积极推动政府购买服务改革，推行城乡环卫“全域一体化”第三方治理，全省已有30多个县开展农村生活垃圾治理第三方服务全域外包，90%以上的行政村纳入城乡生活垃圾收运处理体系。

贵州省建立健全绿色金融制度，贵安新区获批国家绿色金融改革创新试验区[7]，探索形成了一套具有复制推广价值的绿色金融标准认证体系、法规体系和产品体系。制定支持绿色信贷产品和抵质押品创新政策，稳妥有序地探索发展基于排污权等环境权益的融资工具。在遵义市、黔南州、贵安新区开展环境污染强制责任保险试点。开展企业环境信用评价试点，在环境管理中推行信用承诺制度。设立绿色债券项目库，推动设立大健康绿色产业基金和赤水河流域生态环境保护投资基金，启动组建贵州林业发展投资有限公司。出台主要污染物排放权交易规则及程序规定、排污权交易和试行办法等规章制度，建成排污权交易及数据云管理系统，实现排污权有偿交易金额1.53亿元。在全国较早出台农业用水价格管理办法，明确农业水价成本核定、价格制定原则和方法，累计完成改革农田面积23.39万亩。完成重点企业碳排放核查，开展单株碳汇扶贫试点。制定培育发展环境治理和生态保护市场主体实施意见，提出加快环境治理和生态保护市场主体的支持政策。全面建立以县为单位的第三方治理新机制，基本完成凯里市、务川县国家环境污染第三方治理试点，印发环境污染第三方治理名单，全省累计对150家企业实施第三方治理。

专栏12-2　生态文明试验区积极推进绿色保险创新改革

江西省深入开展新绿色保险创新改革，全面启动赣江新区绿色保险创新试验区建设，推进筹建瑞京人寿、友泰财险等6家法人保险机构；人保财险会同清华大学环境学院研发推广环境云服务平台，在赣江新区开展重点行业企业环境污染责任保险试点，投保企业实现4个组团全覆盖，第一批试点企业8家，第二批扩大至33家；围绕永修县组团生态农业发展，推出有机蜜橘、有机茶叶等特色农产品“气象+价格”指数保险产品；开展“小贷银保通”试点、科技保险试点、建设工程综合保险试点。

贵州省初步完善了农业保险产品及服务的体系建设。鼓励各市（州）围绕贵州省五大优势农业产业和“一县一业”发展规划，因地制宜地开展地方特色优势农产品农业保险。2018年全省地方农业保险开办品种34个，包含种养殖险种、价格指数和天气指数险种，保费收入达4.3亿元；累计为118.26万户次的农户提供特色农业风险保障220.77亿元，共向农户支付赔款2.69亿元。在绿色金融结合保险精准扶贫方面，积极探索“龙头公司+合作社+农户+政府平台公司”的混合所有制模式。

7.推动完善绩效评价考核与责任追究制度

福建、江西、贵州三省通过生态文明目标评价考核、离任审计和责任追究，明确了评价考核数据责任，强调“全面审计、突出重点”，确保评价、审计压力层层传导，落到实处。

一是初步建立了生态文明目标评价考核制度。福建省对各设区市党委和政府开展绿色发展年度评价和生态文明建设目标五年考核，推动形成促进绿色发展的正确导向。贵州省制定了省级绿色发展指数统计监测方案，注重推进各地体制机制创新工作。鼓励各地进行体制机制改革创新，充分发掘地方因地制宜的改革举措和首创工作，作为制定评价考核办法的重要依据。江西省进一步修改完善考核办法，实施差别化分类考核，对县（市、区）设置不同的权重，重点生态功能区不考核GDP，并分别于2018年和2020年开展中期考核、末期考核，均严于国家考核标准。

二是逐步推进领导干部自然资源资产离任审计。福建省在具体落实中明确了领导干部自然资源资产离任审计的目标、内容和方法，围绕“审什么”确立了8个类别36项审计评价指标体系，围绕“怎么审”构建了自然资源资产审计中的政策审计、财政审计、绩效审计“三合一”的审计模式，形成了对领导干部履行自然资源资产管理和生态环境保护责任情况的审计评价体系和规范。贵州省创新审计理念，加强与省直行业主管部门的沟通和协作，着力提高审计方案的操作性、针对性和指导性；创新审计内容，坚持以问题为导向，揭示自然资源资产管理和生态环境保护存在的重大违法违纪违规问题；创新审计组织，打破省、市、县审计机关界限和处室壁垒，成立了资源环境审计机构[8]。此外，贵州省还开发建设了自然资源资产离任审计“三库一平台”，对领导干部进行客观准确的评价。江西省创新审计方法，积极探索运用大数据开展资源审计的思路和方法，将全球定位系统（GPS）、遥感影像（RS）、地理信息系统（GIS）、无人机等技术运用到审计中，提升了审计的深度、广度和精度。

三是建立生态环境损害责任终身追究制度。江西省出台了《江西省党政领导干部生态环境损害责任追究实施细则》，明确要坚持党政同责、一岗双责、联动追责、主体追责、终身追究；结合省内实际，探索制定了生态环境损害分级制度的标准和依据，具有一定的创新性。贵州省先后出台了《贵州省林业生态红线保护党政领导干部问责暂行办法》和《贵州省生态环境损害党政领导干部问责暂行办法》，让生态文明建设考核由“软约束”变成“硬杠杠”，在“严重生态破坏责任事件”的定义上严于国家和其他省份的标准，确保破坏生态成为“高压线”。

12.2.2 体制改革中遇到的问题与困难

1.改革协同和协调机制不健全

生态文明制度建设需要根据山水林田湖草沙生命共同体的完整性及客观规律来创新和建立相应制度，生态文明试验区建设是一项系统工程，各项任务之间的关联性强，涉及跨行业、跨部门，甚至跨区域的协作问题。在具体操作过程中，部分改革任务由于涉及领域多、部门多，时间时序存在差异，尚未形成很好的沟通协调机制，改革推动的“部门化”“碎片化”情况依然存在，相互关联的制度没有形成合力，整体制度之间形成的系统协同推动作用还没有体现出来，影响了制度的推进和落地实施。例如，自然资源资产负债表编制、生态文明建设目标评价考核与领导干部自然资源离任审计之间，构建严格的环境保护和监管体系与国家司法改革和资源环境管理体制改革之间，以及自然资源统一确权登记与自然资源资产管理体制改革之间不衔接、不协调的现象较为明显，文件分头制定、分头出台，相互之间的内在逻辑没有体现出来。上述内容在部分地区的相关改革部署中衔接不畅，部门数据共享和衔接配合不到位，导致制度的实施难以协调推进[9]。

2.政策支持和激励措施不完善

生态文明改革涉及的范围比较广，需要投入大量的财政支持资金。评估发现，在福建、江西、贵州三省改革推进的过程中，由于中央财政资金支持和激励措施配套不到位、地方财政压力大，导致部分改革推进困难、带动性不足。一是部分改革任务成本高，需要大量人力和财力，配套政策支持不足导致试验区工作推进难度较大，如在流域生态补偿方面，有些省份的补偿手段主要依靠政府投入，补偿金额很难弥补生态保护成本，难以充分调动各方保护生态的积极性。二是尽管明确了各部门落实重点任务的相关责任，但未建立与部门绩效考核联动的激励机制和约束考核机制，一方面对于推动改革成效卓著的部门缺乏奖励和鼓励，对于改革拖沓、落实不力的部门缺乏有效约束的问责，另一方面由于缺乏相应的激励政策和资金支持，对制度建设的引导性和强制性不足。

3.市场化运行及培育不充分

与过去粗放式的发展相比，生态文明建设和绿色发展需要更多的投入。虽然环境治理和生态保护的市场体系已初步形成，但市场化运行机制仍处于起步阶段，落实过程缓慢，放开力度不够，推进动力不足，新形式的绿色投融资模式应用较少、成效不显著。一是市场运行机制不完善，目前改革任务建设仍以政府引导为主的方式推动，市场驱动力较弱，民营企业进入壁垒较高，尚未建立起有效的机制调动和激发民间投资参与的积极性。二是第三方污染治理、城乡环保基础设施一体化等鼓励社会资本参与的市场化模式税收优惠政策、项目投资和运营补贴或奖励政策落实不到位，PPP模式下的资金分摊机制不健全，导致参与企业的资金压力增加甚至亏损、项目建设及运营质量降低。三是排污权、碳排放权、水权、用能权等新型交易市场的培育力度不足，真正的市场化运作推进缓慢[10-11]。

12.3 地方生态文明建设实践经验及案例

12.3.1 林业金融产品“福林贷”取得积极成效

党的十八大以来，福建省认真贯彻落实习近平生态文明思想，探寻森林资源通往“金山银山”的市场化路径。自2016年6月起，为解决分散零星的林权导致林农贷款难、担保难、贷款贵和金融机构评估难、监管难、处置难等问题，福建省率先在全国推出林业普惠金融专项产品——“福林贷”，通过金融信贷注入积极盘活广大林农的林权，有效破解难题，提高了对绿色资源配置的引导优化作用。

1. 主要做法

产品设计规范方面，由村委会牵头成立林业专业合作社，依托合作社设立林业融资担保基金，林农向银行申请贷款，由合作社提供担保，林农再以其林业资产为合作社提供反担保，做到规范产品特性、规范担保方式、规范收费标准三个“规范”。

贷款全流程管理方面，在推广林业普惠金融产品“福林贷”的过程中，银行固化了从村民代表会议到贷款申请、发放的流程，明确了每个步骤、每个程序的材料清单、办理时限等，以利于推广和林农办理，形成了前期筹备流程管理、贷款办理流程管理、不良处置流程管理三个流程管理办法。

风险防控机制方面，在推广林业普惠金融产品“福林贷”的过程中，始终把好“三个关”：一是把好村民入社关，二是把好不良率调控关，三是把好公平公正处置关。

贷款资金有效使用督导方面，在推广林业普惠金融产品“福林贷”的过程中，做到强化风险告知、强化政策引导、强化用途管控“三个强化”，积极引导林农正确使用贷款资金，加大林业生产经营投入，提升森林质量和经济效益。

2. 取得的成效

一是实现了林木自然资源的金融价值。对于“福林贷”产品，林农可以通过手机实现随贷随用，对林农来说“林在钱就在”，相当于林木即是随时可提现的银行或保险柜，促进了林农爱林、护林的积极性，让林农看到绿水青山就是金山银山，对生态文明建设起到了积极的助推作用。2017年，福建省三明市林木采伐限额约为408万m^3木材，实际采伐114万m^3，并呈逐年降低趋势，而林农贷款总量和收入却呈逐年增长，这是一种发展和保护的双赢，有效实现了百姓富、生态美。不仅如此，由于林木资产每年可实现7%～8%的升值，这种制度设计也展示出“绿水青山”是不断升值的资产。

二是盘活了小面积林地的林业资产。分山到户后林权结构呈现分散化、碎小化的特征。“福林贷”产品恰好解决了碎小林权无法贷款的问题，对评估、监管、处置方式进行了重塑再造——由银行和合作社自主评估、由合作社社员内部相互监督、由合作社内部进行不良处置，解决了银行担心的评估难、监管难、处置难的问题。

三是防范了银行贷款的金融风险。防范金融风险是这项制度具有生命力的关键，其核心是建立了严密的“诚信加盟—信用奖惩—内部互帮互助—内部处置”的金融风险防控机制。目前，福建省三明市实际贷款1 403个村10 641户，金额达11.3亿元，运行至今仍保持零不良记录。

四是促进了林农增收致富。林业普惠金融产品“福林贷”的推广，激发了林农参与林业适度规模经营的积极性。福建省三明市累计建立各类新型林业经营组织2 662家，经营面积达958万亩。全市笋竹、油茶、花卉苗木、生物医药、林下经济等特色富民产业加快发展，增加了农民经营林业的收入，2017年全市实现林业产业总产值918亿元，全市农民人均涉林纯收入4 595元，占农民人均可支配收入的30.2%。

12.3.2 山水林田湖草生态保护修复形成“赣南模式”

江西省赣州市结合国家首批山水林田湖草生态保护修复试点工作，坚持全方位、全地域、全过程推动山水林田湖草试点高质量实施，努力做到“系统治理、共治共管、技术创新、生态惠民”，全力提升生态环境治理的系统性、整体性、协同性，山水林田湖草综合治理样板区已见雏形。

1. 主要做法

规划布局方面，探索系统治理、全局治理新途径。赣州市以生态问题治理和生态功能恢复为导向，改变以往“管山不治水、治水不管山、种树不种草”的单一修复模式，探索系统治理、全局治理新途径。聘请专业团队，整体规划设计；科学划定修复空间，弄清区域内各生态系统要素之间的相互关系，找准产生生态环境问题的关键环节，合理布局生态修复工程。

协同推进方面，共治共管，改革先行。创新组织保障，建立综合协调机构。在全国率先成立专职机构——赣州市山水林田湖生态保护中心，为山水林田湖草生态保护修复试点工作的稳步有序推进奠定了基础保障。制定实施三年行动方案，探索“检察蓝”、护卫“生态绿”，建立流域生态补偿机制，探索政府与市场结合的新机制。

技术支撑方面，创新技术，实现系统治理。探索山上山下、地上地下、流域上下“三同治”的整体保护、综合治理模式，应用稀土尾水治理新技术探索小流域污染治理新路径，探索“内外力”共发的新方法和“五水共治”的新路子。

服务导向方面，生态惠民，增进人民福祉。以生态保护修复助力美丽乡村建设，开展农村环境综合整治，探索“生态修复+乡村旅游发展”模式和“生态修复+精准扶贫”模式。

2. 取得的成效

一是生态优势更加坚实。通过项目实施，流域水环境质量明显提升，从源头上确保了赣江一江清水入鄱阳、东江一江清水向南流。治理崩岗3 116座（处），林草覆盖情况明显改观，水土流失面积持续减少，实现了“叫崩岗常青树，让沙洲变良田”的治理效果。昔日满眼流沙的“光头山”全都披上了绿装，废弃矿山环境得到全面改善。同时，在有条件的区域实施美化、彩化、珍贵化改造，森林质量和生态功能进一步提升，生物栖息地得到有效保护。

二是“生态+”促进了绿色发展：①形成“土地整治+农业产业发展”模式；②形成“矿山环境修复+全域旅游”模式；③引进产业项目，带动村集体经济发展。寻乌县、瑞金市、南康区利用山水林田湖草生态保护修复项目平整和改造土地，在恢复提升生态功能的基础上引进光伏企业、建设光伏电站，装机容量为42.8 MW，预计年收益可达3 822万元，实现了变废弃矿山为“金山银山”、治理与发展双赢的效果。

12.3.3 贵州省单株碳汇“生态扶贫新模式”成效突出

贵州省是国家生态文明试验区、国家大数据综合试验区，也是贫困程度最深、贫困面积最广的地区之一，是脱贫攻坚的主战场。近年来，贵州省聚焦推动“大扶贫、大数据、大生态”三大战略行动有机融合，探索开展了“互联网+生态建设+精准扶贫”新模式，全力推进单株碳汇精准扶贫项目，为深度贫困群众脱贫致富带来福音，受到国务院官网、新华社等媒体的广泛关注。

图12-1　贵州省单株碳汇精准扶贫新模式

1. 主要做法

一是创新理念，明晰路径方法。自2002年退耕还林以来，在林地权属清楚的土地上人工营造幼龄林、中龄林或近熟林，给每一棵树木编上唯一的身份号码，拍好树木照片，按照科学的方法学测算出碳汇量，再上传到贵州省单株碳汇精准扶贫平台，面向全社会、全世界致力于低碳发展的个人、企事业单位和社会团体进行销售，购碳资金全额进入贫困农民的个人账户，努力将绿水青山转化为金山银山，将林业碳汇转化为贫困户的真金白银，精准助力脱贫攻坚。

二是精准施策，建立健全配套制度。①参与对象须是2014年以来建档立卡、拥有符合条件的林业资源、自愿参与的贫困户；②参与试点的树木必须是贫困户拥有林权证、土地证的林地或者退耕地上的人造林；③为扩大贫困户受益面，目前贫困户参与项目开发的林地总面积不超过2亩，根据造林技术规程乔木林每亩株数在200株左右；④单株树木的碳汇量根据由中国质量认证中心开发的《贵州省单株碳汇项目方法学》进行测算；⑤项目卖出的是树木当年度吸收的二氧化碳当量，每一棵树木的碳汇每年只能被购买一次，不影响农民对林木的所有权；⑥所有购碳资金将通过平台全额清分给贫困户，项目开发参与方不收取任何费用。

2. 取得的成效

2018年7月8日，贵州省单株碳汇精准扶贫试点在生态文明贵阳国际论坛2018年年会期间正式启动。一个多月的时间里，累计购买碳汇金额达到36.55万元，覆盖790户贫困家庭。目前全省开发了19个村共3 282户贫困户，其中有1 317户贫困户满足条件并正在实施试点项目。

该项探索前景可观。根据《造林技术规程》（GB/T 15776—2016），以柳杉为例，按幼龄林每亩约225棵树、每棵树的碳汇价值按3元人民币计算，每户开发碳汇林2亩，每年将为贫困户带来1 350元的收益。每个村按100户贫困户计算，单个村年收益约为13.5万元，5年开发期预期收益为67.5万元左右，可带动100户贫困户脱贫并防止其返贫。同时，大众参与方式较为便捷，所有参与者可以通过微信扫描二维码关注专门的平台，可便捷查阅参与试点的贫困村、贫困户和单株碳汇信息，并可通过微信支付方式快捷购买碳汇，参与碳汇扶贫。实名认购记录可作为个人（企业）优良信息归结到全国信用信息共享平台（贵州）的个人（企业）名下。

12.3.4　福建省福州市创新城市水系综合治理

福州是一座山水之城，三面环山、一面临海，城区河网密布、水巷蜿蜒，共有内河150余条，总长超过250 km，汇水面积300多km^2，是国内水网平均密度最大的城市之一，被誉为“东方威尼斯”。但伴随着城市化和工业化的进程，福州市的内河环境受到了破坏，城区内涝、水体黑臭等问题严重困扰了市民的生活。治水、护水成为一代又一代福州人的使命，也是习近平总书记念兹在兹的嘱托。20世纪90年代初，习近平同志在福州市工作期间，就亲自擘画并前瞻性地提出“全党动员、全民动手、条块结合、齐抓共治”的治水方略，推动出台了《福州市城区内河综合整治总体规划》，实施西湖综合整治、晋安河清淤等水系治理工程，为福州市留下了治水的宝贵财富和实践经验。2010年，他在视察福建期间再次强调，福州市要加强内河整治改造，让老百姓切身感受到城市美好的环境。这些重要指示和嘱托成为福州治水、护水、兴水的不竭动力和重要遵循。

福州市委、市政府牢记习近平总书记的重要指示和嘱托，持续推进水系综合治理。特别是党的十九大以来，福州市坚持以人民为中心的发展思想，以习近平生态文明思想为指导，改革创新、综合施策，举全市之力打好新时代治水攻坚战。

1.主要做法

一是集成力量资源，实现统一调度、协同发力。①高效指挥、上下联动。福州市坚持全市“一盘棋”，在领导层面成立了城区水系综合治理领导小组，由市领导任组长亲自谋划推动，确保了思路统一、方向一致；在指挥层面设立了黑臭水体治理工程建设指挥部及7个分指挥部；在组织层面实行“市主导、区保障、部门统筹、国企挑重担”的组织方式。②联排联调、一体管理。在福建省首创组建城区水系联排联调中心，整合市建委、水利、城管委等涉水部门及其下属5个管理单位，将原来分散的治水职能统一归口管理，打破了“九龙治水”的格局。集成防洪、排涝、调水、除黑臭等功能，统筹调度全城上千个库、湖、闸、站、河等，构建“多水合一，厂网河一体化”的管理模式。③一线作战、同步考核。运用一线工作法，把作战力量压到工作一线，做到领导冲锋在前、干部一线攻坚。坚持水系治理推进到哪里，一线考核就跟到哪里。通过一线工作法，福州市只用了3个月的时间就拆除并改造沿河旧屋区183万m^2，创造了水系征迁的“福州速度”。

二是打破片面思维，实现水陆统筹、系统治理。①综合考虑、整体解决。福州市在水系治理中综合考虑整个城区的山川水系，地形地貌，水系布局、流向、流量、密度、标高以及上下游、左右岸、地表地下之间的关系，提出了整体解决办法。例如，针对晋安河内涝的问题，不仅在上游的琴亭湖开挖扩容40万m^3、在下游的光明港清淤60万m^3，还实施了晋安河直排闽江工程，从头到尾疏通水系。为了解决西湖水质差的问题，不仅进行了湖体清淤截污，还把上游的梅峰河、屏西河、铜盘河和下游的白马河也纳入进来整体治理，实现了事半功倍的效果。②同步实施、链式治理。改变过去“头痛医头、脚痛医脚”的割裂式治理方式，将内涝治理、黑臭水体治理、污染源治理、水系周边环境治理等方案同步实施、环环相扣。例如，在内涝治理方面，按照“上截、中疏（蓄）、下排”的思路，提出了高水高排、扩河快排、分流畅排等九大策略；在黑臭水体及周边环境治理方面，制定了全面截污、全面清淤、全面清疏等9项措施以及种树、修路、亮灯、造景、建园5个办法，推动全链条治理。③水岸同治、源头管控。坚持内河黑臭问题“症状在水中、根源在岸上、核心是管网”，坚决拆除内河两侧 6 m 内的建筑，沿河埋设大口径球墨铸铁截污管，加强雨污分流，全面推进管网修复提升和污水处理厂提标改造工作，做到污水不入河。排查整治污染源 3 165 个，取缔小散乱污企业132家，规范整治隔油池、沉淀池、排废口等设施，实现从源头上截污治污。④融入生态修复理念。变“工程治水”为“生态治水”，坚决在浦东河、台屿河等内河治理中采用生态驳岸，保持河道自然风貌，实现河水与地下水自由交换，拓宽水生动植物的栖息空间。扎实推进海绵城市建设，在中心城区新建、扩挖温泉公园湖等6个湖体、3个海绵公园，增加城区的蓄滞空间。

三是强化目标导向，实现立体攻坚、质效突破。①实施“清单式”项目管理。运用项目工作法的理念，把措施转化为任务，把任务转化为项目，策划生成了 5 000 多个治理项目，成立了125人的现场推进组，针对每条目标河道均列出施工责任清单，逐项倒排工期，实行挂图作战，构建了完整明晰的“清单式”责任体系。②实施“卷地毯”集中攻坚。全面推行“卷地毯”工作法，组建了6个“卷地毯”攻坚小组，改变了传统项目施工的“串联模式”，将房屋征迁、管线迁改、水体治理、道路改造、园林绿化、景观提升等各项工作高度整合、立体作业，最多时18个部门同步攻坚、400多个工作面同时开工，像卷地毯一样连片推进、清盘扫尾，极大地提高了项目的建设效率。③实施标准化质量管控。坚持关口前移、全过程质量管控，坚决守住工程质量这个“生命线”。例如，制定了设计监管、工地建设、施工管理、质量监管等九大标准化管理手册，并3次邀请国家部委专家组审议把关，确保了项目建设不走偏、不走样。组建了45人的工程质量监督组，扎根项目现场。

四是突出久久为功，实现内河长“制”久“清”。①一体化建设管养。为了解决“建管脱节”的问题，福州市将PPP项目全生命周期确定为15年，企业在2～3年的建设期后还需负责12～13年的运行维护，确保“谁建设、谁养护”。同时，把运营效果与项目付费相挂钩，设立对水质维持、环卫保洁、设备运行等情况的综合评价体系，评判结果与付费直接挂钩。②常态化监管养护。试点设立“水系智慧公示牌”，实时监测并公示水质pH、溶解氧、浊度等参数，便于市民监督水系治理成效。在全省率先组建了60人的水系巡查队伍和126人的“护河团”。对全市2 050 km 管网进行“全身体检”，形成“健康档案”。

2.取得的成效

福州市通过水系综合治理基本消除了黑臭，有效控制了内涝，提升了周边环境，促进了城市水生态和人居环境的改善，打造出一个现代化、高颜值的山水城市。目前，城区44条黑臭水体全部消除，99条河道已建成开放，防涝能力大幅提升，涉水设施短板逐步补齐，基本实现了“水清、河畅、岸绿、景美”的目标，群众满意度达90%以上。2018年，福州市成为“全国黑臭水体治理示范城市”。

一是专业治水成效明显。①探索市场化运作模式。福州市将内河按流域打包，形成了7个水系治理PPP项目包，通过公开招标引进了中国水环境集团等专业团队参与水系治理，实现“让专业的人做专业的事”。其中，治理费用先由社会资本方投资，政府按效付费，运用经济杠杆保证了项目建设的质量和效果。②创新专业化治水技术。在工程建设中积极采用新的技术、新的设备、新的工艺，用专业技术攻克难题。例如，在河道清淤中采用干塘清淤法，建设花园式底泥处理厂；在梅峰河等内河治理中建设分散式污水处理设施；在瀛洲河污水管道铺设中采用地下打洞的“顶管技术”等。

二是长效智慧管水机制建立。福州市出台了地方性法规《福州市城市内河管理办法》，并配套印发了《福州市城市内河管理办法实施细则》，确定了一系列长效机制，将内河管理上升到法制层面，提升了内河法治化、制度化、规范化的管理水平。此外，还提高了智慧化管理水平，在全国率先将物联网NB-IOT技术应用于智慧井盖与智慧防汛，实时采集上传水位和相关数据变化，大幅提升了排涝应急人员、设备、物资的调配和响应效率，有效防止了内涝的发生。

三是自然修复、人水共生的态势逐渐形成。①畅通生态循环水系，通过水系连通、水体流动、生态补水等办法让水多起来、动起来、清起来。运用闽江潮汐规律，每天两次引闽江水入城，对内河实施生态补水；打通了13条断头河，全面清淤河道，建设推流泵站，让水流保持在每秒0.2 m以上；加固、加高水系入江入海闸门，把水留住、增加水量，内河水位平均提高1.2～1.8 m；综合采取曝气充氧、生物治理等手段，提升内河自净能力，进一步改善水质。②打造生态休闲空间，树立“串珠公园”理念，以沿河步道和绿带为“串”，以有条件的块状绿地为“珠”，建成“串珠公园”200座、滨河绿道450多km，让市民真正享受到“推窗见绿、出门见园、行路见荫”的生态福利。

12.3.5 江西省赣江新区绿色金融改革创新实践

2017年6月，江西省获批成为全国第一批绿色金融改革创新试验区。此后，江西省不断深化绿色金融体制机制改革，完善绿色金融组织体系和产品服务体系，着力打通绿水青山向金山银山双向转换通道，夯实美丽中国“江西样板”；发行了全国首单绿色市政债，制定了全国首个绿色票据标准，开展了金融支持畜禽粪污处置和无害化处理试点，具有地方特色的绿色金融标准体系、绿色信托标准制定走在全国前列；建成了绿色产业项目库，入库项目达到696个，总投资额 7 482 亿元。在中国金融学会绿色金融专业委员会2018年的评价中，江西省的绿色金融在全国排名第四，各项指标均进入全国第一梯队，为国家生态文明试验区建设、打造美丽中国“江西样板”提供了有力支撑。

1.主要做法和成效

一是构建了绿色金融组织新体系。①建成了赣江新区绿色金融示范街，聚集了30家各类金融机构，引导各金融机构在赣江新区设立绿色金融专营机构和绿色金融事业部。目前，工商银行、建设银行等7家银行业金融机构在赣江新区设立了绿色支行，九江银行在赣江新区设立了绿色金融事业部，江西银行在赣江新区设立了全国首家人才服务银行，人保财险和恒邦保险在赣江新区分别设立了绿色保险创新实验室、绿色保险事业部，绿色金融资源聚集效应和示范效应得到加快发挥。②积极构建多元化、多层次的绿色金融服务体系，九江银行赣江新区分行牵头设立了绿色金融服务中心，人保财险赣江新区分公司牵头设立了绿色金融产品创新中心，并会同联合赤道环境评价有限公司设立了绿色金融标准评价认定中心。此外，赣江新区还与腾讯公司合作设立了金融科技实验室，与中国移动合作设立了移动大数据中心，与康旗股份合作设立了金融呼叫中心。江西省股权交易中心在赣江新区也设立了绿色私募可转债中心。

二是形成了促进生态文明建设的新动力。①引进专业的第三方机构——联合赤道环境评价有限公司制定了绿色项目标准，突出了服务江西全省的生态文明建设重点项目，建成了江西省绿色产业项目库，入库项目总计达696个，总投资额 7 482 亿元。其中，赣江新区171个，总投资额 1 884 亿元。在全国绿色金融改革创新试验区率先遴选了一批项目在北京环境交易所挂牌融资。举办了两次绿色金融政银企对接会，签约金额超200亿元。②突出对“绿水青山”的金融支持。已开展4轮省级林业龙头企业认定、监测工作，建立了省级林业龙头企业库，其中，赣江新区有55家省级林业龙头企业入库。③突出对产业结构升级的金融支持。启动了赣江新区绿色制造体系建设试点，指导赣江新区编制绿色制造体系建设实施方案，从省级“中国制造2025”专项资金中安排资金支持绿色示范工厂及示范区创建，利用金砖国家新开发银行2亿美元贷款支持“江西工业低碳转型绿色发展示范项目”第一期项目。支持引进绿色产业项目，鼓励传统产业的绿色化改造升级。

三是拓宽了绿色产业融资新渠道。①扩大绿色信贷投放。通过监管创新和政策激励引导银行机构创新绿色信贷产品服务，绿色信贷投放保持快速增长。开展了金融支持畜禽粪污处置和无害化处理试点，推出“畜禽洁养贷”专属信贷产品。九江银行绿色金融事业部全面启动了金融支持垃圾分类试点，推出以应收账款质押的免抵押、免担保的“绿色家园贷”产品，首批向3家环卫企业发放 7 100 万元低息贷款，为特定对象（环卫工人）发行 5 000 万元的高收益专项理财——“拉手理财”。截至2019年6月末，江西省绿色贷款余额 2 136 亿元，比年初增长8.19%。其中，赣江新区绿色贷款余额44.87亿元，同比增长14.58%。②拓展绿色直接融资。江西省上市的绿色企业有10家，在“新三板”挂牌的绿色企业有36家。赣江新区在上海证券交易所成功发行了全国首单绿色市政债专项债3亿元；江西省水利投资集团率先发行全国绿色金融试验区首单境外绿色债3亿美元；江西银行、九江银行、上饶银行累计发行绿色金融债150亿元，赣州银行筹备发行30亿元绿色金融债；萍乡汇丰公司、昌盛公司发行26.4亿元绿色企业债；南昌轨道交通集团发行省内首单绿色债务融资工具5亿元；江西联合股权交易中心设立“绿色板块”，累计发行绿色私募可转债30.5亿元。此外，还在赣江新区设立了各类绿色发展基金，总额达500亿元。③深化绿色保险创新。人保财险赣江新区分公司会同清华大学环境学院研发推广了环境云服务平台，环境污染责任险投保企业达33家。养殖饲料成本价格保险、有机农产品气象价格收益综合保险等全国首创产品在赣江新区落地。恒邦保险绿色保险事业部创新推出了首单建筑工程绿色综合保险。

四是培育了环境权益交易新市场。按照市场化原则打造了集碳排放权、排污权、用能权、水权于一体的全省统一的环境权益交易平台。加快推进了环境权益市场化交易机制建设，探索了林业碳汇交易，已累计成交3.44万t 碳汇减排量。按照《排污许可管理办法（试行）》，以许可证为确权依据，推进黑色金属冶炼和压延加工业等行业排污许可证的核发，火电、造纸、水泥3个试点行业已完成确权。在萍乡、新余、鹰潭开展年耗能 5 000 t 标准煤以上工业企业用能权有偿使用试点。

出台了《江西省水资源使用权确权登记办法》，推动了水权交易。

2.经验启示

江西省的绿色金融改革创新取得了阶段性成果，关键是坚持目标导向、市场导向和问题导向，坚持政府引导和市场运作“两手抓”，持续推动绿色金融发展的体制机制创新。

一是把构建协调推进机制作为关键。坚持构建绿色金融政策框架，不断完善绿色金融体系规划政策措施，形成了远、中、近期相结合，金融、财税、产业相融合的绿色金融政策框架体系。强化了协调督办机制，设立了绿色金融改革创新工作领导机构，协调解决了绿色金融改革创新工作中遇到的问题。通过加强省直相关部门、“一行三局”和各金融机构的沟通协调，形成了上下联动、左右协同的工作格局；通过及时建立台账，进一步明晰步骤，开展了定期调度；通过积极宣传造势，唱响了江西绿色金融改革的“好声音”。

二是把建立正向考核激励机制作为手段。及时建立了以发展绿色信贷推动生态文明建设的政策制度，健全了绿色金融同业自律机制，完善了绿色金融机构入驻、服务绿色产业发展、专业人才引进等方面的激励措施，并与时俱进，不断深化绿色信贷、绿色保险产品等创新改革。

三是把完善市场激励约束机制作为原则。坚持政府引导、市场运作，充分发挥“有效市场”和“有为政府”的作用。注重以市场化、商业可持续作为绿色金融发展的原则和内涵，围绕提升投资回报率和降低风险两大主线，引导金融机构改造业务流程，创新产品和服务，形成符合绿色产业融资需求、可持续发展的商业模式。

四是把创新基础设施建设机制作为根本。建立绿色金融统计制度，摸清底数，及时采集绿色金融数据，定期进行对比分析。积极探索具有地方特色的绿色金融标准体系。建立信息平台，推动信息公开共享，提升金融机构获取客户环境信息的便捷性和准确率。建立多层次渠道，引入专业人才。积极引进复合型绿色金融人才。建立绿色金融专业委员会，加快打造绿色金融智库。

12.3.6 贵州省赤水河流域生态补偿创新实践

赤水河是长江上游重要的生态屏障，是长江上游唯一没有拦河建筑物的一级支流，是国家级珍稀特有鱼类自然保护区的核心区，是中国高档酱香型白酒生产基地，是一条名副其实的生态河、美景河、美酒河、英雄河。赤水河作为跨越云贵川三省界的河流，发源于云南省镇雄县，沿川贵边界流至贵州省仁怀市茅台镇后纳入桐梓河、古蔺河，再经赤水市至四川省合江县与习水河相汇合，之后注入长江，干流总长436 km。

2013年，贵州省将赤水河作为生态文明制度建设的改革先河，先后实施了流域生态保护红线、流域资源使用和管理制度、流域自然资源资产审计制度、流域生态补偿制度、生态环境保护监管和行政执法体制改革、生态环境保护司法保障制度、流域环境污染第三方治理、流域生态环境保护投融资制度、合力整治农业农村污染、生态环境治理和恢复制度、环境保护河长制度、生态环境保护考评机制这12项生态文明体制机制创新。生态补偿作为赤水河流域生态文明制度改革的一项机制创新，有力地支撑了赤水河流域生态环境质量的稳定和持续改善。

1.主要做法

一是建立了赤水河流域省内生态补偿机制。为推进赤水河流域生态环境保护和流域水环境质量的持续改善，2014年贵州省环保厅按照“保护者收益、利用者补偿、污染者受罚”的原则，研究制定了《贵州省赤水河流域水污染防治生态补偿暂行办法》（以下简称《补偿办法》），并于同年5月经省人民政府同意，在毕节市和遵义市之间组织实施了赤水河流域水污染生态补偿。按照《补偿办法》，遵义市和毕节市通过水环境质量实施协议对赌，即跨界水质监测断面达到或优于地表水Ⅱ类水质标准，下游的遵义市向上游的毕节市缴纳生态补偿资金；反之，则由毕节市向遵义市缴纳生态补偿资金，并专款用于赤水河流域的水污染防治、生态建设和环保能力建设。通过实施生态补偿，极大地调动了上游地区强化生态环境的积极性和主动性。

二是建立了赤水河流域跨省生态补偿机制。为进一步巩固治理效果，持续推进流域生态环境改善，2016年贵州省环保厅在总结省内流域生态补偿经验的基础上，按照《财政部、环境保护部、发展改革委、水利部关于加快建立流域上下游横向生态保护补偿机制的指导意见》（财建〔2016〕928号）的要求，研究起草了《云贵川赤水河流域横向生态补偿方案》，先后3次组织云南省、四川省的环境保护部门对补偿方案进行研讨，在财政部、原环境保护部的大力支持下，三省就赤水河流域横向生态补偿方案的原则、范围、期限、目标以及资金筹集和分配考核等关乎各自利益的核心问题达成了共识，拟定了《云南省、贵州省、四川省人民政府关于赤水河流域横向生态补偿协议》（以下简称《补偿协议》），于2018年2月在长江经济带生态保护修复暨推动建立流域横向生态补偿机制工作会议上进行现场签署。

《补偿协议》签署后，为贯彻落实协议约定，细化各省权责，云贵川三省共同委托生态环境部环境规划院编制了《赤水河流域横向生态补偿实施方案》，生态环境部科技与财务司领导分别在贵州省仁怀市、四川省成都市先后召开5次生态补偿研讨会，重点就各省约定断面的水质目标及水质监测断面的责任资金、权责划分、位置设置等关键节点进行了讨论。经过长达10个月的讨论协商，三省最终于2018年12月达成共识，共同印发了《赤水河流域横向生态补偿实施方案》。目前，云贵川三省正按照协议和方案的约定有序推进相关工作。

2.取得的成效

通过赤水河流域横向生态补偿机制，一是破解了全流域长期存在的环境难题。赤水河作为云贵川三省界河流，其流域管辖范围纵横交错，长期以来存在上下游、左右岸之间产业布局、环境准入、污水排放标准、环境监管执法尺寸、环保资金投入力度的不一致，部分地区因此形成了区域政策洼地，对赤水河水质改善和地区经济发展造成了极大影响。从目前的水质改善程度来看，贵州省范围内的赤水河环境质量稳定向好，水质优良率达100%，跨省国控监测断面水质达到Ⅱ类水质标准，各支流水质达到或优于Ⅲ类水质。但是，从四川省汇入赤水河干流的支流水质却仍然为Ⅳ类以下，工业企业污染源偷排漏排现象仍然屡见不鲜。三省人民政府通过签署《补偿协议》，建立生态补偿机制，实现了省与省之间的相互约束和相关管制，为解决赤水河长期存在的环境监管难题探索了新的途径。二是建立了“权责对等，合理补偿”的工作制度。云贵川三省人民政府以构筑长江上游重要生态屏障为目标，以改善赤水河流域生态环境质量为目的，约定共同出资2亿元设立赤水河流域生态保护横向补偿资金，并按照“权责对等，合理补偿”的原则，实施约定水质目标的分段清算，通过水质改善、水量保障实现相关利益，若水质恶化将承担相应惩处，以此促进流域生态环境质量的改善。三是重新构建流域的生态安全格局。建立联防联控和环境信息共享机制，强化联合查处和打击，实行流域上下游环评会商及环境污染应急联动，促进三省之间关于赤水河流域保护的沟通协调，形成赤水河流域上下游统一决策、统一行动。四是建立合作共治、区域协作的工作机制。贵州省协商云南、四川两省围绕“生态保护红线、环境质量底线、资源利用上线、环境准入负面清单”的硬约束，坚持统分结合、协同发力，实施赤水河流域环境保护“五统一”（统一规划、统一标准、统一环评、统一监测、统一执法），并约定每半年召开一次轮值会议，共同探讨赤水河流域环境保护工作，落实长江流域“共抓大保护、不搞大开发”的战略部署，共推“生态建设、环境保护、产业发展、区域合作”的任务，促进赤水河流域社会、经济与环境的可持续发展。

通过建立赤水河跨省生态补偿机制，云贵川三省统一了共识、凝聚了合力，明确将构建长江上游重要生态屏障作为共同目标，有力地推进了赤水河流域的生态保护工作，形成了成本共担、效益共享、合作共治的流域保护和治理长效机制。2018年，赤水河流域水质总体良好，所有监测断面均达到或优于规定的水质类别，出境水质断面稳定达到Ⅱ类，获得“中国好水”优质水源地称号，仁怀市荣获全国“生态文明建设示范区”表彰，赤水市被命名为“绿水青山就是金山银山”创新实践基地。同时，赤水河作为全国首个跨多省流域的横向生态补偿机制试点，为全国下一步探索建立多省生态补偿积累了经验。

12.3.7 海南省积极开展生态空间用途管制试点

2017年9月，原国土资源部等9个部门在海南等6个省（区）开展了自然生态空间用途管制试点工作。2018年12月，海南省以省为单元在自然生态空间布局确定、区域准入和用途转用许可制度等方面开展试点工作。根据《国土资源部关于印发

〈自然生态空间用途管制办法（试行）的通知〉》（国土资发〔2017〕33号）和《国土资源部关于印发〈自然生态空间用途管制试点工作指南〉的通知》（国土资函〔2017〕555号）等文件精神，出台了《海南省自然生态空间用途管制试点工作方案》，提出了试点的总体要求、主要任务、职责分工、进度安排和保障措施。目前，已完成自然生态空间划定、管制规则设计和转用流程设定等研究工作，形成了自然生态空间用途管制试点工作的6项成果，通过了技术论证，并将相关成果报送自然资源部。

1.主要做法

一是突出生态优先，统筹划定空间。在自然生态空间划定中，海南省坚持生态优先理念，对本省的自然资源现状进行了调查和评价，并充分与省域“多规合一”成果中的生态保护红线、自然保护区、生态公益林、饮用水水源保护区等各类自然保护地划定成果进行衔接，优先确保生态空间的系统性和完整性。同时，按照生态保护红线、永久基本农田保护红线和城镇开发边界“三条控制线”不交叉、不重叠的要求，统筹划定“三条控制线”和生态、农业、城镇三类空间，对存在交叉和空间重叠的区域提出协调处理方案，妥善处理“保护与开发”的关系。

二是强调保护优先，制定管制规则。在划定生态空间时，海南省按照生态空间的生态功能重要程度进一步将其细分为生态保护红线和一般生态空间，分别制定管制规则，实现分级分类管控，并落实到各图斑地块。根据国家对生态保护红线的上位管控要求，结合《海南省生态保护红线管理规定》《海南省陆域生态保护红线区开发建设管理目录》的有关规定，统筹考虑各类自然保护地在管理上的差异，提出采用正面清单和负面清单相结合的方式，制定差别化的管制规则和准入条件；对一般自然生态空间提出采用负面清单和开发强度进行管控，对生态空间内生产、生活、旅游等活动限定类型和强度，明确不得进入的项目类型，引导不符合要求的用地类型逐步退出。

三是严格审批监管，探索转用流程改革。按照简政放权、并联审批、多证合一的思路，梳理审批流程。将生态空间内的用地转用分为占用、退出、转变三种类型，按照“一窗收件、一表受理、平台联动、信息共享”的模式和“减事项、减材料、减时间”的要求分别提出审批流程优化方案。由海南省自然资源部门组织起草了《关于推进国土空间用途转用行政审批制度改革的意见（征求意见稿）》，提出整合国土空间用途转用行政审批事项等8项具体意见，整合现有农用地转用、林地征占用、海域使用等各类用途管制规定，加快推进建立统一的国土空间用途转用审批制度，提高国土空间行政审批效率，实质性地推进空间用途管制工作。

四是依托专项行动，开展用途管制实践。以海南陵水红树林国家湿地公园建设为契机，根据《海南省人民政府关于深入推进六大专项整治加强生态环境保护的实施意见》（琼府〔2016〕40号）、《海南省人民政府关于印发海南省林业生态修复与湿地保护专项行动实施方案的通知》（琼府〔2016〕77号）的要求，陵水黎族自治县全面开展湿地资源调查，科学制定了公园分区方案和管控要求，开展湿地生态修复和环境治理，有效保护和恢复了陵水港湾海岸潮间带湿地生态系统的完整性、稳定性和连续性，对充分发挥沿海红树林湿地功能，保护海岸潮间带湿地的动植物资源，提高沿海湿地生物多样性具有重要意义。

2.取得的成效

一是统一数据基础，建立矛盾协调机制。在试点划定工作过程中，海南省充分利用省域“多规合一”工作成果，确保自然生态空间精准落地。结合土地利用调查、森林资源调查、地理国情普查及相关变更调查等多项数据成果，在综合土地、森林、湿地、水域和生态环境等调查标准的基础上，坚持统一坐标系、统一基础数据、统一规划年限、统一用地分类标准、统一成果要求的“五个统一”，建立了空间数据库。此外，还建立了矛盾协调解决机制，通过空间调整、置换等方式化解耕地、林地、建设用地之间的矛盾，确保地类规划属性的唯一性，有效处理了各类规划中存在的用地矛盾、重叠图斑等问题。

二是注重规划衔接，确保空间精准落地。海南省的生态空间划定与相关规划（包括市县总体规划、林业规划、永久基本农田保护区、生态保护红线、自然保护区、风景名胜区、森林公园、饮用水水源保护区、湿地公园、地质公园、拟建国家公园等各类专项规划成果）进行了充分衔接，并综合考虑主体功能区定位、空间开发需求、资源环境承载能力和粮食安全要求，统筹协调，确定自然生态空间格局和范围，确保生态空间划定成果精准落地，具有操作性和实用性，为国土空间规划编制打下坚实基础。

三是陆海统筹联通，构建生态安全屏障。试点工作坚持生态优先和保护优先，以海南省政府2016年修测的海南岛海岸线数据为分界线，将海岸带地区的自然生态系统作为一个整体来统筹考虑，以陆地和海洋的资源环境承载能力为基础，分别向陆域一侧和海域一侧统筹划定生态空间，实现海陆生态空间的有效衔接，打造陆海联动的生态安全屏障，形成海陆统筹的生态空间格局。

四是创新管控制度，优化用途转用审批。按照生态主导功能和自然生态空间保护类型，海南省明确了不同区域自然生态空间的土地用途，建立了符合实际、覆盖全部自然生态空间的用途管制规则。按照生态保护红线作为禁止开发区域的要求进行管理，制定了各生态功能类型的管制规则、空间准入条件。按照生态优化、有利于主导功能提升的原则，整合各类用途转用制度，针对生态空间内占用、退出、转变三种类型，结合“最多跑一次”的改革，制定了用途转用审批流程，探索了用途转用许可制度。

参考文献

[1] 钟骁勇，潘弘韬，李彦华．我国自然资源资产产权制度改革的思考［J］．中国矿业，2020，29（4）：11-15，44.

[2] 袁国华，王世虎，叶玉国．贵州省自然资源产权管理制度改革研究［J］．中国国土资源经济，2016，29（2）：6-11.

[3] 谢花林．关于完善江西国土空间开发保护制度体系的思考［J］．老区建设，2019（22）：25-30.

[4] 高庚申，王登建，毛金群，等．贵州省生态环境损害赔偿制度改革试点经验及启示［J］．四川环境，2020，39（1）：164-169.

[5] 江慧，张新华，王静．生态环境损害赔偿制度研究——基于江苏省典型案例的分析与思考［J］．污染防治技术，2018，31（5）：18-20，23.
[6] 李永平，王中和．我国绿色金融运行机制建设：现状、问题与对策［J］．浙江金融，2019（8）：13-20，27.
[7] 颜文聪，吴伟军．关于纵深推进我国绿色金融改革创新的思考——基于首批国家级绿色金融改革创新试验区的分析［J］．企业经济，2020（4）：147-154.
[8] 钟文胜，张艳．地方领导干部自然资源资产离任审计评价指标体系构建的思考［J］．中国内部审计，2018，226（4）：85-89.
[9]《十八大以来生态文明体制改革的进展、问题与建议》课题组．生态文明体制改革进展与建议［M］．北京：中国发展出版社，2018.
[10] 曾维华，邢捷，化国宇，等．我国排污许可制度改革问题与建议［J］．环境保护，2019，47（22）：26-31.
[11] 周璒，李洪任，梁秀．江西省水权交易现状及相关问题的思考［J］．江西水利科技，2017（4）：67-71.

第13章

生态城市建设及案例

XIN SHIDAI
SHENGTAI WENMING
CONGSHU

13.1 生态城市建设概述

13.1.1 生态城市的理念

生态城市（eco-city）是城市经济发展中出现的新概念，体现了人类对人与自然关系的深刻反思。自工业革命以来，城市是人类发展的重要栖息地，野蛮改造带来的生态环境破坏，极大地损害了人类的生存空间，进而推动对人与自然关系的认识不断革新，人类对自然的态度从“征服”转变为“合作”。生态城市正是人们对过去城市粗放型建设路径进行深刻反思后提出的未来城市发展范式，反映了人类对和谐人居环境的美好愿望。建设生态城市是实现城市现代化可持续发展、响应我国生态文明建设的必然选择。

基于20世纪70年代各国对城市生态问题的研究成果，联合国教科文组织于1984年在“人与生物圈”计划研究过程中提出了生态城市规划的5项原则：①生态保护策略（包括自然保护、动植物区系及资源保护和污染防治）；②生态基础设施（自然景观和腹地对城市的持久支持能力）；③居民的生活标准；④文化历史的保护；⑤将自然融入城市。1987年，苏联学者亚尼茨基（Yanitsky）首次提出了生态城市的概念，他认为生态城市是一种理想的城市模式：在生态城市中，技术与自然充分融合，人的创造力和生产力得到最大限度的发挥，居民的身心健康和环境质量得到了最大限度的保护，物质、能量、信息被高效利用，因而生态城市成为环境和谐、经济高效、发展持续的人类居住区。美国生态学家雷吉斯特（Richard Register）认为，生态城市是指生态健康的城市，是充满活力、节能并与自然和谐共存的聚居地，所寻求的是人与自然的健康及可持续发展。

近年来，生态城市的规划与建设主要依据的是由第二届和第三届生态城市国际会议提出的“国际生态重建计划”。该计划得到了各国生态城市建设者的一致赞同，主要内容包括8个方面：①重构城市，停止城市的无序蔓延；②改造传统的村庄、小城镇和农村地区；③修复自然环境和具有生产能力的生产系统；④根据能源保护和回收垃圾的要求来设计城市；⑤建立步行、自行车和公共交通为导向的交通体系；⑥停止对小汽车交通的各种补贴政策；⑦为生态重建努力提供强大的经济鼓励措施；⑧为生态开发建立各层次的政府管理机构。

我国传承了数万年的农耕文明和几千年的文明史，很早就意识到城市应怎样与周边山水和谐共处。近年来又相继提出了山水城市、园林城市、宜居城市等多种既考虑了当代中国的城市问题又与生态城市相关的概念。从内涵来看，我国对生态城市的普遍认识是，生态城市是一个经济发达，社会公平、繁荣，自然和谐，技术与自然达到充分融合，城乡环境清洁、优美、舒适，能最大限度地发挥人的创造性并促使城市文明程度不断提高的自然—经济—社会协调发展的复合生态系统。

13.1.2 生态城市的目标

随着生态城市理念的不断丰富和完善，其目标也不再仅仅局限于城市的生态环境和居住条件的改善，而是将生态优先的原则扩展到城市的经济、社会、交通等各个方面（图13-1）。现阶段，生态城市建设已成为可持续发展目标下的综合实践系统，也更加重视城市各子系统的融合和协同。在设定生态城市发展目标时，不应局限于追求经济总量、速度，而应更加注重经济发展的质量，以及经济发展对生态环境的影响和经济韧性。一线城市应将增加智力资源、营造良好的创业孵化环境作为生态城市建设的重要目标，以居民受教育程度、科研机构数量、专利增长率、创业服务企业数量等指标来衡量城市创新能力和技术转化能力。工业型城市应以就业集中度、满足基本需求的工作时间等指标来衡量城市经济发展的多样性和稳定性，以确保城市在产业转型升级中更具灵活性，避免因经济波动造成城市的税收和就业减少，从而使城市保持经济发展的活力和竞争力。文化创意产业与个性化、多元化

图 13-1　生态城市建设目标的实现模式

的消费趋势相契合，具有产品附加值高和资源消耗低、环境质量好的优势，是城市产业结构转型升级的主要趋势，旅游型城市可将发展文化创意产业作为城市发展的目标，并以公众艺术参与度、文艺组织密度等指标来评价文化创意产业的发展环境，引导城市产业结构的调整。

例如，住房和城乡建设部城乡规划司组织多个单位共同研究制定《生态城市规划技术导则》的过程中，将生态城市建设中的碳减排目标分解为控制城市蔓延、提高能源清洁度、实现建筑节能和交通的可持续发展等方面，并为每个具体目标设定了减排指标，同时也为每一个目标的实现设计了具体的政策支撑，构成了“目标—行动”路线，以便于生态城市目标的落实和实现。

13.1.3 生态城市的发展方向

由于我国的生态城市建设相对滞后，在生态城市建设规划方案形成时参考了大量的国外案例，如“欧盟可持续城市发展框架”建设案例中的旧城区改造、人居环境优化、节约资源以及公众参与机制等，无疑对促进我国的生态城市建设有着积极意义。但我国城市的发展与这些发达国家仍有一定差距，如城市化率偏低、城市发展程度有着工业化与后工业化的阶段差距等。实际上，我国作为制造业大国，城市体系也必定要承载这一国家特色的产业功能，新发展的生态城市也必须由产业来支撑。未来中国除少数以第三产业为主的国际性中心与区域性中心城市可以较早地进入后工业化社会阶段外，其他大多数城市的发展还必须充分考虑其制造业功能。

根据国内外生态城市建设实践和相关理论研究，以及城市发展规律与生态学等基本理论，我国未来的生态城市建设应着重把握以下四个方面：

一是生态城市建设的本质应是实现城市精明增长，而不是生态乌托邦，无限制地扩大城市建成区面积和范围。生态城市的核心目标是城市的可持续性，包括生态环境、经济社会与历史文化的可持续性，通过不断深化发展的过程实现从城市绿化与市容卫生到人居环境的科学化与合理化，进而不断“修正”并维持城市的生态功能。

二是生态城市建设应该是一个“点—面”兼顾的空间体系。自然环境与经济社会的内在联系决定了城市不是孤立体，而是存在影响区的，与周边区域有着广泛而深刻的联系。在规划方面，应该要高度注重规划建设区对区域经济社会与自然环境的影响，并且从城市建成区到城市影响区的空间发展过程应有利于我国生态环境的区域性整体优化。

三是城市发展是经济社会发展的结果，是具有内在发展规律的，要正视我国现阶段的总体发展特征，绝大多数城镇将长时期处于工业化的发展阶段，生态城市建设必须要顾及这一国情。生态城市建设要求工业生态化、绿色化，生态工业示范园区不仅要追求先进性，积极探索技术与制度创新，更要注重园区的资源利用效率和环境保护影响在城市能发挥引领与示范作用，不能因投资、技术与政策的“高门槛”而失去区域性的示范功能。

四是生态城市建设涉及经济、社会与生态，政出多门与地区竞争容易造成发展乱象。各地应在国家主体功能区规划的基础上，进一步编制有效的区域性主体功能区规划。生态城市建设涉及城建、环保与产业部门，这些部门的相关管理政策应该进行充分的沟通与协调，及时提供生态城市建设所需要的公共知识工具，对以项目形式开展的各类生态城市建设工程应及时开展环境绩效评估。

总体来讲，我国生态城市建设仍处于探索阶段，城镇化进程是一个复杂的系统工程，是涉及社会、经济、生态、环境协调的长久发展过程，必须坚守“五个底线”[1]，必须考虑如何促进制造业的区域适宜化与环境技术现代化，构建低能耗、低污染、低排放、高品质、高效率的“三低两高”生态化产业空间结构，并有机地纳入城镇总体发展规划之中。

13.2 生态城市规划建设理念

现代的生态城市规划建设服务于一定时期内城市的经济和社会发展、土地利

[1] “五个底线”指大、中、小城市和小城镇协调发展，城市和农村互为补充、协调发展，紧凑型城镇注意空间密度，防止空城，保护历史文化和自然资源遗产。

用、空间布局以及各项建设的综合部署、具体安排和实施管理，并在空间规划、交通、建筑、环境、能源、产业等多个方面进行了诸多探索，形成了独立的理念和体系（表13-1）。

表13-1　生态城市规划建设理念的变化

规划内容	时段	
	过去	现在
城市规划	被动的生态环境保护	主动的生态宜居环境建设
生态要素	让水、土、气、生物资源和能源等被动适应城市发展的需要	强调用地的生态适宜性，重视城市空间扩张对生物区和生物多样性的保护及最小侵扰，侧重资源节约和生态环境保护
规划方式	由经济主导的发展规划	由民生主导的协调性规划
城市发展	孤立单一的城市自身规划	城市—区域的共同协作与治理

13.2.1　遵循生态规律，打造生态特色

生态城市的规划不仅限于土地利用和资源管理，而应根据城市社会、经济、自然等方面的信息，从宏观、综合的角度研究区域或城市的生态建设，以“城市生态核心”为原则，挖掘城市发展核心，如地理、自然资源禀赋、产业结构等，侧重某一特征，以网络式开展生态城市建设，实现城市结构和功能的生态化。

遵循生态规律，让城市生态系统自我演化。生态城市建设规划中应当以物质循环和共生为理念，建构起城市生态循环圈。物质循环是生态城市的核心理念之一，如海绵城市建设即是为了重建水在人工城市系统和自然生态系统中的循环路径，垃圾回收利用也是重建资源在产品原材料和工业制成品之间的循环路径。严格意义上的生态城市就是通过建构起这样大大小小的物质循环圈而最终实现的。

打造生态特色愿景性规划，引导人工工程以正确的方式促进生物多样性和景观多样性的生成。以水源城市为例，通过截污、扩大湿地、培育水生动植物、增强水

动力、生态驳岸、减轻初期雨水污染冲击等，使水生态能够恢复到原来具有自净功能的状态，水循环利用就能够自动取得成效。在城市规划中强调把自然生态引入城市空间中去，保留城市中的自然斑块，这就是为什么那些在城市规划区范围内有国家重点风景名胜区的城市生态景观更好的原因。城市社区小块绿地的乔木和藤本植物为社区的生态景观和小气候改变带来了持续性的改进，进而促进了市民参与社区治理的积极性、能动性。

13.2.2 分层次打造，分区域规划

生态分区规划是城市结构生态化的重要前提。依据区域生态系统组成要素的异质性和敏感度、城市生态系统的特殊性、生态城市结构和功能的相互关系、规划的可达性、实施的可操作性等因素，通过土地混合使用把各种各样的功能分区多维度混合布局，高效利用城市稀缺空间，使城市能够紧凑型发展，分层次打造、分区域规划生态城市。

分区域的生态城市建设规划，首先要以城市功能各类指标为基础，根据不同生态单元的特点制定相应的生态单元建设指标体系，然后对生态建设单元进行评价、分级、考核、规划，编制生态建设导则，提出重点生态建设工程；其次要分析生态单元的资源优势、生态环境现状、城市开发强度和时序（包括城市建筑密度、建筑容积率、建筑间距、道路面积、道路距离、硬化地面面积、人口密度等）；再次要确定各生态单元建设的目标、生态保护的重点、生态控制对策、生态建设导则。分类的主要根据有3个：①生态敏感性差异，重点识别脆弱生态系统、特殊生态功能区，以及地质构造不稳定、灾害多发区等生态敏感地区；②生态服务功能差异，区分自然生态功能、现在和将来的社会经济功能的主要生态空间；③兼顾行政区划完整性，结合规划实施的可操作性，使生态单元尽量与区级行政边界保持一致，以利于建设任务在政府各综合部门、职能部门和垂直部门间分解和落实。

在完成生态分区规划的基础上，以城市功能的评价指标体系和考核标准体系为基础，根据不同区域的特点确定相应的生态建设指标，然后对各生态分区进行评

价、分级、考核、规划（包括建设目标、重点和途径等），编制生态建设导则，提出各分区的重点生态建设工程。

13.2.3 坚持以人为本，落实科学发展观

坚持以人文本，引导市民“自下而上”地自发性参与生态文明建设行动，推动城市多样化和共生复杂性的自动演进路径。城市空间景观的形成并不完全由规划师的空间设计来决定，它的最终构成是否理想在于过程和市民参与机制的设计，这种机制的设计有利于人与自然、人与植物、人与水景观之间丰富多彩的互动关系的展现和深化。

可持续发展理论是城市生态规划的重要理论基础，在规划工作的多个方面、多个层次中发挥着作用。可持续发展的核心思想是健康的经济发展应建立在生态可持续发展、社会公正和人民积极参与自身发展决策的基础上，实现人与自然、人与人之间的协调与和谐，在资源永续利用和环境得以保护的前提下实现经济与社会的发展。在我国生态文明建设的战略指导下，生态城市建设也日渐发展成熟为生态文明城市建设。生态文明城市是在当今世界快速城市化和城市人口加速增长的背景下，地球、城市、人三个有机系统之间关联互动、实现城市可持续发展的关键（表13-2）。

表13-2　生态文明城市的不同学科解读

学科	内涵
哲学	实现人（社会）与自然的和谐
经济学	增长模式更加注重对低碳、绿色和生态技术的运用
社会学	城市的教育、科技、文化、道德、法律、制度等都将“生态化”
系统学	一个与周边城郊及有关区域紧密联系的开放系统

13.3 生态城市基础设施

根据1998年建设部组织修订的《城市规划基本术语标准》（GB/T 50280—1998），城市基础设施是指“城市生存和发展所必须具备的工程性基础设施和社会性基础设施”，其中，工程性基础设施主要包括能源供应、给水排水、交通运输、邮电通信、环境保护、防灾安全等工程设施，社会性基础设施主要包括文化教育、医疗卫生等设施。在我国，城市基础设施多指工程性基础设施。本节将重点讨论生态新区的规划设计和旧城区的生态改造设计、以绿色基础设施和低碳交通系统为代表的生态城市基础设施建设，以及以政策保障、技术支撑和风险管理为核心的生态城市运营管理。

国务院于2013年发布了《国务院关于加强城市基础设施建设的意见》（以下简称《意见》），明确指出在加强和改进城市生态基础设施建设方面，需要坚持规划引领、民生优先、安全为重、机制创新、绿色优质的基本原则。其中，“规划引领”要求坚持先规划后建设的工作方式；“民生优先”要求建设中坚持“先地上，后地下”的原则，优先保障与民生相关的基础设施建设；“安全为重”要求提高基础设施的建设质量、运营标准和管理水平，防范风险事件；“机制创新”要求在保障政府投入的基础上，鼓励社会资金参与城市基础设施建设；“绿色优质”要求基础设施建设符合生态文明理念，通过建立标准规范体系促进节能减排和污染防治，提高城市环境质量。

在《意见》指引下，围绕推进新型城镇化的重大战略部署，我国科学合理地进行了生态城市基础设施的设计、建设以及运营管理，改善了城市人居生态环境，推动了城市节能减排，促进了经济社会的持续健康发展。

13.3.1 生态城市规划设计

国内生态城市建设总体上呈现出重新城、重示范、重产业的特点。由于我国生态城市建设开展较晚，各地对生态城市的内涵理解尚不完整，生态环保技术亦不成熟，因此大多以试点示范的方式作为前期探索，而规模较小的生态新城最容易快速见效并形成示范。值得肯定的是，国内生态城市在前期规划阶段投入较多，内容上将生态规划与空间规划相结合，且多数城市都在积极探索如何将绿色生态理念落实在物质空间层面，因而各个生态城市案例的前期规划都比较完整。此外，由于我国推进建筑节能力度较大，各生态城市在绿色建筑方面都取得了显著成绩，星级标准不断提高，覆盖范围更加广泛。

但不可忽视的是，国内的生态城市案例往往在资源循环、可再生能源利用和固体废物分类回收等方面距离欧美发达国家还有很大差距，尚有发展空间。在生态城市政策保障机制上，相较于欧美国家，我国缺少系统性和协同性的机制保障措施，在完善与生态相关的政策方面还需进一步借鉴国外先进经验，继承中国传统生态理念并加以创新，探索更适合我国国情的生态城市建设发展模式。

1.生态新区规划设计

生态新区既是承接中心城区人口转移和产业迁移的重要载体，又是疏解中心城区生态环境压力的重点开发区域，一方面具有相对独立完整的城市功能和环境约束下的生态导向发展特征，另一方面还承担着城市生态系统服务供给者的重要角色。

鉴于生态新区独特的定位和职责，在其规划设计中要遵循协调统一、低碳节能、集约高效、复合有机的原则。在目标上，要坚持整体与局部相结合，生态新区发展与城市主城区发展相适应、相协调；在内容上，要坚持主要和次要相结合，明确生态新区主要功能定位，实现资源合理配置；在技术上，要坚持经济与效益相结合，节约生态新区的规划开发成本，注重新区产业的环境经济效益。

具体而言，生态新区规划设计应包括以下内容：

一是生态产业规划。明确生态新区集约、低碳、清洁型的产业发展目标，根据自然资源分布条件，结合市场需求，融入科技创新，重点发展以循环经济为主导的新能源产业、环保产业、智能IT产业、绿色制造业、都市生态农业、生态文化产业等多元绿色产业；重视产业布局的区位择优、空间秩序以及配套基础设施支撑。

二是低碳交通规划。优化新区路网结构，注重“公交-慢行”低碳交通格局的构建，在规划政策、路权分配以及用地划分等方面落实公交优先；改造适合步行、自行车出行的慢行空间，丰富慢行服务设施，加强慢行生活方式和理念的宣传；加快智能交通发展进程，建立完善与智能交通相关的管理机制。

三是生态格局优化。确定新区环境容量和发展所需的生态空间总量，根据景观生态学原理合理划分生态节点与生态廊道，构建生态格局；优化绿地布局，尽可能维持原有生态系统，包括培育乡土植物作物作为防护绿地和绿色屏障、保留河岸原有形态、恢复河流自然坡岸等，避免因追求景观效益造成的区域生态系统过度人工化，提高生态新区的生态系统效益。

四是资源利用可持续化。在土地资源方面，科学合理地进行土地划分和管理，因地制宜地设置混合用地，灵活调控商业用地与居住用地、工业用地与仓储用地、市政基础设施用地与公共配套设施用地等类型用地的开发强度，合理开发地下空间；在水资源方面，开展与节水相关的政策建设，特别是完善节水的市场激励机制。设定新区水资源利用效率目标，通过优化供水结构、保障节水设施等方式达到节水目标；在废弃物资源利用方面，坚持减量化、资源化、无害化的废弃物资源利用原则，提出废弃物处理目标，确定废弃物处理方式，选择适当的废弃物处理技术，合理布局废弃物处置设施。

2.旧城区生态改造设计

旧城区是城市发展过渡阶段的必然产物，具有悠久的历史和丰富的传统文化景观格局，然而也往往存在着建筑设施老化、产业布局不合理、基础设施陈旧、生态景观缺乏、人口密度较高等特点，其在空间环境方面所面临的矛盾与困境直接或间接地对城市生态系统的整体平衡与稳定造成影响。

人口剧增、环境破坏等因素所造成的旧城区生态失调压力与日俱增，对其进行生态改造和设计势在必行。生态设计要求我们遵守自然规律，充分利用自然优势和特点，符合区域自然生态过程，尽可能减少规划建设对区域生态环境的破坏。在旧城区的改造设计中，尤其要注意顺应自然的发展规律，注重生态多样性保护，坚持循环可持续开发、低影响开发的基本原则，把握人性化设计和城市文化个性化设计的理念（表13-3）。

表 13-3　旧城区生态改造的策略方法

策略	土地集约利用	绿色基础设施构建	绿色建筑改造	防灾减灾规划
基础	土地利用现状	立足山体、水体、海滩、绿地等自然环境基本状况	老旧建筑群规划布局，以原有建筑结构为基础	明确用地安全隐患、修复危险性高的街区建筑
方法	对土地适宜性和兼容性进行评价，合理规划调整土地利用布局结构	按照景观生态学原理设计绿色基础设施网络	根据《既有建筑绿色改造评价标准》（GB/T 51141—2015）对旧城区进行更新改造	合理规划防灾据点和疏散区域，优化原有空间结构，完善应急防灾系统
作用	为区域未来发展留足弹性发展空间，有效利用老旧街区零星土地和零碎空间	构建绿色斑块以及生态廊道，形成连通性、立体化、多层次的绿色空间体系	被动设计效益最大化，实现土建与装修改造一体化，实现水资源的循环化和废弃物的减量化、无害化、资源化	减少灾害可能带来的损失，建立健全灾时临时快速反应、疏散引导与紧急救援机制

13.3.2　生态城市基础设施建设

1.绿色基础设施

绿色基础设施尚未有统一的定义，由美国保护基金会（Conservation Fund）和美国农业部森林服务部门（USDA Forest Service）牵头联合多部门专家成立的GI工作组（Green Infrastructure Work Group）提出了较为完善的绿色基础设施概念：绿色基础设施是由彼此之间相互连接的绿色网络所组成的国家自然生命支持系统，具体包括水域、湿地、森林、动物栖息地等自然区域，以及绿道、公园、农牧场等荒野和开放空间，以利于维持物种多样性、保护自然生态过程并提高社区居民生活质量。

绿色基础设施的主要特征包括区域性、跨尺度的立体空间网络结构，构成要素包括国家自然生命支持系统、城乡绿色空间以及市政绿色基础工程设施等多个层次。它可以提供多种生态服务，是城市生态环境保护以及土地集约开发利用的基础空间框架。因此，绿色基础设施建设被视为保护生物栖息地、维持生态系统结构和功能稳定、提高空气质量、减缓气候变化进程、保障居民生活需求、促进可持续发展的重要工具手段。

作为推进城市可持续发展的重要策略之一，城市绿色基础设施体系在构建过程中需要遵循以下原则：①建设优先原则，作为土地资源和城市生态环境保护的重要屏障，其规划建设应先于其他土地资源的开发建设活动；②连通性原则，所组成的功能性自然系统应保持资源、特性、过程等方面的连通；③科学性原则，应以科学的土地利用规划理论实践为基础，同时综合地理学、环境学、景观生态学、规划学、动植物保育学等学科研究内容开展绿色基础设施建设管理。

生态城市绿色基础设施建设应按表13-4从核心、方法、对象3个角度推进。

表13-4　生态城市绿色基础设施建设的推进

角度	宏观	中观	微观
核心	维护城市生态过程及格局，保障城市生态安全	为城市和居民提供完善的生态系统服务	具体区域的生态设计与生态修复
方法	自然生态系统的保护和恢复方法	结合规划学、地理学对城市自然-人工复合型生态系统进行恢复和重建	可持续的生态设计与修复技术
对象	城市森林、河流、湖泊、湿地等自然景观以及风景名胜区、国家公园、文化遗产地等人文景观	基础设施的绿色空间网络建设，如城市公园绿地系统、城市雨洪调节系统、城市慢行绿道系统	河流与湿地生态修复、生态防洪防涝、生物栖息地保护、雨洪综合管理、污染废弃地修复、绿色屋顶设计与立体绿化

2.低碳交通系统

低碳交通系统是气候变化大背景下，人类以降低排放、节约资源、保护环境、实现可持续发展为出发点，综合现代运输技术特征，创新采用绿色技术、系统管理等手段，实现运输管理机制体制创新、运输效率提高、运输结构优化，并最终实现交通业低碳排放的新型交通模式（表13-5）。

表 13-5　低碳交通系统的规划设计

策略	规划交通分区	发展公共交通	优化路网建设	发展智慧交通
依据	城市功能区划、区域土地利用发展方向	公共交通设施位置、功能、用地规模等，公共交通路网状况和客流量	城市路网形态、规模以及道路断面设置	原有城市交通系统管理方案
方案	划分出不同的交通分区并制定差异化的管理方案，建立配套的绿色交通体系	保障必要公交场站和公交配套设施建设用地，规定公共交通的优先路权，建立多层次公共交通体系	推进自行车绿道和步行绿道等慢行交通体系建设，形成生态绿廊、组团绿地等慢行空间	建立智能交通同城市其他发展规划方案之间的衔接机制，协调智能交通设施与城市其他交通要素之间的关系

13.3.3　生态城市运营管理

1.政策保障

政策是实现生态城市运营管理制度化、规范化的重要保障。在生态城市管理政策建设中，应以生态文明理念为指导，坚持可持续发展的原则，以统筹协调城市经济社会发展与城市生态系统保护为目标，完善责任落实和考核机制，设立激励机制和监管保障机制，以促进生态城市建设和运营管理工作的顺利推进。

一是责任落实和考核政策。生态城市运营管理责任落实和考核机制的建设需符合科学性、系统性以及可行性的原则，在现有《党政领导干部生态环境损害责任追究办法（试行）》等法规政策的基础上进行制定和落实，主要包括生态城市运营管理责任主体的确定、考核体系层次结构建设、考核指标的选取以及考核办法的确定等。

二是激励政策。经济性激励政策是应对生态城市运营管理外部成本内部化问题的有效途径。在生态城市激励机制设计和建设方面，首先要明确激励目标，包括近期目标和中长期目标；其次要明确激励对象，针对各级政府、开发商、运营商、民众等参与生态城市建设管理的不同利益主体选择不同的激励方式；最后是保证激励政策的综合性，在其设计过程中遵循多层次、多阶段、多元化的激励原则。具体激励政策包括对通过评审的生态城市规划方案提供方给予奖励，对符合绿色建筑评价标准的构筑物拥有者提供补贴，对综合能耗管理平台的建设提供经费支持，对绿色物业管理发展提供减少税收等综合性激励。

三是监管保障政策。建立以指标为导向的全过程监管保障机制，通过对生态城市管理指标进行拆解，监测和评估生态城市管理相关数据，并将有效信息反馈至决策层，确保生态城市建设和管理满足各项指标要求；同时，还要明确生态城市工程建设核心技术标准要求和关键时间节点，制定相配套的监督管理机制，实现生态城区的有效管理。

2.关键技术

科学技术是支撑生态城市设计、建设、运营和管理的重要手段，在未来需重点发展以新能源技术、空间信息技术、大数据技术等为代表的高新技术，以保障生态城市运营管理的有序、高效开展。

一是新能源技术。新能源不产生或只产生少量污染物，其使用消耗不会对资源环境产生不可逆转的负面影响。在生态城市运营管理中，新能源技术研发是解决城市当前发展资源紧张这一困局的有效方式，也是调整改善城市能源消费结构的重要手段，还是缓解传统能源对生态环境不利影响的得力工具。城市应出台相应政策以激励新能源技术的研发，推动新能源市场开发和产业化建设，在太阳能、风能、地热能、生物质能等新能源产业发展方面加大投资力度，有条件的海岸型城市还可以适当开发海洋资源和潮汐能，推动滨海生态城市建设。

二是地理空间信息技术。地理空间信息技术可以为生态城市的建设和管理提供地理空间定位参考、专题业务信息处理参照以及直观的可视化形象表达。在未来的生态城市运营和管理过程中，可以从以下几个方面重点发展和应用地理空间信息技术：进一步完善空间坐标参考系统，建成覆盖整个城市区域的土地测量、高程基准、深度基准、重力系统以及时间系统框架；丰富对地多分辨率、多时态观测与分析手段，利用空-天-地一体化智能传感器网络多尺度、全方位地获取高分辨率地理空间信息，综合人口、宏观经济等社会调查数据形成时空大数据；拓展地理信息空间分析服务范围，全面提高其在生态城市交通、物流、医疗、城市管理等方面应用的广泛性和服务水平；优化地理信息决策分析水平，在生态城市建设运营管理决策、虚拟展现、宣传咨询等方面完善地理空间信息技术应用机制。

三是大数据技术。数字生态城市技术能够获取大量的城市人口、资源、经济、环境、地理数据信息，并能够通过物联网将这些数据信息传送至云计算平台进行处理，其处理结果能够有效支持生态城市发展，令城市达到生态化和智慧化的状态。面对生态城市建设中数量、种类庞大的大数据，需发挥云计算的优势，有效存储和管理大数据，快速检索和处理数据中的有效信息，对数据进行深度挖掘，利用其核心信息支撑生态城市的规划、管理和发展，充分发挥其价值。

3.生态风险管理

根据城市生态学原理以及生态风险评价框架，可以将城市生态风险定义为在城市发展和建设过程中可能出现的导致城市生态环境要素、生态格局、生态过程以及生态服务发生不利变化的灾害性事件。

城市生态风险具有源种类多、受众面广、异质性高、动态性强等特征，因此在风险管理过程中要重点考虑风险源的可控性、风险受体的脆弱性、风险防护措施的有效性、风险管理成本的经济性等因素，力争以最小的经济代价获取最大的风险控制效益，减少生态风险对城市的胁迫（表13-6）。

以突发性公共卫生事件带来的生态风险为例，2020年年初新冠肺炎疫情暴发后，消毒剂大量使用、医疗废弃物数量剧增等状况给相关城市的生态系统带来了严重威胁：消毒副产物通过地表径流等方式进入水体，并在生态系统中富集；医疗废弃物、医疗废液中所含的病毒在转运处置的过程中易赋存于水体、土壤等介质中，继而影响人类的健康安全。因此，需要从建立健全环境应急法律法规体系，完善应急管理机构设置，构建风险预警、监测、管理一体化平台，规范数据信息发布制度与信息反馈机制，加强风险沟通等方面应对新冠肺炎疫情暴发给城市带来的生态风险。

表13-6 城市生态风险管理策略

策略	弹性管理	动态管理	异质性管理	保障机制
依据	包括生态系统格局与过程、生态服务功能、社会经济弹性管理	包括城市景观动态变化规律，对城市生态风险的回顾性评价、现有状态评估以及未来情景预测	综合环境要素特征、土地利用特征以及生态系统服务功能绘制风险地图	包括法律法规、空间规划、技术导则、管理规定办法
途径	将弹性社区作为生态风险管理最小的基础单元，评估其生态系统适应能力，将弹性社区建设规范以及设计方案融入城市规划建设中	利用模型模拟、设计和评估生态风险调控措施，将可适应性风险防范管理纳入城市规划发展中	开展风险精细化管理和预警，从服务供给与风险应对、服务协调与权衡等方面出发制定管理方案	建立政府风险管理监管保障体系，企业及公众在风险管理设施建设、运营、维护等方面的工作激励奖励措施，以及畅通的风险信息共享机制

13.4 案例分析

我国生态城市建设开展较晚，生态环保技术亦不成熟，但对生态城市的内核具有独到且深刻的理解。因此，国内生态城市在前期规划阶段投入较多，内容上将生态规划与空间规划相结合，且多数城市都在积极探索如何将绿色生态理念落实在物质空间层面，因而各个生态城市案例的前期规划都比较完整，探索出了生态城市规划中的特色方向，其中，城市棕地修复、给水排水、大气污染防治、城市矿山开发作为当前生态城市规划建设中的重要节点，其特殊性直接关系到城市生态安全格局的构建以及当地居民的健康福祉，受到大批学者与从业者的广泛关注，本节将结合国内外经典案例提取其中的特色及优势以期提供参考。

13.4.1　城市棕地修复

“棕地”一词意译自英文单词“brownfield”。在英国，棕地是指因前期的工业使用而被污染，可能会对一般环境造成危害，但有逐渐增强的清理与再开发需求的用地。城市棕地修复是建设生态城市的重要工程。

我国工业企业转型加快，遗留了大片污染土地。自20世纪90年代起，国家鼓励一些濒临倒闭或破产的中小国有企业从第二产业退出从事第三产业，人们把这种经济结构的调整策略称为“退二进三”。随着我国经济发展和城市化进程的加快，进入21世纪后“退二进三”又被赋予了新的内涵，即调整城市用地结构，减少城市中心工业企业的用地比例，因而使大量工业企业开始外迁。同时，外迁或关停的企业中很大一部分是污染性企业，以南京市为例，2011—2012年关停整治的335家企业中，化工企业共有266家，占比近80%。我国棕地修复尚处于起步阶段，发展潜力巨大。

北京市园博湖人工湿地不仅是棕地生态恢复与再生的标志性案例，其自身的生态设计过程也值得学习和借鉴。2009年，北京市丰台区代表北京市申办第九届中国国际园林博览会，在比较了生态山地选址方案和垃圾填埋场选址方案之后，最终选择在垃圾填埋场建设园博园。园博湖人工湿地位于园博园东南角、园博湖右岸，原址为深度23 m的砂石垃圾回填场，现为复合型人工湿地生态公园，以再生水净化为核心功能，成为永定河五大水源净化湿地之一，日净水能力达8万m^3，总占地面积约37.5 hm^2，为亚洲最大规模的潜流型人工湿地。园博湖人工湿地工程定位为河湖净化之肾（永定河再生水源深度净化厂）、水生动植物家园（再现完善的湿地生态系统）、野外科普基地（传播生态文明知识）、华北最美的人工湿地（人工湿地生态展园），设计理念为高效利用原有废坑，运用环保材料做地基处理，力求完善水体自然净化系统再现生态景观。

而美国2002年通过的棕地开发区域倡议是公众参与棕地项目中的典范。棕地开发区域倡议要求美国新泽西州环境保护部门与包含多个相邻棕地的社区合作，以便同时为每个棕地项目设计修复和再利用计划。棕地开发区域倡议旨在为某些城市社区提供一个重建框架，而这些社区中的棕地因其地理位置和污染程度尚未吸引足够的私人开发投资。具体过程是基于社区的指导委员会（steering committee）提交申请，解释为什么拟议区域符合棕地开发区域的要求。在接受和考虑该提案之前，新泽西州环境保护部门需要更高水平的社区参与申请流程，其中包括来自当地社区成员和社区或公民组织支持的书面证明文件，以及对棕地开发区域中棕地再开发的整体社区期望的讨论。除了棕地特性，申请还需要考虑非棕地特性、其他区域特征和现有基础设施的使用。然后，新泽西州环境保护部门会基于申请中的社区支持和参与程度进行仔细的筛选，每年指定一定数量的棕地开发区域项目。这种方法借助以点带面的形式，不仅实现了某个场地的生态修复，而且推进了整个社区的生态复兴目标。新泽西州尝试以协调的方式将开发商、政府决策者和社区利益相关者聚集在一起，为相关人员带来有效的修复和经济利益。在此过程中，棕地政策价值取向的转变也体现了政府对城市发展价值取向的转变。随着城市发展向内涵集约模式转变，棕地修复活动也由污染总量控制逐步走向污染风险评估，政府通过将目标与责任细化、过程分解及关键点调控来提升效率，最大限度地降低了资源占用、成本耗费及统筹修复过程中的成本与收益，协调平衡了环境、社会与经济目标及各方利益。

由此可以看出，在城市棕地修复的过程中，以全局规划为策略、以生态设计为指导、以公众参与为推动就可以达到解决问题、修复城市棕地的目的，为最终建设生态城市提供有力的保障。

13.4.2　给水排水系统

建设生态城市离不开基础设施建设，给水排水工程是城市居民日常生活用水和排污的保障，因此完善城市管网、提高给水排水能力是建设生态城市的重要工作。在第十二届全国人民代表大会第五次会议上，李克强总理在政府工作报告中要求，统筹城市地上地下建设，再开工建设城市地下综合管廊2 000 km以上，启动消除城区重点易涝区段三年行动，推进海绵城市建设，使城市既有“面子”，更有“里子”。

在过去的40多年中，伴随人口的增长，北京市的城区面积已经拓展了700%。蔓延式、摊大饼式的城市扩展使城市没有为生物和水预留科学合理的空间，弹性的生态网络缺失，也因此导致了一系列的生态与环境问题，如：雨涝频繁与河流湖泊干涸并存；公园绿地与区域水系统割裂，导致雨涝时公园的雨水排往城市雨水管道，浪费了雨水资源，也增加了市政排水系统的压力，而干旱时绿地又需要浇灌，与城市用水竞争；非生态化的河道建设方式不但没有使其成为日常通勤和游憩通道，反而成为市民活动的障碍。因此，如何留住雨水并回补地下水，如何将这些留在地表的水与生物保护相结合，如何与文化遗产相结合，如何与游憩系统、慢行系统相结合，均是亟须通过水生态基础设施的构建系统来解决的城市生态问题。通过水文过程分析和模拟，可以判别和保护具有较高生态系统服务功能的用地，提出水源保护区、地下水补给区等地区的生态管控导则，并恢复城市水系的自然形态，建立河流生物廊道系统，从而构建起北京市综合水安全格局。北京市水生态安全格局分为3个安全水平：底线安全格局、满意安全格局和理想安全格局。如果按照最理想化的安全格局来构建水生态基础设施，那么北京市洪涝灾害频率将大大降低，同时城市人口容量也将大大提高，人与水的用地之争可以轻松化解，因为水生态基础设施能完全消纳区域雨洪水，并有效回补地下水资源。

从北京市的案例可以看出，对城市水系统进行全面分析，识别城市中供水与排水的关键问题所在，包括雨洪调蓄、水源保障、污水排放等方面，并相应进行规划与管理，再配合科学的项目建设，如基础管网、城市湿地等，可以达成一个水生态文明城市的格局。

13.4.3 大气污染防治

20世纪初，洛杉矶聚集了众多的工矿及制造企业，加之早期的石油、金矿和运河开发，还有地理位置的优越，使之很快发展成为一个汇集了发达的商业、旅游业的港口城市。自1943年7月起，洛杉矶市中心多次被烟雾“占领”。“洛杉矶烟雾”使数千人出现流泪、打喷嚏、咳嗽等症状，严重的出现了呼吸不畅、眼睛疼痛、头晕恶心，甚至造成了死亡。在之后的几年里，每年的5—10月，洛杉矶上空均会出现烟雾严重污染。在1955年的光化学烟雾中，该城市因呼吸衰竭而死亡的65岁以上的人数骤然超过了400人。

自空气污染发生后，洛杉矶市政府设立了南海岸空气质量管理区废气排放管理机构，经过长期的艰苦努力，洛杉矶的光化学污染得到了控制。洛杉矶市政府针对空气污染采取了政府主导、市场调节、法律保障、公众推动及科技支撑5项治理措施（表13-7）。

表13-7　洛杉矶市政府采取的大气污染防治措施

措施	内容	作用
政府主导	南海岸空气质量管理区下设主管法律、科技发展、地区规划、信息管理、工程施工和公众事务等的具体办公室	对治理空气污染所涉及的文件拥有建议和制定、修改的权利，每隔两个月对外发布工作议事
市场调节	按区域将废气排放工厂划分为若干单元，排放量低于额定标准值的工厂可以与没有完成减排目标的工厂进行交易，减排越多的工厂获利越多，这被称为“污染物排放交易制度”	不仅有效督促了废气排放企业减排，而且利用市场手段鼓励排污企业改良生产技术设备，真正实施节能降耗
法律保障	除执行《空气污染控制法》《机动车空气污染控制法》《空气质量法》《清洁空气法》等国家法规标准外，还制定了广泛的空气质量管理规章	从法律层面对空气污染治理给予认可
公众推动	征询广大群众意见，接受民众投诉，邀请大众参与制定规章政策并监督执法	加强环境保护的关注度
科技支撑	开设了减排技术促进办公室，与私人企业、学术科研院所、技术研发部门共同开展了改进清洁燃料和减少废气排放的工作，并建立了相关项目的专项基金	在采用清洁能源、柴油机替代、替代燃料、减少固定污染源的有机物挥发、改进基础设施等方面取得进展

13.4.4 城市矿山开发利用

最近，日本公布了一项统计数据，称其是世界上最大的金、银、铅和铟的资源国，其铜、白金和钽资源也居世界前三位。该数据是对日本国内蓄积的可回收金属总量进行计算后得出的。国内蓄积的可回收金属就是日本东北大学选矿精炼研究所教授南条道夫等提出的“城市矿山”。根据公布的数据，日本是稀有金属消费大国，同时也是回收稀有金属的资源大国。据统计，日本国内黄金的可回收量为6 800 t，约占世界现有总储量（42 000 t）的16%，如果制成金块总价值将达到20万亿日元（约合人民币1.18万亿元），这个数值超过了世界黄金储量最大的南非；银的可回收量达60 000 t，约占全世界总储量的23%，超过了储量世界第一的波兰；稀有金属铟目前面临资源枯竭的现状，铟是制作液晶显示器和发光二极管的原料，日本的藏量约占全世界总储量的38%，与银和铅一样都位居世界首位；锂的消费量是全世界年消费量的7倍；还拥有约世界总量6倍的白金，它是燃料电池中不可或缺的电极原料。

在日本埼玉县本庄市的“Ecosystem Recycling”金属回收工厂入口，排满了等待装卸废旧家用电器的卡车。该工厂占地6 000 m^2，厂内装满了被清理干净的电路板。工人将电器解体，把里面的电子元件和电路板悉数取下。这家工厂拥有从电路板中提炼黄金的技术，提炼出的黄金纯度可达到99.9%。在生产车间，工人先从电路板表面将黄金分离，再将其放在专门的药剂里溶解，然后通过1 100℃加热并冷却，最后铸造成型。这些被提纯的黄金可铸成3 kg重的金条，在黄金市场上可以卖到约1 000万日元（约合人民币59万元）。一部旧手机可以提取约 0.03 g 黄金，也就是说1万部手机可以提取约 300 g 黄金。而如果直接从金矿中采掘黄金的话，每吨矿石只能得到 5 g 黄金。所以说，城市矿山要比真正的矿山更具有经济价值和开发价值。日本目前共有1.5亿部手机，包括仍在使用的这些手机中共含有近3～4 t黄金。如果加上电脑电路板的话，这个数字还要更大，真正是“满城黄金”。

第14章

生态文明建设的国际合作

14.1 全球是人类命运共同体

14.1.1 人类命运共同体的内涵

人类只有一个地球，各国共处一个世界。2012年，党的十八大首次明确提出“要倡导人类命运共同体意识，在追求本国利益时兼顾他国合理关切”。之后，习近平总书记多次在外交活动中论述坚持推动构建人类命运共同体。人类命运共同体旨在追求本国利益时兼顾他国合理关切，在谋求本国发展中促进各国共同发展[1]。当今世界面临着百年未有之大变局，政治多极化、经济全球化、文化多样化和社会信息化潮流不可逆转，各国间的联系和依存日益加深，但也面临诸多共同挑战[2]。粮食安全、资源短缺、气候变化、网络攻击、人口爆炸、环境污染、疾病流行、跨国犯罪等全球非传统安全问题层出不穷，对国际秩序和人类生存都构成了严峻挑战。不论人们身处何国、信仰如何、是否愿意，实际上已经处在一个命运共同体中。人类命运共同体这一全球价值观包含相互依存的国际权力观、共同利益观、可持续发展观和全球治理观。

构建人类命运共同体思想的内涵极其丰富、深刻，其核心就是党的十九大报告所指出的“建设持久和平、普遍安全、共同繁荣、开放包容、清洁美丽的世界”，要从政治、安全、经济、文化、生态五个方面推动构建人类命运共同体[3]。在政治上，要相互尊重、平等协商，坚决摒弃“冷战”思维和强权政治，走对话而不对抗、结伴而不结盟的国与国交往新路。在安全上，要坚持以对话解决争端、以协商化解分歧，统筹应对传统和非传统安全威胁，反对一切形式的恐怖主义。在经济发展上，要同舟共济，促进贸易和投资的自由化、便利化，推动经济全球化朝着更加开放、包容、普惠、平衡、共赢的方向发展。在文化上，要尊重世界文明多样性，以文明交流超越文明隔阂、文明互鉴超越文明冲突、文明共存超越文明优越。在生态上，要解决好工业发展与环境保护的矛盾，走绿色、低碳、循环、可持续发展之路，合作应对气候变化、海洋塑料污染等新的挑战，积极推进全球2030年可持续发展议程，开拓生产发展、生活富裕、生态良好的文明发展道路，构筑尊崇自然、绿色发展的全球生态体系。

14.1.2 生态文明建设是构建人类命运共同体的重要抓手

20世纪中叶，人类开发和利用自然资源的能力得到了极大提高，但过度工业化导致了人与自然的关系空前紧张，一系列环境污染和极端事件给人类造成巨大灾难，如1943年美国洛杉矶光化学烟雾事件、1952年伦敦酸雾事件、20世纪50年代日本水俣病事件等，引发了整个西方世界对传统工业文明发展模式的反思。20世纪60年代，美国海洋生物学家蕾切尔·卡逊的著作《寂静的春天》在全世界引起了关于发展观念的争论。1983年，联合国成立世界环境与发展委员会对此进行专题研究。该委员会于1987年发表了《我们共同的未来》报告，正式提出可持续发展观念。1992年联合国环境与发展大会将可持续发展定义为“既能满足当代人需要，又不对后代人满足其需要的能力构成危害的发展”，并将其写入联合国大会政治宣言。此后，可持续发展成为国际社会的共识。

面对严重的资源、环境、能源危机，我国提出了生态文明建设理念，坚持人与自然和谐共生，并将建设生态文明作为实现中华民族永续发展的千年大计。特别是党的十八大以来，我国生态环境保护从认识到实践发生了历史性、转折性和全局性变化，生态文明理念成为中国政府的行动纲领和具体计划，生态文明建设取得显著成效，国内山水林田湖沙的生命共同体初具规模，绿色发展理念融入生产、生活，经济发展与生态改善实现良性互动有了良好开端。同时，我国已批准加入30多项与生态环境有关的国际多边公约或议定书，积极引导应对气候变化国际合作，成为全球生态文明建设的重要引领者。

生态文明建设是构建人类命运共同体的有力抓手。首先，中华传统文化中的天人合一论、和谐生态伦理观、天道人道融通论为全球生态治理提供了来自东方的智慧，有利于推动人类社会超越制度、种族、信仰、政治意识形态的藩篱，进行人类命运共同体的对话。生态文明是最容易引起共鸣、凝聚共识的执政理念，针对西方社会对我国的非议和误解，可以从生态文明的角度切入，传播中华文明中的“中道”“包容”“和合”理念，讲清楚中国崛起为什么是绿色崛起与和平崛起的历史基因。其次，生态文明是最容易凝聚共识的发展理念。新时代中国特色社会主义的绿色发展必定依靠自力更生实现自身发展，必定会以生态文明理念引领“一带一路”建设，必定会为全球生态环境治理提供中国方案，也必定会因构建人类命运共同体而凝聚国际共识。作为世界上最大的发展中国家，我国已经成为全球生态文明建设的引领者。2013年3月，联合国环境规划署第27次理事会议通过决定，在世界各地推广中国的生态文明理念。面对当今世界的复杂形势和全球性问题，必须坚持推动构建人类命运共同体，构筑尊崇自然、绿色发展的生态体系。打造一个人与自然和谐共生的人类命运共同体需要我们有更加宽阔的胸怀，不同民族、不同国别、不同洲际的人民共同携起手来解决我们需要共同面对的问题。

14.1.3　全球生态文明建设国际合作的重要领域

世界各国人民应该秉持“天下一家”的理念积极开展国际合作，努力建设一个山清水秀、清洁美丽的生态文明世界。

一是积极合作应对气候变化。人类可以利用自然、改造自然，但归根结底是自然的一部分，必须呵护自然，不能凌驾于自然之上。建设生态文明关乎人类未来。要解决好工业文明带来的矛盾，就应以人与自然和谐相处为目标，实现世界的可持续发展和人的全面发展。要牢固树立尊重自然、顺应自然、保护自然的意识，坚持绿水青山就是金山银山。要坚持走绿色、低碳、循环、可持续发展之路，平衡推进2030年可持续发展议程，采取行动应对气候变化等新挑战，不断开拓生产发展、生活富裕、生态良好的文明发展道路，构筑尊崇自然、绿色发展的全球生态体系[3]。

二是共建绿色“一带一路”。通过在“一带一路”倡议下践行绿色发展理念，倡导绿色、低碳、循环、可持续的生产、生活方式，致力于加强生态环保合作，防范生态环境风险，增进沿线各国政府、企业和公众的绿色共识及相互理解与支持，共同实现联合国2030年可持续发展目标。沿线各国需努力将生态文明和绿色发展理念全面融入经贸合作，形成生态环保与经贸合作相辅相成的良好绿色发展格局。各国需不断开拓生产发展、生活富裕、生态良好的文明发展道路。制定落实生态环保合作支持政策，加强生态系统保护和修复。探索发展绿色金融，将环境保护、生态治理有机融入现代金融体系中。

三是共同防治环境污染问题。全球城市化和经济高速增长也带来了固体废物污染、持久性有机物污染、大气环境污染、森林保护及生物多样性保护等一系列环境问题，给人类的可持续发展埋下了潜在的“定时炸弹”。环境污染防治是现今我们每个人都应该关心的全球性问题，低效的环境污染防治不仅威胁着我们的健康和社会发展，也影响到其他物种的繁衍和生存。当前面临的全球性污染问题必须由所有国家共同努力解决，否则将会给人类健康和全球环境带来负面影响。

14.2 分享中国治理经验，共建绿色可持续“一带一路”

14.2.1 “一带一路”倡议的目标是共同实现可持续发展

20世纪后半叶以来，世界性的环境事件连续不断，如全球变暖、生态退化、荒漠化、资源短缺、人口骤增、贫困、疾病、社会公平以及石油危机、金融海啸、经济波动等，导致出现了有关“增长的极限”“濒临失衡的地球”等盛世危言[4]。在此背景下，1980年联合国环境规划署（UNEP）、世界自然保护同盟（IUCN）和世界自然基金会（WWF）共同组织发起了由多国政府官员和科学家参与制定的《世界自然保护大纲》，初步提出了可持续发展的思想。1992年，在里约联合国环境与发展大会上，102个国家首脑共同签署了《21世纪议程》，普遍接受了可持续发展理论与行动指南。2015年，在联合国可持续发展峰会上，联合国193个会员国首脑历史性地一致通过了2030年可持续发展议程，将全球可持续发展的实践推向一个崭新的高度。

为了帮助广大发展中国家并促进全球的共同发展繁荣，习近平主席于2013年秋提出了共建“一带一路”的倡议。“一带一路”是“丝绸之路经济带”和“21世纪海上丝绸之路”的简称，与古丝绸之路遥相呼应。秉承和平合作、开放包容、互学互鉴、互利共赢为核心的丝路精神，中国愿与国际合作伙伴一道，将“一带一路”建设成为和平之路、繁荣之路、开放之路、绿色之路、创新之路、文明之路，推动人类命运共同体的构建。

从可持续发展和“一带一路”倡议提出的背景可以看出，二者在愿景和基本原则方面有许多共通之处，都符合《联合国宪章》的目标和准则，都意在推动双赢合作，共享发展繁荣，加强和平与协作、开放与包容、互谅与互信。中国对外发展援助也能够推动“一带一路”建设，部分对外发展援助项目计划如表14-1所示。此外，“一带一路”的五大合作重点——政策沟通、基础设施互联互通、投资贸易合作、资金融通和民心相通，也与2030年可持续发展议程的17个具体发展目标紧密相连、息息相关，能够相互促进、彼此推动。

表14-1　部分发展援助项目推动“一带一路”建设[5]

中国承诺	简介
南南合作援助基金	中国首期提供20亿美元支持发展中国家落实2015年后发展议程；同时，将继续增加对最不发达国家的投资，力争2030年达到120亿美元
“6个100”项目支持	向发展中国家提供100个减贫项目、100个农业合作项目、100个促贸援助项目、100个生态保护和应对气候变化项目、100所医院和诊所、100所学校和职业培训中心
100个“妇幼健康工程”	帮助发展中国家实施100个“妇幼健康工程”
100个“快乐校园工程”	帮助发展中国家实施100个“快乐校园工程”
200个“幸福生活工程”	将调动包括民间组织在内的各方力量，在非洲实施200个“幸福生活工程”及以妇女和儿童为主要受益者的减贫项目

“一带一路”倡议可以填补可持续发展和应对气候变化的资金缺口。2030年可持续发展议程中的各个发展目标已经实施了3年，但目前没有足够的资金来促进各项目标的落实，这使其中的许多目标——从应对气候变化到实现“零饥饿”都面临着较大的实现风险。而亚洲基础设施投资银行在成立后的第一年就贷出了17.3亿美元，以支持可持续基础设施和其他项目。另外，“一带一路”倡议有助于调动来自发达国家、发展中国家、公共和私营部门的资金，以及非传统的资金来源，这无

疑将有助于弥补全球在为可持续发展目标融资方面面临的5万亿～7万亿美元的资金缺口[6]。同时，“一带一路”倡议响应者包括100多个国家和国际组织[7]，为可持续发展目标促成了所需的伙伴关系。

14.2.2 中国推动“一带一路”绿色可持续发展的政策与行动

在“一带一路”倡议提出伊始，不少西方国家媒体故意抹黑，大肆宣扬“一带一路”倡议将会破坏沿线地区国家的生态环境、不利于《巴黎协定》的落实等。面对这些无端质疑，中国政府用实际行动进行了强有力的回应。仅应对气候变化方面，截至2018年4月，国家发展改革委就已与30个发展中国家签署了合作备忘录，并赠送了遥感微小卫星、节能灯具、用户太阳能发电系统等物资设备，提供了数百个应对气候变化的培训名额。与此同时，商务部通过实施技术援助、提供物资和现汇等方式累计援助了80多个发展中国家，涉及清洁能源、低碳示范、农业抗旱技术、水资源利用和管理、粮食种植、智能电网、绿色港口、水土保持、紧急救灾等领域。

此外，2017年5月，环境保护部、外交部、国家发展改革委、商务部联合发布了《关于推进绿色“一带一路”建设的指导意见》（环国际〔2017〕58号），该指导意见在加强交流和宣传、保障投资活动的生态环境安全、搭建绿色合作平台、完善政策措施、发挥地方优势等方面做出了详细安排。另外，2019年第二届“一带一路”国际合作高峰论坛还展示了“一带一路”绿色发展方面取得的丰硕成果，进一步推动了绿色“一带一路”的发展和建设。与绿色发展相关的成果包括启动“一带一路”绿色发展国际联盟和“一带一路”生态环保大数据服务平台网站，实施“绿色丝路使者计划”和“一带一路”应对气候变化南南合作计划，成立“一带一路”环境技术交流与转移中心，打造“一带一路”绿色供应链平台，签署《“一带一路”绿色投融资原则》等，涉及能效、可再生能源、照明、制冷、投融资等多个领域。

14.2.3 “一带一路”绿色可持续发展的民间行动

不仅中国政府积极投身于绿色“一带一路”建设，中国民间企业也用自己的实际行动（图14-1）积极参与到“一带一路”绿色可持续发展的建设当中。在减少饥饿方面，中国农业发展集团先后在非洲东南部和西部投资了7个农场，在促进项目所在国农业技术合作、帮助解决当地粮食安全问题等方面发挥了很大作用；袁隆平农业高科技股份有限公司在菲律宾开展“育繁推一体化”并成立了研发中心，开展“本地化”育种，有效提高了当地的水稻产量。在良好健康与福祉方面，广东新南方青蒿科技有限公司援助多哥80万人份抗疟物资。在教育方面，华为技术有限公司与联合国难民署、肯尼亚运营商Safaricom和沃达丰基金合作，为肯尼亚Dadaab

图14-1　中国民间企业践行“一带一路”绿色可持续发展活动[5]

注：a. 袁隆平农业高科技股份有限公司在菲律宾推广杂交水稻种植技术；b. 广东新南方青蒿科技有限公司帮助科摩罗消除疟疾；c. 国家开发银行金融助力斯里兰卡农业灌溉和饮用水工程；d. 华为公司帮助肯尼亚难民营青少年获得更好的教育；e. 华坚鞋业集团公司在埃塞俄比亚为非洲女性创造职业发展机会。

难民营1.8万名7～20岁的年轻难民提供教育援助。在性别平等方面，华坚鞋业集团公司在埃塞俄比亚为非洲女性创造职业发展机会。在经济适用的清洁能源方面，上海电力股份有限公司助力马耳他实现“2020年可再生能源占比10%”的目标。在产业、创新和基础设施方面，中兴通讯股份有限公司为埃塞俄比亚带来了先进的通信设备和网络技术，全面提升了该国的通信水平，使埃塞俄比亚成为非洲通信水平最发达的国家之一。

上述一系列企业活动只是中国民间践行“一带一路”绿色可持续发展的冰山一角，还有更多的企业正在积极投身于绿色“一带一路”和可持续发展的建设浪潮之中，为“一带一路”沿线地区实现2030可持续发展目标而不懈奋斗着。我们有理由相信，在“一带一路”这样美好的大平台上，在各国政府的通力合作下，在民间企业的践行下，未来的“一带一路”建设必将更加绿色，也必然是可持续的。

14.3 积极应对气候变化，彰显大国担当

14.3.1 积极参与气候变化国际谈判

自1988年政府间气候变化专门委员会（IPCC）成立以来，国际社会针对气候变化问题陆续召开了多次重要会议并达成了诸多协议。例如，1997年12月，在日本京都举行的《联合国气候变化框架公约》第三次缔约方大会（COP3）达成了《京都议定书》；2008年，在波兰举行的第十四次缔约方大会（COP14）上，各国通过了“巴厘岛路线图”；2009年，哥本哈根会议（COP15）达成了《哥本哈根协议》；2015年，巴黎气候大会（COP21）达成了《巴黎协定》，等等。多年来，中国一直积极参与以上重要的气候变化国际谈判，有效地促成了各类协议的达成。2015年达成的《巴黎协定》是在新的国际气候谈判格局下达成的重要协议，而我国便是促进该协定达成的最重要的推动者和促成者之一。此后，我国还积极参与了该协定的后续谈判。正如习近平主席在2017年世界经济论坛讲话中指出的：《巴黎协定》符合全球发展大方向，成果来之不易，应当共同坚守，不能轻言放弃，这是我们对子孙后代必须担负的责任。应对气候变化，中国在积极行动。

但是同时也必须明确，各个国家应承担的应对气候变化责任是有区别的，要根据气候变化不同的历史、法律和道义责任，根据各国的发展程度和水平，根据各国应对气候变化的能力，承担相应的义务。中国会积极承担应该承担的责任，但是也绝不会接受任何不合理的要求，绝不可能承担超出自身能力范围的责任。对于中国来说，在相当长的一段时间内，发展经济、消除贫困、改善民生仍然是压倒一切的任务。未来中国仍需要增加一定的排放空间，限制中国的排放空间就意味着限制中国的发展权利，因此决不接受任何强制性的减排义务。与此同时，中国必须坚持走可持续发展道路，在节能减排、发展低碳经济、实现绿色增长等方面下功夫，尽心尽力地降低能耗、提高能效、减少污染。只有从这两个方面看问题，才是全面、合理、公平地积极参与气候变化国际谈判、履行大国义务的前提。

14.3.2 坚持落实《巴黎协定》

《巴黎协定》就21世纪末控制全球地表温升不超过工业化前2℃达成一致，并建立了包括以国家自主贡献（NDC）为核心的一系列减排机制，以保障2℃目标的落实。全球2℃温升目标能否实现取决于能否将其落实为各国具体的减排目标。巴黎气候大会前后，各国依据自身国情，积极主动地提交和批准了NDC，并针对2020年后减缓碳排放和适应气候变化做出承诺。但各个国家（地区）所提交的NDC能否确保实现全球2℃温升目标以及各国减排承诺的力度是否合理仍是《巴黎协定》后讨论的热点。

中国就2020年后应对气候变化行动提出了实事求是、全面有力的NDC（表14-2），提出到2030年单位GDP二氧化碳排放量比2005年下降60%～65%，非化石能源占一次能源消费的比重达到20%左右，森林蓄积量比2005年增加45亿m^3，二氧化碳排放在2030年前后达到峰值并争取早日达峰。中国的行动目标兼顾减缓和适应，涵盖控制排放、发展清洁能源、植树造林等多个领域。此外，中国还明确提出从当前到2020年、2030年及以后的行动路线图，为落实NDC目标规划了详细的政策措施和实施路径。

表14-2　中国低碳发展短期目标规划

	指标内容	2020年	2030年
总体	单位GDP二氧化碳排放量比2005年降低/%	40～45	60～65
能源	非化石能源消费比重/%	15	20左右
	一次能源消费总量/亿tce	48左右	—
	天然气消费占一次能源消费比重/%	10以上	—
	煤炭消费总量/亿t	42	—
	水电装机容量/亿kW	3.5	—
	核电装机容量/万kW	5 800	—
	风电装机容量/亿kW	2	—
	太阳能装机容量/亿kW	1	—
工业	单位工业增加值二氧化碳排放比2005年降低/%	50左右	—
	战略性新兴产业增加值占GDP的比重/%	15左右	—
建筑	绿色建筑比重/%	50	—
交通	公路（客运、货运）单位周转量二氧化碳排放量比2010年降低/%	5（客运） 13（货运）	—
农林	森林面积比2005年增加/万hm^2	4 000	—
	森林蓄积量比2005年增加/亿m^3	13	45

值得说明的是，由于美国退出《巴黎协定》给世界应对气候变化的任务增添了新的负担，如何面对后巴黎时代新的气候治理形势是我国应当思考的问题。当下，我国应当顺应国内绿色发展转型的契机来应对气候变化，努力实现经济社会发展和生态环境保护协同共进，统筹国际国内两个大局。一是将技术创新政策的制定与气候变化对策相结合，抓住美国退出《巴黎协定》的新能源技术发展滞后期，着重发展重大清洁能源和可再生能源的转换和利用技术，以此带动我国产业结构的调整，实现未来经济的绿色化转型。二是做好应对气候变化和环境污染协同治理、应对气候变化同社会经济增长协同收益，最大限度地弥补和降低美国退出《巴黎协定》所

转移的经济代价。出台规划环境和减排协同治理的政策方案，加大投入气候污染物对空气污染和气候变化协同效应的研究力度。

14.3.3 气候变化南南合作取得明显成效

南南合作是指发展中国家间的经济技术合作（“南”的含义是指发展中国家的地理位置大多位于南半球和北半球的南部）。综合考虑不同国家所处的发展阶段、受气候变化影响差异等造成的利益诉求差别和气候谈判立场差异等因素，目前我国开展南南合作工作的重点对象主要包括最不发达国家和非洲集团成员国、小岛国、新兴经济体、石油和资源输出国、重要集团主席国等，见表14-3。中国作为发展中大国，不仅时刻承担着自身的减排任务，还主动肩负起帮助其他发展中国家应对气候变化的重任。目前，中国通过开展减缓和适应气候变化项目、赠送节能低碳物资和监测预警设备、组织应对气候变化南南合作培训班等多种方式，帮助其他发展中国家提高应对气候变化的能力。2017年，首届“一带一路”国际合作高峰论坛在召开期间举办了气候变化培训班。我国商务部通过实施技术援助、提供物资和现汇等方式累计援助了80多个发展中国家，涉及清洁能源、低碳示范、农业抗旱技术、水资源利用和管理、粮食种植、智能电网、绿色港口、水土保持、紧急救灾等领域。2011年以来，我国政府已累计投入7亿元人民币（约1亿美元），通过开展节能低碳项目、组织能力建设活动等帮助其他发展中国家应对气候变化。

14.3.4 全球气候治理转型期的战略定力

当前，许多国家的国内政策和外交政策都发生了巨大的变化，尤其是西方发达国家。由于国际政治环境的改变，使国际气候谈判的进程拖后，尤其是美国政府宣布退出《巴黎协定》给国际应对气候变化产生了严重的负面影响，使国际社会有效应对气候变化的窗口期也逐渐收紧。与此同时，2013年以来，中国的对外政策也在发生重要的变化，在习近平主席的领导下，中国作为一个负责任大国，积极参与国际规则的制定并帮助塑造国际秩序。在中国相当成功的经贸外交经验的基础上，气

表14-3　中国开展气候变化南南合作的重点对象

集团	地域和分组	国家
最不发达国家和非洲集团	非洲	马里、埃塞俄比亚、刚果、苏丹、赞比亚、肯尼亚、博茨瓦纳、尼日利亚、冈比亚、斯威士兰、阿尔及利亚、埃及
	亚洲	孟加拉国、尼泊尔、缅甸、柬埔寨
小岛国	亚太	新加坡、马尔代夫、瓦努阿图、斐济、东帝汶、汤加、瑙鲁
	拉美加勒比	安提瓜和巴布达、古巴、格林纳达、牙买加、特立尼达和多巴哥、巴巴多斯
	非洲及其他	毛里求斯、塞舌尔、科摩罗
新兴经济体	基础四国	巴西、印度、南非
	其他新兴经济体	埃及、菲律宾、泰国、马来西亚、尼度尼西亚、巴基斯坦
石油和资源输出国		尼日利亚、委内瑞拉、苏丹、中东石油输出国等（沙特、科威特、伊拉克、伊朗、卡塔尔等）
重要集团主席国		阿尔及利亚（77+中国）、瑙鲁（AOSIS）、斯威士兰（非洲集团）、冈比亚（最不发达国家）

候变化是参与全球治理最有潜力的领域之一。中国能够也应该通过边做边学成为重要的全球秩序塑造者，而不再是被动的跟随者。

从中国应当坚持的应对气候变化立场和自身定位来看，要坚定自身在气候变化问题上的核心立场，理性应对美国在国际条约中的发难，把握时机，填补美国放弃的国际气候领导力真空。其一，要坚定支持以国际法为基础的全球气候治理体系，尊重共识，推进实施，明确反对修正《巴黎协定》和另起炉灶，但并不排斥其在适当条件下的身份回归。坚持发达国家和发展中国家承担“共同但有区别的责任”。

坚持发达国家应提供资金、技术、能力建设支持，对资金量不强求。其二，倡导参与主体多元化的气候政策，在持续加强与欧盟、基础四国、77国等集团的沟通和交流的同时，积极同国外地方政府、城市、企业、非政府组织、个人等非国家主体开展应对气候变化行动，引领多层次的气候联盟，适时积极倡导并引领重建全球气候治理的集体领导制。其三，明确未来重点领域的战略目标和国家利益所在，分析潜在国际合作伙伴以及主要合作对象的特点和需求，确定针对不同区域的开发合作战略，明确项目决策、实施、监督等方面的职责分工。

14.4 对中国洋垃圾进口的思考及全球应对策略

14.4.1 中国固体废物进口的发展历程及管理政策演变

中国进口固体废物始于20世纪80年代初改革开放以后，全国以经济建设为中心，各类生产物资和原材料匮乏，且当时对环境保护不够重视，经济发展被作为第一要务；国内可供再利用的废旧纸张、废塑料、废金属的回收量不足，进口洋垃圾成为缓解制造业原材料紧张的主要手段。相比于从偏远的西部地区开矿冶炼原材料，浙江和广东一带的制造业企业家发现通过进口废金属并进行资源化再利用的成本要低得多[8]。而美国、欧盟、日本等发达国家和地区已经进入“过剩经济”时代，对环境保护和经济的高质量发展要求更高，废品对他们来说毫无价值，或者无法自身循环再利用，因此这些发达国家有意愿将废品出口到原材料紧缺的中国，中国也由此逐步形成了全球化的回收产业。根据联合国发布的统计数据，中国自1992年起消纳处理了全世界50%以上的废品，这使自身的固体废物总量增加了10%～13%。2016年，中国共进口 1 512万t 废塑料、废炉渣、废纸和废纺织品。2017年之前的中国可以被称为“全球的垃圾场”。

然而，伴随着我国制造业的迅猛发展，洋垃圾造成的环境污染和健康问题越来越突出。由于发达国家的垃圾分拣工作较为粗糙，在一些进口的洋垃圾中经常夹带大量的污染物，这些污染物往往在资源回收加工环节中给生态环境和人体健康带来危害。此外，中国经过40多年的高速发展已成为全球第二大经济体，无论是通过国内生产，还是通过全球采购，各类原料都可以得到充分供应。现阶段我国钢铁、建材、玻璃、电子产品、纺织品、塑料制品、纸制品等在全球均占据很高的市场份额，存在不同程度的产能过剩现象。与此同时，固体废物品质的不稳定决定了其只能生产相对低端的产品。可以说，以洋垃圾和进口固体废物支撑的产能中相当一部分属于过剩产能和落后产能，属于供给侧结构性改革中需要淘汰的产能。

在生态文明建设、环境质量改善已成为新时代主旋律的大背景下，我国政府自2017年起相继出台了一系列洋垃圾禁令，实施严格的固体废物进口管理制度，相关政策的出台和演进历程如下：

● 2017年4月18日，中央全面深化改革领导小组第三十四次会议审议通过《禁止洋垃圾入境推进固体废物进口管理制度改革实施方案》。7月27日，该方案由国务院办公厅正式发布，提出将分行业、分种类制定禁止固体废物进口的时间表，分批、分类调整固体废物进口管理目录，大幅减少固体废物进口种类和数量。

● 2017年8月10日，环境保护部、商务部、国家发展改革委、海关总署、国家质检总局发布联合公告，调整进口废物管理目录，将来自生活源的废塑料、未经分拣的废纸、废纺织原料、钒渣4类24种固体废物从《限制进口类可用作原料的固体废物目录》调整列入《禁止进口固体废物目录》。该公告自2017年12月31日起执行。

● 2018年4月13日，生态环境部、商务部、国家发展改革委、海关总署发布联合公告，调整进口废物管理目录：一方面，将废五金类、废船、废汽车压件、冶炼渣、工业来源废塑料等16个品种的固体废物从《限制进口类可用作原料的固体废物目录》调整列入《禁止进口固体废物目录》（自2018年12月31日起执行）；另一方面，将不锈钢废碎料、钛废碎料、木废碎料等16个品种的固体废物从《限制进口类可用作原料的固体废物目录》《非限制进口类可用作原料的固体废物目录》调入《禁止进口固体废物目录》（自2019年12月31日起执行）。

● 2018年7月11日，生态环境部发布了《固体废物污染环境防治法（修订草案）（征求意见稿）》，公开征求意见，其中第二十九条表述为“禁止进口固体废物”。

● 2018年12月29日，生态环境部、商务部、国家发展改革委、海关总署发布联合公告，调整进口废物管理目录，将废钢铁、铜废碎料、铝废碎料等8个品种的固体废物从《非限制进口类可用作原料的固体废物目录》调整列入《限制进口类可用作原料的固体废物目录》（自2019年7月1日起执行）。

综上，通过回顾我国固体废物的进口历程可以看出，在我国环境容量日益趋紧等情况下，经济需要由高速增长阶段向高质量发展阶段转变。因此，在新的历史背景下，全面禁止洋垃圾入境、实施严格的固体废物进口管理政策是我国新时代实现经济高质量发展的必然要求，是推进生态文明建设和美丽中国建设的重要举措。

14.4.2 中国洋垃圾禁令对全球的影响

随着我国全面禁止进口固体废物管理政策的逐步落实，固体废物的进口量逐年降低。据统计，2017年和2018年这两年的固体废物实际进口量同比分别下降9.2%和46.5%。2018年，全国固体废物进口总量为2 263万t，与2016年相比减少了51.4%[9]。2019年，我国固体废物进口总量为1 347.8万t，同比减少40.4%。可以说，政策的调整效果明显，已经完成了阶段性的调控目标任务。2019年9月1日，新《固体废物污染环境防治法》实施，明确了“国家逐步基本实现固体废物零进口”的制度要求。至2020年年底，中国基本实现固体废物零进口。我国全面出台“禁废令”后，固体废物进口量大幅减少，导致美国、欧洲、韩国、日本等发达国家和地区的垃圾无处消纳、堆积如山，一时束手无策。2018年以前我国承担了全球50%以上的洋垃圾出口量，但到2018年中国全面禁止洋垃圾以后，发达国家的垃圾主要流向了东南亚国家（图14-2），我国洋垃圾进口量显著降低。

例如，新西兰环境部披露的数据显示，该国2017年向我国出口的垃圾总价值达到2 100万纽币（约合9 000万元人民币），总重量达到5万t[10]。这些垃圾从2018年开始就无法进入我国，新西兰的垃圾回收部门只好另找出路。但其国内土地紧缺，一时找不到可接手的其他国家。英国环保部门也在为自己长期以来的懈怠付出代价。由于当地没有建立垃圾回收利用系统，也缺乏投资回收行业的计划，英伦

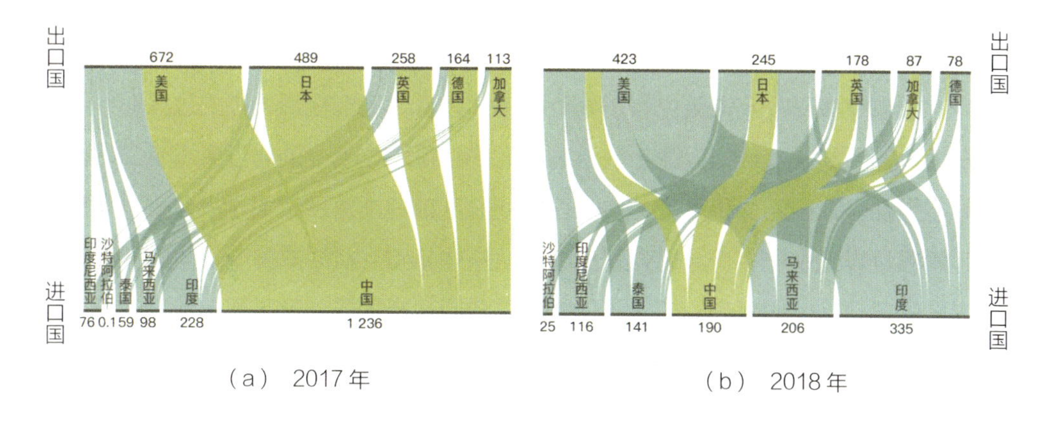

图14-2 中国全面出台"禁废令"后亚洲各国垃圾进口量变化（单位：百万美元）

（数据来源：根据 UN Comtrade 年度数据整理计算）

三岛目前面临严重的垃圾围城危机。对于美国、澳大利亚这样的大国，同样对中国的垃圾禁令束手无策。重新建立自己的垃圾回收系统，尤其是废旧塑料回购、再利用系统并不是一年半载的缓冲期就能完成的任务。也许在这当中最困难的一点在于，原本可以用来小赚一笔的垃圾，现在居然需要花钱去处理了。美国西海岸的许多州从2018年1月开始就面临着废品堆积的问题，部分人员因此失业[11]。

14.4.3 全球共同应对垃圾问题的出路与选择

中国的洋垃圾禁令迫使发达国家不得不寻找处理本国垃圾的新途径，也使全球重新思考固体废物的处理和管理问题。据研究预测，全世界的城市所产生的固体废物总量将会在2050年翻倍，从2016年的20亿t上升到2050年的近40亿t。全球30亿人仍缺乏有管理的废弃物处理设施。2019年5月28日，联合国人居署针对日益严峻的城市固体废物管理挑战，发起了"智慧减废城市运动"，呼吁所有人展开行动。

垃圾处理和利用是世界各国的责任，全球应共同开展行动。应对垃圾问题的路径包括以下几个方面：一是从源头减少垃圾的产生，如减少一次性塑料产品的使用，寻找可降解的替代包装材料等。从消费者的角度而言，有很多方法可以减少塑料的使用，如通过额外收费的方式禁止一次性塑料袋的使用。二是增加回收利用。加大垃圾回收及资源化利用基础设施的建设，推广应用先进的垃圾回收利用技术，通过制定有效的经济行政激励制度等以促进垃圾分类和可再生资源的回收。三是加强末端无害化处理，增加垃圾处置基础设施建设，如垃圾焚烧发电厂等，增强垃圾无害化、资源化处置能力。从全球来看，共同保障全球生态安全是世界各国必须担负的责任。通过国际合作提升固体废物的处理与回收能力，联手建立更加公正合理的治理模式，才可能让人类的生活环境少一些垃圾山、多一些绿水青山。

14.5 中国将在全球发挥参与者、贡献者、引领者作用

14.5.1 中国参与、贡献、引领全球生态文明建设的重大意义

改革开放以来，我国的经济正在逐步崛起，目前已成为世界上最大的发展中国家。在经济发展领域创造“中国奇迹”的同时，我国也面临着严重的资源枯竭、环境污染和生态破坏问题。经过多年的艰辛摸索，我国大力推进生态文明建设，并将其纳入国家“五位一体”总体布局，不断完善国家生态环境治理体系，提升生态环境治理能力，未来我国有望在世界范围内率先解决经济发展和生态环境保护的协调问题。因此，我国的发展历程和取得的经验已成为世界生态环境治理体系中的一个不可或缺的鲜明事例，势必会为世界各国尤其是其他发展中国家提供宝贵经验。因此，我国必须肩负起全球生态环境治理的重要责任，基于自身的发展经验和教训，为全球各国尤其是发展中国家实现可持续发展提供有效助力，成为全球生态文明建设的参与者、贡献者乃至引领者，并为世界可持续发展做出重大贡献。

14.5.2 全球生态环境治理中的中国身影

全球生态环境治理是20世纪下半叶逐渐形成的概念和共识，当时我国处于经济起步发展的时期，国内民众对逐渐显现的生态环境问题还不够重视。但早在1972年联合国首届人类环境会议前夕，周恩来总理便认为未来全球生态环境问题及其合作

应对十分重要，他全力支持中国派出代表团出席此次会议。这表明我国在发展初期就已经开始意识到参与国内和全球环境治理的重要意义，自此也开启了中国积极参与全球生态环境治理的序幕。

在接下来的几十年中，我国积极参与国际各类生态环境保护公约的制定并做出重要贡献。例如，我国始终致力于保护地球臭氧层，于1989年加入《保护臭氧层维也纳公约》，又于1991年加入其《蒙特利尔议定书》伦敦修正案，2003年加入其《蒙特利尔议定书》哥本哈根修正案，2010年加入其《蒙特利尔议定书》北京修正案。在全球生物多样性保护层面，我国先后参与签订了《生物多样性公约》的《卡塔赫纳生物安全议定书》《名古屋议定书》，并以这些生物多样性国际公约为基本遵循，在国内制定了与生物多样性保护相关的各类法律条例及管理制度，建立了一系列自然保护区，还与各类国家进行合作为全球生物多样性保护做出积极贡献。此外，我国积极控制和管理危害全球生态环境安全的持久性有机污染物、危险废弃物和重金属污染物的产生和转移，如参与签订了《关于持久性有机污染物的斯德哥尔摩公约》《控制危险废料越境转移及其处置的巴塞尔公约》《关于在国际贸易中对某些危险化学品和农药采用事先知情同意程序的鹿特丹公约》以及《关于汞的水俣公约》等。这些公约的加入体现了我国作为生态环境治理负责任大国的重要形象。此外，我国也十分重视对参与签订的国际生态环境公约的履行，专门成立了生态环境部对外合作与交流中心，负责履行环保国际公约，开展双边、多边环境项目合作，由其承担《保护臭氧层维也纳公约》及其《蒙特利尔议定书》、《关于持久性有机污染物的斯德哥尔摩公约》、《生物多样性公约》及其《卡塔赫纳生物安全议定书》和《名古屋议定书》、《关于汞的水俣公约》等履约工作。

我国积极地与世界各国和重要国际组织展开双边或多边合作，分别同世界银行、亚洲开发银行、联合国环境规划署、联合国工业发展组织等国际组织展开广泛的生态环境治理合作，并与意大利、欧盟、德国、瑞典和美国等十几个国家和地区开展合作，涉及生态调查和自然资源保护、能源效率和可再生能源、环境监测、城市可持续发展和生态节能建筑、废物处置和回收、可持续交通、可持续农业、气候变化和清洁发展机制、防止沙漠化、水资源管理、饮用水保护、培训以及论坛等多个领域。

随着我国的国力增强和全球治理模式的深度变革，对我国在全球生态环境治理领域由参与者和贡献者逐步转变为引领者提出了要求。我国在数个由自身主导或在其中起重要作用的多边进程中将生态环境保护纳为重要议题，如在中非合作论坛上高度重视非洲国家的绿色发展，除了扩大各个领域的对非投资和加大在经济、卫生、农业、教育等方面的合作，还积极实施绿色发展行动，走可持续发展之路，具体行动可总结为实施绿色项目（在应对气候变化、海洋合作、荒漠化防治、缓解旱灾风险、水资源综合利用、野生动植物保护、污染防治等领域加强联合研究）、加强环境合作（推进中非环境合作中心建设，开展环境对话，继续实施“中非绿色使者计划”，帮助非洲培育环保专业人才）、建设竹子中心（在埃塞俄比亚援建中非竹子中心，深度开发竹子在各领域的综合价值，创造绿色就业岗位）、提升环保意识（加强环保等领域的宣传，提升当地人民的环保意识，推进开展垃圾发电、“厕所革命”项目，援建经济适用住宅，改善人居环境）。此外，我国还在上海合作组织（简称上合组织）框架下与各成员国通过了《上合组织成员国环保合作构想》；在第二届“一带一路”国际合作高峰论坛上提出要共建“一带一路”可持续城市联盟、绿色发展国际联盟，并制定《“一带一路”绿色投资原则》；在南南合作框架设立30亿美元南南合作援助基金，该基金旨在汇聚中国和国际资源推动南南合作，支持发展中国家平等参与全球经济治理，帮助发展中国家落实2030年可持续发展议程设定的各项目标，消除贫困、保障民生，实现经济、社会、环境协调发展，实现人与社会、人与自然和谐相处。

14.5.3 中国引领全球生态文明建设的新目标和新要求

目前我国正向着“两个一百年”目标奋力前进，建成美丽中国便是其中的重要一环，这也将是我国向世界展示的一张亮丽名片，为全球生态环境治理体系和治理能力现代化提供助力。但前途是光明的，道路是曲折的。我国正面临经济下行、人口老龄化、收入差距拉大等突出问题，经济和人力成本的提升可能会对我国生态环境治理造成障碍。因此，需要抓住改革开放以来的物质财富红利，进一步加大绿色技术创新和能源转型力度，早日完成美丽中国目标。

在党的十九大报告中，习近平总书记提出要全面推进中国特色大国外交，形成全方位、多层次、立体化的外交布局，而深入参与全球生态文明建设便是其中重要的一部分。目前，世界正面临百年未有之大变局，全球生态环境治理体系在未来将会发生深刻变革，以美国为首的发达国家在应对气候变化、保护生物多样性等生态环境领域的“退缩”和“失语”为其未来前景蒙上了许多阴影，但未来的全球生态环境治理模式演变绝不会原地踏步。未来的世界将会是一个命运共同体，无论是哪个国家都不能独善其身。作为一个负责任大国，我国需要继续保持积极参与全球生态环境治理的战略定力，也需要在这一关键时刻为人类永续发展贡献中国智慧，使我国的国际影响力、感召力、塑造力进一步提升，为世界和平与发展做出新的重大贡献。

参考文献

[1] 十八大专题报道 . 中共首提“人类命运共同体”倡导和平发展共同发展 [EB/OL] . [2012-11-11] . http ：//cpc.people.com.cn/18/n/2012/1111/c350825-19539441.html.

[2] 姜丽 . 构建人类命运共同体：“一带一路”与跨文化交流 [EB/OL] . [2018-07-17] . http ：//world.people.com.cn/n1/2018/0717/c187656-30152690.html.

[3] 杨洁篪 . 推动构建人类命运共同体 [N/OL] . 人民日报，2017-11-19 (6) . http ：//opinion.people.com.cn/n1/2017/1119/c1003-29654654.html.

[4] 牛文元 . 可持续发展理论的内涵认知——纪念联合国里约环发大会 20 周年 [J] . 中国人口・资源与环境，2012 (5)：11-16.

[5] 中国商务部国际贸易经济合作院 . 2017 中国企业海外可持续发展报告：助力“一带一路”地区实现 2030 可持续发展议程 [R] . 2017.

[6] 殷淼 . 第 72 届联大主席：中国的“一带一路”倡议助推联合国可持续发展议程 [EB/OL] . [2018-06-14] .http ：//world.people.com.cn/n1/2018/0614/c1002-30056145.html.

[7] 中国一带一路网 . 已同中国签订共建“一带一路”合作文件的国家一览 [EB/OL] . [2019-04-12] . https：//www.yidaiyilu.gov.cn/gbjg/gbgk/77073.htm.

[8] 亚当 · 明特 . 废物星球：从中国到世界的天价垃圾贸易之旅 [M] . 刘勇军，译 . 重庆：重庆出版社，2015：3-4.

[9] 生态环境部 . 中国不会放松“洋垃圾”入境禁令 [EB/OL] . [2019-03-28] . https：//baijiahao.baidu.com/s?id=1629232579371728620&wfr=spider&for=pc.

[10] 王贺洋 . 中国“洋垃圾”禁令的全球影响 [J] . 生态经济，2018，34（6）：2-5.